正义的排放

JUST EMISSIONS

全球气候治理的道德基础研究

THE MORAL FOUNDATION OF GLOBAL CLIMATE GOVERNANCE

陈俊 著

社会科学文献出版社
SSAP
SOCIAL SCIENCES ACADEMIC PRESS (CHINA)

序

为何一锤难以定音？

万俊人

2015 年 12 月 12 日，前法国外交部部长法比尤斯手中高悬许久的绿色木槌终于得以落下，仿佛非常事件暨非常时刻的一锤定音：持续了 12 天（11 月 30 日至 12 月 12 日）的第 21 届联合国气候变化大会，亦即“《联合国气候变化框架公约》第 21 次缔约方大会暨《京都议定书》第 11 次缔约方大会”终于在法国巴黎北郊的布尔歇展览中心落下帷幕，全世界所有关注当今气候变化和环境危机的人们终于松了一口气。此次与会的国家元首或政府首脑超过 150 位，向大会提交应对气候变化（或贡献）文件的国家、地区或机构多达 184 个，这样的盛况前所未有。大会的目的是促成全球 196 个缔约方（195 个国家和地区 + 欧盟）形成统一的有关全球碳排放量的全球协议，简称《巴黎协议》（*The Paris Agreement*），担任大会主席的前法国外交部部长法比尤斯手中木槌落下的那一刻，确乎标志着这一拥有近 200 个缔约方、超过 200 个国家和地区（作为同属一个缔约方的欧盟由十多个主权国家组成）参与并认同的、史无前例的全球协议最终达成。2016 年 4 月 22 日，这一协议在美国纽约联合国总部大厦得以正式签署。《巴黎协议》是继 1992 年在巴西里约热内卢签署的《联合国气候变化框架公约》和 1997 年在日本京都签署的《京都议定书》之后，人类历史上应对气候变化的第三个里程碑式的国际法律文本，其所获得的认同和影响空前广泛，为 2020 年后全球气候治理格局的真正形成奠定了普遍的法律规则基础。

然而，严峻的事实告诉我们，斯事似乎尚未完了，一锤终究难以定音。更何况任何社会性契约的协商达成和最终签署固然不易，如何将口头和笔下的承诺变成身体力行且不折不扣的实际行动则更为艰难。某种同质性社群内部的契约既如此，异质性社群之间的契约便更是如此，不仅是文化异质性，而且有可能还是政治对峙的互反性民族国家或国际政治集团之间的全球普遍性契约自然是尤甚于此，乃至最为艰难了。因此，全世界的人们虽然松了一口气，可心却仍然纠结担心着。这不，《巴黎协议》签署仅仅一年余，新上任的美国总统特朗普（我以为，以他的言行来看，何不将他译为“王牌”——即英文“Trump”的本音和本意?）就翻脸不认账了，好像美国或美国政府只不过是总统的脸谱似的，仿佛有多少个美国总统，便有多少个美国！为什么国际契约的达成如此艰难？为什么同一个国家仅仅因为国家元首的更换便可以翻脸不认旧账？如果人们哪怕是依稀记得五百年现代人类文明史的踪迹，甚至还可以追问：即便是不出现公然翻脸不认账的现象，已然签订的契约或条约最终都能付诸各个国家或国际集团的实践的又有多少？没有一个合法有效且严格有力的国际政治组织或“世界政府”，又有谁来或者谁能够担保这类国际契约最终能够得以实际兑现呢？

答案很简单且很残酷：没有谁来或者谁能够担保！原因同样很简单也很残酷：因为迄今为止的人类社会——尤其是在社会达尔文主义律则支配下的现代社会——所实际奉行的根本行为原则是主体自我利益优先的原则，甚至是赤裸裸的主体自我主义或主体个人主义原则。当民族-国家成为国际社会的契约缔约方时，民族-国家利益优先甚至是国家利益至上，便成为国际契约能否公平合理地缔结并得到切实履行的主要障碍。特朗普宣布美国退出《巴黎协议》的唯一“理由”，便是该协议不符合他所主张的“美国第一”（America first）原则。

特朗普的“理由”是否正当？从国际正义——更确切地说是从全球环境正义——的立场看，答案显然是否定的。但若从美国的国家利益来看，则又是极可辩护的（justifiable），因而确乎具备其特定的国家政治合法性和国家伦理正当性：一方面，作为最发达、碳排放量累计最多的国家，美国若承诺并遵循《巴黎协议》，无疑需要承担最大份额的义务；另一方面，作为一个独立的缔约方，美国很难接受“差别对待”的条件规约，很容易认为这种“差别对待”是不公平的。别忘了，美国已然走过了大工业大制造的经济发展阶段，当下美国的碳排放量并不是最多的。这是现实显性的原因，直观上也相当合理。更深层的原因是，美国是一个奉实用主义哲学为圭臬的国家，这使得任何历史主义的解释（比如，碳排放总量的历时总量统计），甚或某种理想主义的价值诉求（例如，分享环境保护红利和美丽世界的理想效果），都显得难以接受，除非同时配置某种权利或权益分享的契约条款，否则，特朗普主政下的美国绝不做赔本买卖。

在我看来，人类社会历史的经验反复证明，无论形式或名称如何，所有类型的社会性契约都可以分为三大类型，即义务分担或责任约束型契约（亦称“纯义务约束型社会契约”，如《京都议定书》和《巴黎协议》一类的全球环境保护类契约）、权利与义务之双项条款的正义分配型契约（亦称“权利与义务对等分配型社会契约”，如罗尔斯意义上的社会基本制度安排）、单纯权利或价值分享型契约（如殖民时代的“列强瓜分”或海盗们坐地分赃式的分享契约）。当然，这样的范畴分类只是相对的，并不具备绝对分立的性质。很显然，《巴黎协议》属于义务分担或责任约束型国际契约，它所内含的首先是各国或各地区或各国际集团所需要明确具体分担的责任和义务份额，有关碳排放量的准许额度甚至已经具体到确切的数字，并且对于核查和处罚的时间刻度和量度等细则都有详细的规定，而对于承诺和履行该协议所能够带来的权益或利益亦即价值分享，譬如优质空气、美丽地球一类的环保权益，乃至从最基本、最起码的角度看，免于空气污染或生态破坏一类的“消极性好处”，却只能停留在最多是合理预期的可能性甚至是或然性愿景层面。这也就是说，像《巴黎协议》这样的纯义务约束型契约，远比其他两种类型——权利与义务双项分配型契约和单纯权利或价值分享型契约——更难以达成，也更难以得到所有缔约方的共同遵守和践行。易言之，纯义务约束型契约最为脆弱。这也就是《巴黎协议》的达成和签署显得如此重要、如此非凡、如此难得却又如此艰难、如此脆弱、如此不堪一击的根本缘由之所在。

《巴黎协议》的核心内容关乎碳排放，因为现代工业大生产所带来的超量碳排放不仅已经导致了全球“温室效应”，而且还在不断加剧，已然成为全球气候恶性改变和生态环境恶化的主要原因。正由于此，该协议不仅对碳排放做出了空前严格的限制性规定，而且还对各国、各地区未来的碳排放量做出了限量的明细规定，对各缔约方压缩和降低各自碳排放量的时间表、技术条件和资金投入等具体职责做出了明确规定，甚至，还对遵守和履行该协议的核查、对违反该协议的惩罚等也做了明确规定。而且，一旦签署并经各缔约方最高权力机构（国会、议会或全国人民代表大会）的确认，该协议就不仅具有了国际契约的道义约束力，而且同时获得了国家或地区政治权力机构认可的政治约束力。也正因为如此，《巴黎协议》自2016年签署以来，只在不到20个国家或缔约方（如欧盟一类）获得了本国最高权力机构的确认。

然而，这还只是《巴黎协议》之难的一个方面，我将之概括为《巴黎协议》的政治之难。事实上，该协议之难还远不止于政治方面，在我有限的理解中，《巴黎协议》的最后确认和实施至少还有两难，亦即它固有的技术之难和伦理之难。其技术之难在于：碳排放量的计算和统计很难精确，其环境影响的检测评估也很难精确到位，尤其是对这种影响的历时累计和外部（间接）效应的评估更难确切具体。我们固然可以用大工业革命时期的伦敦之雾来说明当时大英帝国的碳排放和排污量之巨大，但时至今日，如何精确评估它当时对周边地区和国家的环境影响？即便是撇开时间性不谈，如何精确测量和评估春季蒙古沙尘暴对诸如日本东京的环境影响？也恐怕缺少足够的技术手段。再退一步，即便是拥有了足够的技术手段和条件，能够精确检测和评估这类影响，难道我们就可以依此来给东亚各国分派相应的防沙治理的义务份额了吗？怎样的义务分派才能被各当事国（地区）作为正当合理的应担义务来承诺并实际践履呢？所以实事求是地说，我们最多只能原则说事，道义规劝，绝无可能达到康德所谓“绝对定言律令”的程度。

相比之下，《巴黎协议》的伦理之难较其技术之难更是有过之而无不及。如前备述，在三类社会性契约中，纯义务约束型社会契约的达成和实践承诺是最为艰难的，原因是它不如权利与义务对等分配的社会契约（罗尔斯意义上的社会正义论契约）那样可以直接诉诸社会正义制度的建构和安排，并且能够直接得到社会制度的强制性约束系统——从法制到行政再到社会伦理——的支持。当然，这类纯义务约束型契约也就更不如纯权利或权益分享型社会契约让当事人来得爽快了，后者的利益分享诱导足以使各缔约方达成一致并具有足够的利益驱动力诱使各利益攸关方去直接而快速地践行之，除非某一或者某些缔约方因贪婪而更多占有，甚至妄想独自垄断所有利益而产生分赃不均，引发相互争斗。

显而易见，纯义务约束型社会契约的伦理之难，难在其对各缔约方过高的伦理道义要求，这种要求近似于康德所说的“为义务而义务”或“只为义务之故”。换言之，这类社会性契约的达成和践行在很大程度上不仅取决于该契约本身的道义力量，包括它所具备的道义普遍性和合目的性，而且更有赖于作为义务承诺者或义务践行主体的缔约各方自身的美德力量，包括他们的道德感受性（moral sense）、道德良知或良心、道德意愿或康德意义上的“善良意志”以及尤其是他们的道德信念与基于“完善主义”的道德信念、道义感和美德精神，等等。在既缺乏确定有效的社会制度支撑，又缺少直接现实利益的驱动的情况下，这种行为主体自身的内在美德能力或者道德自觉不仅难能可贵，而且具有近乎关键的作用，堪称人类践履正义与善的最后希望。

当然，即便是人类不乏这种美德能力，也还需要给出足够充分而有吸引力、感召力的道德理由，以便尽可能降低这类纯义务约束型契约所面临的伦理困难，或者反过来说，增强其道义力量和道德感染力。事实上，人类及其社会生活都必然产生各种道德伦理义务和其他社会义务，其中，一些义务具有现代英国直觉主义伦理学家罗斯爵士所说的“显见”特性，对于具有正常道德感的人来说，它们常常是不言而喻的，因而也是每一个正常的人所应该且能够践行的。比如，勿偷窃、勿无故伤人和杀人、孝敬父母、慈爱儿女、仁慈友善等。某一种义务是否具有内在“显见”的义务特性和力量，根本上取决于它与人类或人性本身的关联程度和关联方式，这就意味着，它们并非一成不变的，时代不同或环境变化也有可能使某种或某些义务从外在性约束转化成为“显见”的内在自觉与自为。

在我们所处的这个时代，因碳排放及其引发的地球“温室效应”已然成为整个人类世界不得不严肃面对的关乎人类生存与发展的基本问题，因而承担减少和限制碳排放的义务便不再只是一种直观意义上的环境伦理，而是一种真实可感的人类生存伦理，一种真实可感的人类命运共同体伦理。面对“温室效应”和所有环境（生态）危机，任何个人、群体甚至国家和地区都无法依靠自身的力量而独立解决之，当然也无法独善其身，只有且必须依靠全球的共同努力，才能解决之。雾霾之下，无人可以自由呼吸。“覆巢之下，安有完卵？”道出了这一严酷的现实。这是当代的我们可以为类似于《巴黎协议》的所有碳排放契约或环境伦理义务所能找到的最直观最普遍的原则性理由。

在此基础上，我们还可以找到一些较为真切而具体的“支撑性的道德理由”（the supportive moral reasons）。比如说，“正义的排放”，亦即给各国、各地区公正地分配碳排放量、减排减量的时间限定，对减排所投入的资源与技术规定，以及各缔约方之间相互支持、相互监督的具体措施……可是，如何分配才是正义的？却是一个难题。因为它不仅涉及当下，还涉及过去和将来。发达国家已经熬过了碳排放高峰期，也有了相对充足的资金和技术来应对“温室效应”一类的环保问题。可是，更多的国家和地区却正在或者尚未经历其经济发展所可能出现的碳排放高峰期，也缺少（不要说充足供应，甚至是最起码、最基本意义上的）应对环保问题所急需的资源和技术。它们怎么办？难道它们不得不放弃自身的经济社会发展？必须承认，它们曾经被迫地、几乎是无意识地“分担”了那些先期发展的现代化国家的碳排放或其他的环境污染代价，却从未得到相应的补偿。而现在，当它们提出“有差别地对待”和“有差别地分担”时，谁能否定它们这一基本诉求的正当性呢？可见，所谓正义的排放，并非简单的亚里士多德意义上的“比例正义”，还需要有历史主义的考量，因而必定是也应该是一种“复杂的正义”。

除了正义的排放之外，我们还可以找到诸如公益慈善、“绿色和平”一类的社会伦理理由，甚至是来自各种不同宗教信仰的先验理由：诸如，中国道家的“道法自然”“人自一体”，儒家的“天人合一”“民胞物与”；基督教的上帝创造万物因而万物皆神圣；佛教的“诸法空相”“众生平等”；等等。虽说这些伦理的理由和宗教信仰的理由或多或少地仍然带有它们各自的“特殊主义的”属性，并不能为所有人或者不同宗教信仰者所一致认同和承诺，毕竟也是一些具有“实践性的”真实理由。

关乎碳排放，进而一般地说，关乎环境保护或生态伦理的理由其实很多，有些理由也确乎普遍的、“无待的”或“绝对的”（康德语，categorical），然而却很可能难以成为真实有效的。理性主义哲学坚信，只要理由充分正当，就可以使人信服并付诸行动。可事实上并不尽然，因为时间、地点、境遇等客观因素的变化和心理、情感、意愿、信仰或信念等主体因素的不同，同样的理由或者契约并不能确保得到同样的结果。

从社会契约论本身的正当合理性和实际可操作性来看，在关于碳排放之政治的、科学技术的和道德伦理的三大理由中，政治的理由较为复杂但最为脆弱，科学技术的理由较为重要也最为关键，而道德伦理的理由则较为软弱也较为复杂，同时还最为根本。我们需要对之做出理性的探讨，但仅限于这一点恐怕还远远不够。

毫无疑问，这是一个具有当代世界性和前沿紧迫性的重大时代课题，任何有关此课题的探究和讨论不独意义重大，而且需要极大的理论勇气和高度负责的思想努力。仅仅就我的了解而言，陈俊博士是为数不多的专注于此前沿课题的青年才学之一。因为我曾经有幸忝列湖北省"楚天学者客座教授"之位并得到陈俊君的"学术助理"，与其相识相知，已近忘年。所以我一直关注着他有关"排放正义"和"环境正义"的学术研究，并从与他的多次私下倾谈中，了解到他的不少洞见卓识。此次武汉游学，又获其新作《正义的排放——全球气候治理的道德基础研究》之大部分手稿的赠阅之幸，回京后匆匆一读，多有感悟，颇有些情不自禁的表达冲动，于是便有如上漫谈。

与我的读感式漫谈不同，陈俊君是书的探究是极为严谨深入的。氏著聚焦于碳排放中的正义原则或正义分配，并着重探究正义排放的道德基础及其理论建构问题。很显然，陈俊君深谙这一课题的难点所在：与排放正义的制度安排或国际立法相比，为正义的排放确立一个具有道德共识的价值观念基础当然是最重要、最紧要的。因为，在目前尚缺乏诸如世界政府或统一的国际政治共识——更不要说政治原则和政治组织了——的现实情势下，排放正义的制度安排或制度正义只能作为某种政治期待或者政治意愿而求其次，因之相关的立法也还只能停留在国家立法的依赖性层面，最多也只能在首先求得各国、各地区、各国际集团的立法确认之基础上，诉诸联合国这样的开放松散式国际政治组织的确认和支持。职是之故，寻求道德共识便成为最初的、可能的、必要的先导性工作了。而且，历史的经验告诉我们，凡举大事者，必先立其言，也就是我们常说的观念（意识）启蒙和理论（思想）先导。近代欧洲的文艺复兴和启蒙运动之于欧洲现代工业革命和资产阶级现代民主政治革命，近代中国的新文化运动之于中国社会的现代化，莫不如此。

在许多情形下，我们甚至还可以一般地说，道德价值观念的更新及其新的“重叠共识”，常常是一场新的社会运动或革命性事件的前提条件，这似乎是没有疑问的。问题在于，如何更新人类的道德价值观念，以寻求某种道德共识，进而开启人类新的甚至是革命性的社会行动？以碳排放为中心的当代全球环境保护行动已经是势所必然、刻不容缓。但是，在一种怎样的道德价值层面，我们才能唤起当代人类保护生态环境的道德意识并建构一种道德共识的基础？陈俊君的研究清晰地告诉我们，唯有基于现实合理性和国际政治的可能性条件，才能够达成这一目标。易言之，任何超越现实的国际政治条件和可能的道德价值限度来寻求生态伦理之道德共识基础的努力都是难有成效的。因此，他援引了包括罗尔斯之正义论在内的诸种环境正义理论的思想资源和论证方法，将排放正义作为当代全球生态（环境）伦理的基础，并从现实制约、实际可能、最大化正当合理和尽可能普遍有效等多个方面，论证了正义排放的基本原则、基本主张或要求，以及达成排放正义之道德共识的诸种路径和资源。尤其难能可贵的是，氏著对“有差别对待”和“有差别分担”的主张，做了极为充分有力的论证，提供了相当有分量的道义辩护。在我看来，氏著的基本理论主张、基本价值理念和基本理论论证都是相当充分有力的，也是可以证成的。仅仅就此而论，氏著便不失为一部成功之作，值得我们认真对待。

我不是环境伦理或生态伦理方面的专家，只是因为这一课题或领域的极端重要性和当代影响，加之过去好几位门下弟子醉心于此，所以，多少有些被动地卷入这一领域，间或也发表一些自己的想法。这一次，陈俊君的书稿赠阅和索序请求，让我有机会再一次学习了有关正义排放的前沿理论，了解了一些相关的当代研究进展，出于职业感和学术友谊，我冒昧地谈了这些感受和想法，肯定多有不逮。同样是出于学术道义和学者信任，纵然有些担心，也只好请陈俊君体谅，请各位方家不吝赐教了！

是为序，所望焉！

丁酉隆冬深夜急就于京郊悠斋

内容提要

全球气候变化是当代人类共同面对的，较之包括恐怖主义在内的其他全球问题更为严峻的挑战。气候变化从结果来看首先是一个科学问题，但从其产生的原因和治理的过程来看，它更是一个伦理和政治问题。

对个人自由权利的过度追求必然会导致“公地悲剧”的发生和集体行动（气候合作）的失败。如果一个社会仅仅专注于对个人无论是否合理的偏好和权利的满足，那么，这种制度安排就很可能蕴含着集体的“恶”。道德直觉告诉我们应该平等地对待每个人的权利和利益，但绝不能鼓励每个人都有平等地追求所谓“奢华”的现代生活方式从而大面积污染大气的权利。基于气候问题的紧迫性，我们需要对个人不合理的偏好和生活方式施加某些限制，甚至于对其进行“再道德化”，以使得他们能够认识到并愿意过一个“合理”的生活。所以，气候问题的根本不在于“污染权”的公平分配，而首先在于要审视我们所追求的生活目标是否合理。应对全球气候变化要求每个人在追求自己的生活理想时应该以维护地球的环境安全和可持续为限度。

一个合理公平的全球气候协议首先要弄清楚谁该承担应对气候变化所产生的成本，进而需要弄清楚哪些人应该承担引起气候变化的责任。道德责任的界定在很大程度上讲取决于行为本身是否存在过错。显然，历史上发达国家温室气体的大量排放是引起气候变化的主要原因，而且我们也能够指出，发达国家过去的排放，在很大程度上讲并非只是为了满足自身基本生存需要的排放，而是为了追求更高生活水平的，有意超出生存排放的奢侈排放。就这一点而言，发达国家是有过错的。发达国家也不能借口它们过去的排放是在一种“无知”的情况下进行的，因此，是一种可以得到原谅的过错。我们认为，在 1990 年联合国公布了关于气候变化的科学评估报告后，一个理性和审慎的人应该能预见到他的行为是会产生坏的后果的，而不管他是否实际上已经预见到这种结果。因此，让发达国家承担引起气候变化的道德责任就是可以得到辩护的。

我们已然认识到，在目前人类无法根本性地改变其生产方式的情况下，拥有足够多的温室气体排放空间是关乎每一个人乃至每一个国家根本利益的头等大事。道德直觉告诉我们，每个人乃至每个国家都享有不可剥夺的平等排放的权利。平等对待最合适的方式不是把每个人当作“平等”的人来对待。这种理解要求我们不能用某些非道德的标准和尺度来界定人的道德身份，从而决定他们应得的份额。如果有某些道德上任意的因素而导致人们之间的某种差异，那么，我们就有理由通过一定的再分配措施来矫正这种差异。因此，全球气候治理应该遵循差别对待的原则。在温室气体排放空间的分配或减排义务的分担上，我们应该将各国的自然资源条件、地理位置、国家人口规模和结构、政治和经济发展模式、经济发展水平等这些道德上非应得的因素从对“应得”的考量中排除出去。如果由于这些原因导致某些人和国家处于劣势或贫困状态，那么，我们就应该通过“再分配”措施来矫正这种不足，从而使每个人获得大致相当的生活水准。

如果我们在全球气候治理中接受这种“差别原则”，那么，它的实践效果就是要求发达国家率先大幅度减少温室气体的排放，从而为发展中国家留下足够的空间来缓解贫困和实现经济与社会的发展。这就需要在应对气候变化时贯彻一种平等主义的全球分配正义原则。国际社会就正义是否可以跨越国界产生了理论上的分歧，从而也对全球治理实践造成了障碍。温室气体排放空间是一种全球公共资源，每个人都有资格享有平等的份额，但发达国家已经使用了远远超过它们平均份额的排放空间，而且，它们排放的温室气体聚积在大气层中导致了全球气候变化，由此带来的灾难又主要是由贫穷国家的人们所承担。正是由于温室气体排放空间的这种资源的公共性特征，使得世界上所有人处于一种生态关系之中，也正是这种生态关系使得人们彼此要担负起正义的义务。况且，世界范围内的严重不平等主要是由历史上不合理的全球政治经济秩序造成的，因此，参与施加这个秩序的国家不仅有对全球的贫困者进行补偿的责任，而且也有停止继续施加这个秩序，建立一个更加公正的世界秩序的道德责任。正是各国之间这种生态和政治经济的密切关联使得基于平等主义的气候正义必然要跨越国界。

在全球气候治理中贯彻“差别原则”遭到主要发达国家的反对和质

疑，这种质疑背后的真正意图是否定发展中国家应该享有的平等发展权。对此我们认为：应该把应对气候变化与解决全球贫困和发展问题联系在一起，一个合理的气候协议不仅要关注发达国家与发展中国家之间存在的排放量的相对差异，更要关注发达国家与发展中国家之间在发展程度上的更为宽泛的全球差异。而正是这种差异构成了某种道德相关性，进而正是这种道德相关性为在一个全球气候机制中的“区别对待”提供了理由。发展权意味着，每个国家不仅都应拥有保障本国公民基本生存排放的权利，而且也应拥有一个平等的追求更高生活水平的权利。保障每个人的发展权，就意味着不仅要赋予人们基本的生存排放的权利，而且也允许人们拥有进一步改善生存条件的“奢侈排放”的权利。提出这种主张的理由在于，现在各国对全球排放空间这种公共资源的占有是任意的占有，因此，发达国家过去对排放空间的大量占有就需要给出一个合理的理由。发达国家显然给不出这样的理由，因为，没有人能合理地说，他有资格自然地，或者是先在地占有更多的全球公共资源。因此，对于温室气体排放空间这种资源在全球范围内进行再分配就是合理的。再分配意味着，过去已经大量占有的人必须在未来减少占有，以达到一种最终的平等。这就要求发达国家留下“足够多和足够好”的排放空间来满足发展中国家对温室气体排放空间不断增长的要求。

最后，我们认识到，作为一种公共资源，温室气体排放空间的非排他性和竞用性特征使得在全球气候治理过程中各国会选择让其他国家去承担减排的成本，自己却坐享其成而不参与减排行动。全球气候协议难以达成的一个重要原因是很多国家缺乏参与气候合作的政治意愿。全球气候合作并不是一个基于自愿而订立契约的过程，全球气候协议也不是一个人可自愿遵守的制度安排，参加气候合作并遵守相应的气候协议是每一个人和每一个国家不可推卸的政治义务。其原因在于：一方面，紧迫的气候危机向每个人和每个国家颁布不可违背的道德命令；另一方面，如果一些人或国家根据某些规则参与到治理气候的共同事业中，并由此而限制和牺牲了自己的利益，那么那些根据要求牺牲了自己利益的人就有权利要求那些不履行自己的义务而又受益的人做出同样的服从，只有这样，对那些参与合作的人才算是公平的。

目　录

第一章　绪论 …… 1
第一节　什么是气候变化 …… 2
第二节　伦理学为什么要讨论气候问题 …… 9
第三节　伦理学如何讨论气候问题 …… 23
第二章　温室气体排放、环境安全与基本权利 …… 33
第一节　个人权利为什么重要 …… 34
第二节　温室气体排放权属于什么样的权利 …… 39
第三节　限制奢侈排放权是否侵犯了个人权利 …… 42
第四节　在善与正当之间保持必要的张力 …… 51
第三章　全球气候变化与道德责任 …… 60
第一节　两种气候责任：减缓的和适应的 …… 61
第二节　道德运气与道德责任 …… 66
第三节　自主选择与道德责任 …… 74
第四节　个体行为与道德责任 …… 79
第五节　国家与集体责任 …… 85
第四章　科学不确定性、无知与气候责任 …… 94
第一节　无知、过错与气候责任 …… 97
第二节　科学不确定性、欺骗与气候责任 …… 103
第三节　信念、动机与气候责任 …… 108
第四节　科学不确定性、预防原则与气候治理 …… 114
第五章　全球气候治理、平等与差别原则 …… 117
第一节　气候正义需要差别原则 …… 118
第二节　我们有什么理由接受差别原则 …… 121
第三节　气候正义：钝于禀赋，敏于抱负 …… 130

第六章　排放权分配、全球正义与国界 …… 139
第一节　全球分配正义：是什么以及为什么 …… 139
第二节　一般自然资源的分配正义 …… 151
第三节　作为自然资源的温室气体排放空间 …… 157
第四节　全球气候正义的平等主义主张 …… 163
第五节　我们有什么理由接受全球平等主义 …… 169
第七章　全球气候治理与平等发展权 …… 187
第一节　气候问题的三个权利维度 …… 187
第二节　生存排放权的优先性 …… 192
第三节　谁拥有发展权 …… 195
第四节　平等发展权的道德辩护 …… 200
第八章　全球气候合作与政治义务 …… 204
第一节　我们为什么有服从气候合作的义务 …… 204
第二节　全球气候合作与相互限制的公平原则 …… 211
第三节　全球气候合作与自然责任 …… 222
第九章　结论 …… 228
参考文献 …… 243

第一章　绪论

气候孕育并影响着人类文明发展的进程，人类文明的发展也成为影响气候的重要因素。自人类社会从农业文明进入工业文明以来，人类活动对气候影响的广度和深度日益增加，尤其是发达国家在工业化过程中大量消耗不可再生的化石能源，导致大气中二氧化碳等温室气体的浓度急剧增加，引起了近百年来以全球变暖为主要特征的显著的气候变化，对自然生态系统产生了剧烈的影响，给人类社会的生存和发展带来严重挑战。在经济全球化与文化多元化的背景下，基于气候变化的环境问题显得比包括恐怖主义在内的任何其他全球性问题都更为严重也更为复杂[①]。气候变化问题变得复杂的一个主要原因是，它给人类的行动和价值选择在时间上和范围上设置了一个限制性条件。因此，气候问题在当代人类社会引起了一场道德风暴。[②] 在这场风暴中，每个人都应该在寻求普遍的善的指引下培养自己的气候道德。之所以这样说是因为，一方面，气候变化及其可能给整个人类带来的灾难是毁灭性的，因而，人类的任何行动都必须以维护我们赖以生存的地球环境安全为前提；另一方面，全球气候治理过程是一个涉及自然科学、伦理、政治、经济、法律、国际关系等众多学科领域和问题的极为复杂的过程，这就决定了我们在应对全球气候变化的过程中必须对现有的价值观念、行为方式以及政治经济制度进行深刻的变革。气候变化问题给人类带来的挑战是不容回避的，人类采取共同行动以应对气候变化是不容迟疑的。正如联合国前秘书长潘基文指出："气候变化问题以及我们如何解决它，将决定我们和我们这个时代的命运，以及我们最终留给子孙后代的全球遗产。在气候变化问题上存在疑问的时代已经过去，现在是停止以责备或猜疑的眼光回味过去的时候了。

① David A. King, "Climate Change Science: Adapt, Migrate or Ignore?", *Science 303* (2004) (5655), p. 176.

② Stephen Gardiner, *A Perfect Moral Storm: The Ethical Tragedy of Climate Change*, Oxford: Oxford University Press, 2011.

富裕国家和贫穷国家有不同的责任，但我们共有的一个责任就是行动。”①

第一节 什么是气候变化

虽然气候变化问题是一个涉及自然科学、环境生命科学、政治科学、经济学和哲学伦理学等在内的众多学科的复杂问题，但气候问题首先是一个科学问题。气候变化的科学研究告诉人们这样一个事实：全球气候变暖是人类活动，尤其是大规模工业化过程中所排放的二氧化碳在大气层中聚积的结果。在工业革命开始的时候，大气中的二氧化碳的浓度是280ppm，自那以后，人类开始以史无前例的速度向大气中排放二氧化碳，从而引起大气层中温室气体的浓度的持续增加。到21世纪头十年，大气中的二氧化碳浓度已经达到379ppm②。而国际社会已形成共识，认为在21世纪末，为了不引发灾难性的后果，人类社会必须把全球气温升高的幅度控制在工业化前水平以上的2℃以内，也就是说，大气中的二氧化碳浓度必须控制在550ppm以内。气候变化的科学事实意味着，地球大气环境给人类的二氧化碳排放设定了一个上限。在人类社会短时间内无法根本改变现有生产模式和能源结构的情况下，这种限制就引发了我们对包括气候变化在内的全球环境问题的伦理和政治思考。在对气候变化问题进行伦理和政治思考之前，我们首先对气候变化问题从事实层面进行一个客观的描述。本研究的目的是对涉及人类社会应对气候变化的一系列行动进行伦理和政治反思，因而，在此我们只需在一定程度上了解气候变化及其影响的基本事实，而无须扮演自然科学家的角色。

一 温室效应与气候变化

人们对二氧化碳浓度的不断升高以及这种持续升高所可能引起的全球变暖的科学认识是一个逐渐清晰的过程。早在1896年，瑞典科学家斯

① 潘基文：《全球携手努力减缓气候变化——2007年世界环境日的致辞》，联合国官网，http://www.unfccc.int/2860.php。

② Intergovernmental Panel on Climate Change, Contribution of Working Group I to the Fourth Assessment Report of the Intergovernmental Panel on Climate Change, Summary for Policymakers, 2008, 2. Available at http://www.ipcc.ch/ixlf/assessment-report/ar4/wgl/ar4-wgl-spm.ixif.

凡特·阿伦尼斯（Svante Arrhenius）就第一次提出，不断增加的二氧化碳浓度将可能引起全球平均气温的升高。在1959年，博特·博林（Bert Bolin）就曾预言，大气中的二氧化碳的浓度将增加25%，并且指出，这种不断升高的浓度正在引起全球气候变暖。近30年来，不断增加的二氧化碳浓度可能引起气候变化，这在国际社会已经形成共识。1988年，联合国大会通过了43/53号决议，指出："注意到，已有的证据表明，大气中的温室气体的浓度的不断增加可能导致全球气候变暖，如果不及时全面采取措施，那么，将会导致海平面的上升以及对人类产生灾难性的影响。"① 自1992年以来，《联合国气候变化框架公约》② 也在国际社会形成共识："人类的活动已经大幅度地增加了大气中温室气体的浓度，这种增长加强了大气原有的温室效应，并将导致地球表面和大气层中平均温度的额外升高，而这又反过来会影响自然生态系统和人类自身。"③《联合国气候变化框架公约》在最后还强调，公约各方要下决心采取措施保护气候系统和当前以及未来人类的安全。我们对气候变化的科学认知主要是建立在自联合国政府间气候变化专门委员会（IPCC）④ 成立以来所发布的五份科学评估报告的基础上。这些报告是在分析和评估了世界上与气候科学相关的众多一流科学家的研究报告的基础上综合而成，它们代表了当代人类对气候变化的科学认知的最高水平，具有极高的可信度，正因为如此，它受到国际社会的广泛重视，并直接推动了一系列联合国

---

① United Nations General Assembly, resolution 43/53, 1988. Available at http://wvNw. un. org/Depts/dhl/res/resa43. htm.

② 《联合国气候变化框架公约》（*United Nations Framework Convention on Climate Change*，简称《框架公约》，英文缩写 UNFCCC）是一个国际公约，于1992年5月在纽约联合国总部通过，1992年6月在巴西里约热内卢召开的由世界各国政府首脑参加的联合国环境与发展会议期间开放签署。1994年3月21日，该公约生效。

③ United Nations Framework Convention on Climate Change, 1992. Available at http://unfccc. int/essential_ background/convention/background/items/1349. php.

④ 政府间气候变化专门委员会（Intergovernmental Panel on Climate Change，英文简写 IPCC）是由世界气象组织与联合国环境规划署于1988年联合建立的，其主要职责是评估有关气候变化问题的科学信息以及评价气候变化的环境和社会经济后果，并制定现实的应对策略。由于IPCC评估报告全面、客观地反映了气候变化领域的最新科研成果和当今科学认知水平，因此，IPCC历次发布的综合性评估报告，无一例外受到国际社会的广泛关注，并成为各国政府和国际科学界在气候变化科学认识方面最权威的共识性文件，也是各国制定应对气候变化方案并采取实际行动的重要参考依据之一。

气候大会的召开。也正是在此过程中，气候变化、全球变暖以及温室效应等概念以及所引发的问题逐渐被普通民众熟知。

气候问题的产生是基于一个发生在我们这个星球上的一种基本物理机制：大气中的某些气体（比如二氧化碳、甲烷等）与不同频率的辐射发生了不对称的反应，就像通常温室中的玻璃一样，允许短波太阳辐射进入，但将地面射出的长波辐射反射到地表，从而导致地表温度比本来的温度要高。人们最初是用“温室效应”（greenhouse effect），后来用“全球变暖”（global warming），而最近则更常用“气候变化”（climate change）的概念来表述这一物理机制。

“温室气体”（greenhouse gasses）是产生温室效应的“元凶”。19世纪20年代，法国物理学家约瑟夫·傅里叶（Joseph Fourier）从地球吸收的太阳辐射和反射的红外线辐射角度，研究了地球的热量平衡。他的结论是，由于地球气温比他的预计高出很多，应当有某种东西阻滞了红外线辐射。30年之后，爱尔兰物理学家约翰·廷德尔（John Tyndall）确定了阻滞辐射的分子，包括二氧化碳和水蒸气。这些分子作为温室气体逐渐为人所知。19世纪末，斯凡特·阿伦尼斯（Svante Arrhenius）第一个计算了如果大气中二氧化碳浓度在19世纪中期大约285ppm的基础上增加一倍将会使得气温升高多少。他的贡献在于以量化的方式指出了温室气体和全球气候的相关性。他得出结论说，人类的工业化活动增加了温室气体在大气中的浓度，在其他条件都相同的情况下，这将导致全球气候变暖，即全球的平均气温逐渐升高的现象。①

虽然基本的温室机制非常容易理解，但“温室效应”这一表述并不能很好地反映我们所要讨论的“气候问题”。因为在自然界还存在着纯粹“自然的温室效应”，否则地球将比现在冷得多。事实上，温室气体并不是自然和人类的天然敌人，相反，温室气体也是人类得以生存的必要条件，因为温室气体能够有效地吸收长波辐射，使地球表面的温度保持稳定且适宜人类居住。如果没有“自然的温室效应”，对于人类而言并不一定是一件好事，地球可能会因为太冷而不适宜人类居住，因此，

---

① S. A. Arrhenius, “On the Influence of Carbonic Acid in the Air upon the Temperature of the Ground”, *Philosophical Magazine 41*, 1896, pp. 237 - 276.

自然发生的“温室效应”本身并不构成一个问题。但是，如果大气中的温室气体累积太多，将对气候系统产生影响，进而影响自然和生态系统，最显著的表现就是全球气候变暖。可见，真正的问题在于人类的温室气体排放活动增强了“自然的温室效应”，也就是说，我们在此关注的是“人为的温室效应”。只有“人为”的温室效应才会引发伦理和政治问题。因此，“全球气候变暖”这一表述似乎直接反映了我们所感受到的气候事实，不过，它仍然具有一定的局限性，因为它只强调了温度升高这一现象，但实际上关于气候的事实不仅仅是温度的升高，还包括其他气候现象，比如日益频发的台风、冰冻、降雨反常等极端天气事件。基于此，“气候变化”一词更能准确反映当前的气候事实。因此，本研究将用“气候变化”这一表述来指称引发气候问题的气候事实。实际上，这一表述也是学术界现在最为常用的。因此，我们所讨论的气候变化不是指自然界在无人为干扰的情况下“自然”发生的气候变化，而是指除在类似时期内所观测的气候的自然变异之外，由于直接或间接的人类活动改变了地球大气的组成而造成的气候变化。

截至目前，联合国政府间气候变化专门委员会（IPCC）分别于1990年、1995年、2001年、2007年和2015年提交了五份关于气候变化的科学评估报告。IPCC的第一次评估报告指出，人类活动产生的排放物正在使得大气中温室气体浓度显著增加，增强了温室效应，从而使得地表温度上升。1995年IPCC的第二次评估报告认为，当前出现的全球变暖“不太可能全部是自然界造成的”。据该次报告预测，如果我们不对温室气体的排放加以限制的话，那么，到2100年全球平均气温将上升1℃～3.5℃。IPCC的第三次评估报告进一步指出，全球平均地表温度已经比20世纪高出了0.6℃，从全球范围来看，情况很可能是，20世纪90年代是气温最高的十年，1998年是自1861年有温度记录工具以来气温最高的一年，20世纪温度升高幅度很可能是过去1000年所有世纪里最大的，这可能是由于人类活动导致（这种可能性在2/3以上）。关于其他气候现象，IPCC援引证据表明，积雪覆盖面积与冰川覆盖范围已经缩小了，某些地区的降雨量，强降水事件发生的频率，厄尔尼诺现象出现的频率、持续时间与强度都增加了。IPCC的第四次评估报告则指出，自工业革命以来，由于人类活动的影响，导致全球大气中二氧化碳、甲烷以及氧化亚氮等温室气体浓度明显增加，比过去一万年中任何时期都高，其中在1970～2004年增加了70%。由于人为的温室效应，地球正在以前所未有的速度变暖。对于过去50年来的全球变暖现象，人类活动要负九成的责任。最新发布的第五次评估报告则指出，气候系统的变暖是毋庸置疑的。自20世纪50年代以来，观测到的许多变化在几十年乃至上千年时间里都是前所未有的。1983～2012年可能是过去1400年中最暖的30年。1971～2010年海洋上层（0～700米）已经变暖；过去20年来，格陵兰冰盖的冰量一直在损失，全球范围内的冰川几乎都在继续退缩。1901～2010年，全球平均海平面上升了0.19米（0.17～0.21米）。

IPCC的科学评估报告显示，虽然现在人们正在积极限制温室气体排放量，但到21世纪末地球气温至少还会再上升1℃。而现在气温已经比工业化前上升了0.8℃。气候系统变化很慢，因此现在排放出来的温室气体将在50年后引起气候变化。过去50年排放出来的温室气体所引起的全球整体变暖已经在地球上表现出来了。如果我们继续按现有速度排放温室气体，21世纪内地球气温有可能上升3℃～6℃。人为导致的全球变暖和气候变化所造成的影响表现在许多自然现象上。例如，西伯利亚和加拿大北部苔原带地区冰雪融化释放出数十亿吨甲烷气体，这种气体对全球变暖的威胁是二氧化碳的20倍。此类自然变化有可能使地球的气候系统达到临界点，造成危险而无法逆转的气候变化，到21世纪末气温极可能上升超过6℃。

根据主流气候学家的看法，人类活动所产生的温室气体是导致全球平均气温上升的主要原因，而温室气体主要来自化石燃料的使用。最近1000年和最近100年的大气温度曲线表明，最近100年是过去1000年中最温暖的，而最近20年又是过去100年中最温暖的。而且，这种变暖趋势与大气中二氧化碳浓度的上升是同步的。因此，人类活动所排放的二氧化碳在全球气候变化中起着重要作用。人类已经如此强烈地影响了气候，以至于“自然的气候”时期已经一去不复返。从工业化出现开始，人类所制造的微量气体（尤其是二氧化碳）就在很大程度上改变了地球的大气，人类的“入侵”已经打乱了“自然的”节奏，我们目前正迈向一个会继续变暖而不是变冷的“人造气候”时期。因此，我们可以比较有把握地得出这样的结论：自工业革命以来，人类过度使用煤炭、石油和天然气等化石燃料，排放出大量的温室气体是导致全球气候变化的主要原因。

二 气候变化会对人类产生怎样的影响

温室气体的大量排放所导致的气候变化及其影响，目前只能被部分地预测到，且存在着一定的不确定性，但这些预见的后果已经十分令人担忧。联合国政府间气候变化专门委员会（IPCC）在其第四次评估报告中得出这样的结论，即自1750年以来，气候在人类活动的影响下总体呈变暖趋势。[①] 全球二氧化碳的浓度从工业革命前的280ppm上升到了2005年的379ppm。过去100年（1906～2005年）全球气温上升了0.74℃（0.56℃～0.92℃）；过去50年变暖趋势是每10年升高0.13℃（0.10℃～0.16℃），几乎是过去100年来的两倍。2001～2005年与1850～1899年相比，总的温度升高了0.76℃（0.57℃～0.95℃）。IPCC报告预测，在未来20年，每10年温度将升高0.2℃。即便所有温室气体和气溶胶的浓度保持在2000年水平，全球温度每10年仍将升高0.1℃。从现在开始到2100年，全球平均气温的“最可能升高幅度”是1.8℃至4℃，海平面升高幅度是18cm至59cm。从这些数据出发，科学家的一个基本的看法是，虽然“短期内的气候变化不太可能是灾难性的，但是从长期来看却具有潜在的严重破坏力”。[②] 如果我们不改变排放现状，全人类面临的毁灭性风险将会极大增加。[③]

由前世界银行首席经济学家尼古拉斯·斯特恩（Nicolas Stern）主持完成的报告第一次以美元为单位对全球变暖的影响进行了评估，并给出了人类社会未来的图景。这份报告认为，如果在未来几十年内不能及时采取行动，那么全球变暖带来的经济和社会危机将会比世界性大战以及20世纪前半叶曾经出现过的经济大萧条更为严重。届时，全球GDP的损失将达到5%～20%。[④] 如果地球气温上升2℃，估计地球上有15%～

---

① IPCC, *Fourth Assessment Report (AR4): Climate Change 2007*, Cambridge: Cambridge University Press, 2007.

② 诺德豪斯:《均衡问题：全球变暖的政策选择》，王少国译，社会科学文献出版社，2011。

③ 松鲍法维:《人类风险与全球治理：我们时代面临的最大挑战可能的解决方案》，周亚敏译，中央编译出版社，2012。

④ N. Stern, "*Stern Review on the Economics of Climate Change*", 2006. http://www.hm-treasury.gov.uk/independent_reviews/stern_review_economics_climate_change/stern_review_report.cfm [2014-2-11].

37%的物种将会灭绝。[1] 到2020年，由于气候变化，预计7500万到2.5亿非洲人口将面临更加严重的用水压力。每年因全球气候变暖引起的中暑、沙门氏菌和其他食品污染，以及庄稼收获减少造成的营养不良等会导致15万人丧生。[2] IPCC的五次报告的研究结果具有相当的一致性：如今发生在世界各地的许多极端天气有很大一部分很可能不是“天灾”而是“人祸”。IPCC的研究成果已经将人类活动对全球气候变化影响的因果概率由原来的66.7%提高到90%。

气候变化的影响将会是全方位的，并已造成了一系列的全球性问题，严重影响到自然系统的生态平衡和人类社会的可持续发展。根据IPCC的第四次评估报告，人类活动对气候变化的影响不仅仅是全球变暖，而且还导致了近九成的地球自然生态系统变化。而且全球变暖对自然生态和人类生存环境的影响将会随着气温的持续上升而不断加剧，未来的气候变化可能会对农业、水资源、生态系统、人类健康等产生非常不利的影响。近年来，我们身边发生的诸多气候变化、自然灾害，以及我们通过媒体所了解的频繁发生的全球性气候灾难事件可能正是对IPCC报告的现实注解。IPCC报告研究了气候变化对世界八大区域可能产生的影响：

> 非洲：到2020年，由于气候变化，预计7500万到2.5亿非洲人口将面临更加严重的用水压力。
>
> 亚洲：预计到21世纪中叶，东亚和东南亚的粮食产量可能会上升20%，而中亚和南亚的粮食产量则可能下降30%。
>
> 澳大利亚和新西兰：估计到2020年，在包括大堡礁和昆士兰湿热地带在内的一些物种丰富地区会发生生物多样性大幅损失。
>
> 欧洲：气候变化能够给北欧带来一些好处（减少供暖方面的能源需求、气候更适宜粮食种植和森林生长），而南欧则会经历更多的热浪、森林火灾，而且粮食生产力下降。

---

① T. Chris, C. Alison and G. Rhys, “Extinction Risk from Climate Change”, *Nature* (*427*), 2004, pp. 145 - 148.

② D. Campbell-Lendrum, “How Much Disease could Climate Change Cause?”, in McMichael, eds., *Climate Change and Health: Risks and Responses*, Geneva: World Health Organization, 2003.

拉美：到21世纪中叶，预计气候变化会使亚马孙地区东部的热带雨林逐渐被稀树大草原取代。

北美：目前遭受热浪袭击的城市，将来会面临更多热浪袭击，对公众健康产生不利影响。

两极地区：预计气候变化会影响自然生态系统，对包括候鸟、哺乳动物和处于生物链顶层的食肉动物在内的许多生物产生危害。

小岛：海岸条件恶化，沙滩受到侵蚀，珊瑚因高温白化等，会影响当地渔业、旅游业资源。

全球气候变化对南方贫穷国家的影响要比对北方发达国家的影响大得多。南半球部分地区的气候正在变得不可预测，干旱、洪灾或火灾逐渐增加，威胁着地球上最为贫困、人口最为稠密的地区。气候变化激化了厄尔尼诺现象，使热带地区发生的干旱与洪灾特别集中，并导致热带季风发生变化。据IPCC估计，南半球发展中国家承受了气候变化的严重负面影响的大部分，这些影响表现为蚊子、水生病菌不断蔓延到新的地方，干旱造成农作物减产、空气质量下降、地下水减少。同时，海平面上升也将给南半球带来严重后果。2004年，印度尼西亚海啸表明，发展中国家的人们更容易因海平面上升及暴风雨发生频率的变化受到影响。气候变化所带来的影响正在加剧南方贫穷国家的贫困。

第二节　伦理学为什么要讨论气候问题

全球气候变化及其对人类带来的严峻挑战使得应对气候变化不仅是个科学问题，更重要的是它是一个伦理政治问题。之所以这样说，是因为从直接原因来看，全球气候变暖是人类在大规模的工业化过程中燃烧化石燃料所产生的温室气体在大气层中聚积到一定程度后所产生的气候现象。但从更深层次的原因来看，则是人的贪婪本性在自由市场的推动下永无止境地追求物质财富所产生的结果。因此，当代人类应对气候变化的途径主要不是科学技术的革新，而是需要对产生气候变化的社会原因以及气候治理政策所涉及的公平、正义、权利、责任和义务等问题进行深刻的伦理反思。这种反思不同于科学家、经济学家和政治家们的思考，它是要在科学家、经济学家的经验研究与政治家的政策选择之间架起一座桥梁。伦理道德思考的独特贡献在于，它要讲清楚人类为了避免严重的气候灾难而改变自己的价值观念、行为方式以及制度安排的理由。也就是说，如果应对气候变化的解决方案被找到，那么，气候变化的伦理道德追问要为我们每个人不得不去接受的伦理和政治责任提供辩护。

一 伦理学为什么要讨论气候问题

气候变化的科学事实意味着，地球大气的环境容量给人类的温室气体排放设定了一个上限。在人类社会短时间内无法根本改变现有生产模式和能源结构的情况下，这种限制就引发了我们对包括气候变化在内的全球环境问题的伦理和政治思考。如果说基于环境的伦理思考（环境伦理学）侧重于解决的是人的生存意义问题的话，那么，基于环境的政治思考（环境正义论）则是侧重于解决人类如何合作以应对环境危机的问题。换言之，全球气候问题的凸显，使得我们认识到，人类再也不能无视环境问题的存在，只强调实现自己的理想生活的权利，而必须思考如何与生活在地球上的其他人一起，共同保护我们赖以生存的环境。进而言之，气候问题的出现集中凸显了地球资源稀缺和空间有限性（包括有限数量的不可再生资源，有限的净化生产活动所产生废弃物的能力以及地球有限的容纳温室气体的排放空间）与人的欲望之间的矛盾。正是这对矛盾决定了我们必须冷静思考并处理这样一些关系：人与自然的关系、人与人之间的关系以及人与自己后代的关系。在这些关系中，人与自然的关系和人与后代的关系更多体现的是一个伦理道德问题（比如代际伦理、自然权利、责任伦理等），而当代人与人之间的关系（包括国际与国内两个层面）则更多体现的是一个政治问题，即如何分配全球稀缺的公共资源的问题。在当下气候变化的背景下，尤其要处理好当代人与人之间的关系。因为处理好当代人与人之间的关系是处理好人与自然的关系以及人与自己后代关系的前提和基础。因此，从某种意义上讲，与其说气候问题是个“科学问题”，不如说它是一个“伦理和政治问题”。

之所以不能把气候问题仅仅看作一个科学问题，是因为，气候问题背后所蕴含的是人类社会应该追求一种什么样的生活方式的问题，以及人与人之间对稀缺资源和环境负担的分配问题。这些问题不解决，任何有效的科学技术手段都不可能从根本上解决气候问题。另一方面，是因为气候问题直接将人与自然，以及人与人之间的矛盾这一根本的哲学问题以一种极端的形式凸显出来。在人类现有技术条件下，燃烧化石燃料以获取能量仍然是人类在相当长的时间里不可改变的事实。这意味着，人类只要生存和发展，就必然会排放温室气体。一旦人们认识到温室气体不可能无限制地排放，大气层吸收温室气体的能力（排放空间）就成为一种稀缺资源。因此，拥有足够多的温室气体排放空间就成为关乎每一个人乃至每一个国家根本利益的头等大事，如果每个人乃至每个国家足够“理性”的话，那么，这必然会在国际社会引起激烈的经济和政治博弈，甚至会出现“公地悲剧”和集体行动的困境。因此，解决气候问题关键的是处理好人与人之间和国与国之间的利益关系。而要处理好人们之间的利益关系，就必须找出一组合理的道德原则来界定每个人的责任、权利和义务，并决定每个人应得多少排放空间和承担多少减排负担。

当前，国际社会应对气候变化的措施主要是在两个方面展开，即减缓气候变化和适应气候变化。减缓气候变化指的是国际社会必须采取一切必要的措施将大气中的温室气体的浓度控制在一个不至于导致全球大灾难的极限范围（空间）内。这就要求各国必须大幅度地减少温室气体的排放量，而减少排放量就意味着减缓自己经济发展的速度，以及为了应对气候变化所带来的影响而投入各种资源，这对于每个国来讲都是一个沉重的负担。问题在于这个负担应该由谁来承担？毫无疑问，正是当今那些发达国家在历史上排放的温室气体导致了今天的气候变化，发达国家应该为它们的“过错”承担历史责任。在这里，利用科技手段减缓气候变化是个科学问题，但如何分担由此带来的负担则是个伦理政治问题。也就是说，“减缓”涉及的主要问题就是解决如何根据由历史和现实的原因而导致的各国禀赋的差异，在排放权分配中公平地分担各自所应承担的减排义务。适应气候变化指的是国际社会必须采取措施适应气候变化可能给人类带来的影响，以保护人类免受由气候变化所引发的各种灾难。这就要求各国要投入巨额资金建设各种基础设施、发展各种气候适应技术。所以，适应气候变化要解决的主要问题是如何合理地分配适应成本。发达国家基于历史上的大量排放，已然具有强大的适应能力，而气候变化的负面影响则主要由欠发达国家承担，而且它们本身的适应能力就很弱。因此，发达国家是否有基于正义的义务来帮助适应能力弱的国家，就成为当下国际社会讨论的一个核心的伦理问题。

同时，对气候变化的伦理与政治研究也对我国的经济和社会发展具有重要意义。当前我国在气候问题上面临着双重压力。一方面，我国当前经济的高速发展使得经济发展与环境容量之间的矛盾、政府对环境保护的重视与公民环境责任意识淡漠的矛盾、对资源爆炸式的需求与资源日益稀缺的矛盾以及人们的权利意识的增强与国内环境保护政策之间的矛盾更加尖锐；另一方面，中国在后京都时代的国际气候谈判中也将面临巨大的压力。近年来，随着经济的快速增长，中国温室气体的排放量增长很快，并且成为温室气体的主要排放大国。[①] 当前国际社会要求中国实质性地承担温室气体减排或限排义务的期望和呼声越来越高，即使是在发展中国家阵营内部，要求中国承担量化减排指标的压力也日益增大。美欧等发达国家虽然在国际气候谈判中存在不少的分歧，但在要求中国承担量化减排指标问题上的立场则高度一致。发达国家还利用其强大的话语权不断制造“中国气候责任论”和“中国气候威胁论”来诋毁中国的国际形象，目的是用量化的减排指标来压缩中国未来的发展空间。对此，国内有学者担心，围绕着气候变化问题，可能引发新的国际反华浪潮。[②] 中国如果在气候变化问题上处理不当的话，经济发展空间和外部环境以及国际形象都会受到严重的影响。因此，作为发展中国家如何在国际气候合作中占据道义上和政治上的主动地位并争取合理的发展空间将是我们今后面临的重大问题。它不仅要求我们发展出更为先进的技术以帮助减少温室气体的排放以及增强我们适应气候变化带来的各种灾难的能力，而且更为重要的是要求我们对包括中国在内的发展中国家所提出的合理诉求和全球气候治理主张进行道德上和政治上的辩护，从而为我国赢得合理的发展空间提供让人信服的理由。本课题研究旨在从伦理学、政治哲学的层面反思和批判当代西方社会在气候问题上所持有的基本价值理念，分析国际气候政治经济博弈背后所蕴含的道德问题，并在此基础上为构建一个更加公平的全球气候治理协议提供理论上的论证。在本研究中，我们的基

① IPCC 报告中指出，如果不采取进一步的应对措施，目前至 2030 年的全球排放将增长 40% ~110%，在新增排放量中，中国将占到 1/2 强。

② 林小春、齐紫剑：《应对气候变化的“后京都”谈判》，《瞭望》2007 年总第 50 期。

本立场是把维护全人类的共同利益作为理论探讨的出发点，着重批判和反思由发达国家所主导的全球气候谈判中的不正义之处，为包括中国在内的广大发展中国家维护自身正当的权益做理论上的辩护。

二 国内外已有的研究及其主要观点

从国外相关研究文献来看，西方发达国家凭借其科学、经济、政治、技术、信息等多方面的优势，在气候变化的相关研究方面占据着主导地位。从研究范围上看，研究呈现全面性、多元性和跨学科性。研究主体中既有大学的教授，又有政府部门的退休官员，还有一些智库的研究人员和环保活动家。研究内容既涉及环境、能源和安全等“硬”的方面，也有有关伦理、国际机制和政策法规等“软”的领域；研究成果中有的以专著和论文集的形式出版，有的则是以咨询报告和报刊评论等形式发表，个别的还以咨询报告的形式供决策者参考。从研究路径上看，现有的研究主要集中在经济学、政治学和伦理学三个方面。

自然科学界对气候变化的关注及其激发的对气候变化的政治响应，直接推动了全球人文社会科学界对气候变化问题的研究和重视。其中，首先关注气候变化的社会科学当属经济学。从20世纪90年代初开始，经济学界就开展了一场旷日持久的关于提前采取措施预防气候变化是否合适的辩论，并对减少温室气体排放的经济代价和气候变化有可能带来的经济代价进行了比较。由前世界银行首席经济学家、前英国首相经济顾问尼古拉斯·斯特恩爵士领导的研究小组发布的两份研究报告受到国际社会的高度关注，引起了广泛反响。2006年，受英国政府委托，斯特恩领导编写的《斯特恩回顾：气候变化经济学》正式对外发布。[1] 该报告从经济学的角度着重论述了全球应对气候变化的紧迫性，花费大量篇幅进行了减缓气候变化行动的成本与避免未来气候变化不利影响的经济损失的估算，以及经济学的成本效益分析，强调只有尽快大幅度减少温室气体排放，才能避免全球升温超过2℃可能造成的巨大经济损失，并且减排成本并不高。

1999年，以发达国家为主要成员的经济合作组织分别发表了两份报

---

① N. Stern, *The Economics of Climate Change: The Stern Review*, Cambridge: Cambridge University Press, 2006.

告：《应对气候变化的行动：京都议定书和以后的路》和《国家气候政策和京都议定书》。第一份报告将研究重点放在各国履行《京都议定书》所需要付出的经济成本上，以及议定书为了降低成本所提供的一些灵活机制。[①] 这份报告将不同条件下主要国家为履行议定书所可能付出的经济成本进行量化，并提出由于这一领域存在高度不确定性，很难对这些成本进行比较准确的估算。《国家气候政策和京都议定书》这份报告则从各国国内角度出发，回顾了发达国家关于限制温室气体排放政策的状况，并提供了设计、评估和执行国家气候政策的分析框架，目的在于帮助这些国家的政府用尽可能小的代价实现减排目标。[②]

在世界银行出版的一份名为《京都议定书和二氧化碳排放贸易对发展中国家的影响》的研究报告中，研究者同样将关注的焦点放在了各国履约所须付出的成本计算上。这份报告认为，附件一国家[③]实现减排目标的能力和意愿取决于减排的成本。考虑到历史和公平因素，发展中国家并没有承担明确的减排义务，但事实上最为便宜的减排地点应在发展中国家。在《京都议定书》规定的这样一个交易机制中，减排贸易不仅降低了附件一国家的履约成本，而且为发展中国家提供了新的出口获利机会。这份报告得出结论说，发展中国家将从《京都议定书》中获得巨大利益。[④]

值得注意的是，在关于经济学的争论中形成了比较有代表性的、也是针锋相对的两派观点。例如，丹麦的统计学家罗姆伯格就属于“怀疑派”的代表。他对气候变化风险必定盖过其他一切风险的观点提出质疑，并认为试图阻止气候变化所付出的代价将超过任由它发生的代价；而“行动派”则主张借助先进的技术来解决经济增长与气候变化之间的矛

---

① OECD, Action Against Climate Change: The Kyoto Protocol and Beyond 3, 1999.

② OECD, National Climate Policies and the Kyoto Protocol 3, 1999.

③ 这些国家是指《联合国气候变化框架公约》附件一（1998 年修订）中所列的国家或国家集团，包括美国、澳大利亚、加拿大、日本、欧盟国家在内的经济合作与发展组织中的所有国家和经济转型国家。根据《公约》第 4.2（a）条和第 4.2（b）条，附件一国家承诺在 2000 年之前单独或联合将温室气体排放控制在 1990 年的水平。其他未列入附件一中的国家，都统称非附件一国家。

④ World Bank, The Effects on Developing Countries of the Kyoto Protocol and CO_2 Emissions Trading 2, 1998.

盾，因此他们积极主张推动低碳利用技术的创新。但不管是哪一派观点，他们都持有强烈的唯科学主义倾向和乐观主义态度，认为环境问题本质上就是一个“科学问题”（一方面，诉诸技术创新解决生产的能耗问题；另一方面，诉诸经济制度的创新，以解决经济“外部性”问题和经济效率）。但是，主流经济学对无止境的 GDP 增长的迷恋，导致它根本无法认清目前全球环境恶化的事实。而大多数经济学家都乐观地把气候变化问题的解决寄希望于无所不能的科学技术。

政治学方面的研究是气候变化问题的主战场，并往往与经济学紧密联系在一起。政治学的研究是更具实证色彩的研究，它主要是从国际政治的角度对国家安全、国家气候政策、国际气候机制的构建、国际气候谈判的策略问题以及国家间的公平正义问题、民主制度问题进行研究。

奥兰·杨在其所著的《环境变化的制度维度》一书中，分析了不同国际关系理论流派对《京都议定书》的生效条件和国际气候变化协议的效用的不同看法。支持集体行动模式的理性主义者将《京都议定书》构建的国际气候变化协议看作十分脆弱的，一旦缺乏主要国家行为体（如美国）的支持，这样的体制将不复存在；而社会行为派则认为一旦制度开始形成，国家在这一过程中形成的共有观念、社会化过程和制度文化将改变国家的行为，国家对机制的参与将改变它们对自身角色的看法，新的制度文化将指导国家的行为。[①]

内尔·哈里森在其《国际环境中的科学与政治》一书中，分析了科学界的研究成果以及人们对气候变化问题的认识发展对于气候变化领域国际制度形成的影响和作用。他认为，科学上的共识推动了气候变化领域的国际谈判，并影响了国际政治进程，而目前科学界对全球变暖前景认识的不确定性仍制约着《京都议定书》的生效和履行。[②] 而马文·索罗斯在《科学和国际气候变化政策》一书中指出，由于不同国家领导人、公众对全球变暖严重性的认识有很大差异，以及不同类型的国家面临

① Oran R. Young, *The Institutional Dimensions of Environmental Change*, Cambridge MA: The MIT Press, 2002, pp. 44 - 45.

② Neil Harrison, *Science and Politics in the International Environment*, Lanham: Rowman & Littlefield Publishers, 2004, pp. 109 - 113.

的首要任务不同，它们对国际气候变化制度的参与积极性也有很大不同。[①]

在《环境的政治：观念、激进主义、政策》一书中，内尔·卡特认为，《京都议定书》以及后续的国际气候变化谈判都不能令人满意地解决两大根本矛盾：一是发达国家之间在履约意愿上的分歧；二是谈判中出现的南北矛盾。他认为，这两大矛盾来源于人们熟知的经济利益和环境利益之间的协调问题，即人们对经济增长和发展的关注有时会超过对缓解气候变化的长期需求。他在论述国际环境制度的形成时，特别引人注目地提到了“主导国”和“否决国”对制度形成所产生的重要影响。他认为，制度的形成得益于一个强有力的国家或国家集团的主导作用，它通过激励或强迫弱小国家支持条约的方式来推动制度的形成。美国虽然是最为强大的国家，但在环境制度方面的领导作用却经常为其他经济发达的国家所取代。对于否决国来说，没有它们的参与，国际制度即便形成，其有效性也大打折扣。有意思的是，主要的否决国经常也是经济发达的国家。他认为，主导国需要说服否决国，而这一过程经常涉及为否决国提供某种形式的妥协或激励因素。[②] 在迈克尔·克拉夫特《环境政策和政治》一书中，作者也阐述了谈判中的激励机制，克林顿政府为使立场强硬的美国国会和工业界接受美国在温室气体控制上的国际义务，提出了同发展中国家进行排放额度的贸易来实现减排目标。[③]

《气候变化和发展中国家》一书详细分析了全球变暖可能给发展中国家带来的危害、发展中国家的应对成本以及京都机制可能给它们带来的额外收益和一定成本。[④] 保罗·哈里斯编著的《全球变暖和东亚：气候变化的国内和国际政治》则着重分析了中国、日本以及东南亚各国在气候变化问题上所采取的外交立场及其国际、国内动因。[⑤] R. 杰克逊编

---

① Marvin Scoroos, *Science and International Climate Change Policy*, Cambridge: Cambridge University Press, 1992.

② Neil Carter, *The Politics of the Environment: Ideas. Activism, Policy*, Cambridge: Cambridge University Press, 2001, pp. 236 - 238.

③ Michael Kraft, *Environmental Policy and Politics*, Harrisonburg: Pearson Education. Inc, 2004, p. 274.

④ N. H. Ravindranath, Jayant Sathaye, *Climate Change and Developing Countries*, London: Royal Institute of International Affairs, 2006.

⑤ Paul G Harris ed., *Global Warming and East Asia: The Domestic and International Politics of Climate Change*, London: Routledge, 2003.

著的《减缓气候变化：灵活机制》[1] 一书较为详细地论述了京都机制中的三大灵活机制给不同类型的国家可能带来的不同影响。这本书中，《排放贸易如何使发展中国家受惠》一文指出，《京都议定书》所确定的排放贸易制度不仅将使发达国家受益，也将给有关的发展中国家带来可观的资金流入，从而刺激它们经济的增长和可持续发展。书中收录的《京都议定书和发展中国家》一文指出，即使对于那些没有明确承担减排义务的发展中国家来说，也会受到发达国家国内减排措施（如限制化石燃料的使用）的扩散效果的影响。相比较复合经济结构的发展中国家而言，那些严重依赖能源出口的发展中国家将承受更大的负面影响，因此不加限制的京都灵活机制尤其是排放贸易机制的使用也将给某些发展中国家带来一定好处。

政治学的研究另一方面是更具理论批判色彩的研究。在这方面，很多学者都注意到了气候变化与自由的关系。安东尼·吉登斯的新作《气候变化的政治》[2] 比较典型。他在书中强调，在应对气候变化问题上，国家比技术和市场所能发挥的作用更大，并主张国家为了应对气候变化，必须将一种长远的视野引入政治，必须有某种进一步的计划。而戴维·希尔曼则在《气候变化的挑战与民主的失灵》[3] 一书中进一步发展了吉登斯的观点，他认为自由并不是最根本的价值，它只是众多价值中的一种，生存才是更具基础性的价值。在此基础上，他进一步主张环境难题需要政府走向一条更具权威性的道路。生态社会主义的一些学者也涉及气候变化问题，如著名生态社会主义理论家乔尔·科威尔的《生态社会主义：全球公正与气候变化》以及安迪·基尔密斯特的《生态学和气候变化：新自由主义的策略和社会主义者的回应》等[4]都是这方面的代表性著作。科威尔认为，为了延续生存，根本的问题不是技术性的，而在于我们改造自然和消费劳动成果的方式，在于坚持生态社会主义的时代精神。和科威尔一样，大多数西方左翼学者的基本立场是：借助现有资本主义制度在解决气候变化方面的无能来彻底否定资本主义制度并严厉批判这一制

① T. Jackson ed., *Mitigating Climate Change: Flexibility Mechanism*, Oxford: Elsevier, 2001.

② 〔英〕安东尼·吉登斯：《气候变化的政治》，曹荣湘译，社会科学文献出版社，2009。

③ 〔澳〕大卫·希尔曼：《气候变化的挑战与民主的失灵》，武锡申、李楠译，社会科学文献出版社，2009。

④ 曹荣湘主编《全球大变暖：气候经济、政治与伦理》，社会科学文献出版社，2010。

度背后的新自由主义意识形态。并且，随着各方面研究的深入，气候变化将越来越成为人们批判资本主义和新自由主义的有力武器。绿党政治的兴起就是一个典型代表。绿党政治的兴起极大地改变了当代世界的政治格局。

相对于政治与经济而言，伦理学方面的研究是气候变化问题研究的一个新的视角，还属于起步阶段。从现有的研究内容来看，气候伦理学基本上是生态伦理学的延伸，但气候伦理学至少在两个方面与以往的生态伦理学有别。一是它极大地提高了生态伦理学的重要性，因为过去的生态伦理学基本上局限于人与自然的关系问题，其主题是批判人类中心主义的观念。但气候变化使得传统的生态伦理学关注的对象发生转变，气候伦理更关注的是人与人之间的关系，正是人与人之间的关系的紧张使得应对气候变化的行动变得异常艰难，并可能使得任何有效的技术手段变得无效。二是气候伦理牵动了国际层面的伦理问题。以往的生态伦理学基本上忽视或轻视了国际层面的生态治理，而气候伦理学最关键、最具争议的就是如何在国际层面实现公正、平等、协调一致，如何在国际层面实现效率与公平的统一。因此，目前气候伦理学方面的文献，大多是以全球层面的伦理问题，尤其是以国际环境正义为主题。例如，埃里克·波斯纳和戴维·韦斯巴赫在《气候变化正义》[①] 一书中，深入分析了气候变化所带来的正义问题。他们站在美国国家利益的立场上，认为国际上往往以经济实力和历史责任为由，要求美国大力减排、给发展中国家提供减排支持，其理由是站不住脚的。其中涉及的正义问题包括分配正义和矫正正义。由此，波斯纳和森斯坦恩得出结论：一条适宜的应对气候变化的路径应该以福利主义思想为基础，而矫正正义的思想则与之无关。

2001 年美国政府不顾国际社会的反对退出了《京都议定书》之后，国际气候政治中的价值、道德、正义和公平等伦理问题迅即成为学界关注的焦点。2002 年，唐纳德·布朗的《美国炎热：美国回应全球变暖的道德问题》[②] 就是这方面的代表性著作。布朗认为，以往关于气候变化问题的研究一直局限于能源、环境、经济发展等“硬性”方面，从而忽

---

① 〔美〕埃里克·波斯纳、〔美〕戴维·韦斯巴赫，《气候变化的正义》，李智、张建译，社会科学文献出版社，2011。

② Donald A. Brown, *American Heat*: *Ethical Problems with the United States' Response to Global Warming*, Oxford: Rowman & Littlefield Publishers, 2002.

视了对于该问题的道德、公平、正义等"软性"因素的关注。并且认为，美国在气候问题上推卸责任的行为在道德上是不可接受的，而建立气候变化问题的道德维度是继续推进国际气候谈判的关键所在。如果说布朗的著述主要围绕美国自身的道德问题进行批判的话，那么汤姆·阿萨纳斯卢和保罗·贝尔的研究则从一个更宽广的层面对气候变化问题中的另一个伦理问题，即公平问题进行了分析。他们在《致命炎热：全球公平和全球变暖》[①] 一书中强调，气候治理中的公平（不是小小的改变，而是南方国家人民真正的发展性公平）是不可或缺的。两位学者认为，面对气候变化带来的危害，人类必须寻求一种公正的可持续发展路径，这种路径不仅是为了富人和强者，也是为了穷人和弱者；不是植根于地方角落，而是面向全球各地。蒂蒙斯·罗伯茨和布拉德利·帕克斯则在《非正义的气候：全球非公正、南北政治和气候政策》[②] 一书中分析了富裕国家和贫穷国家之间的"不公平"问题在全球气候谈判中所产生的消极作用。他们指出，全球"不公平"削弱了应对气候变化的合作性努力。从根本上来说，气候变化是一个"不公平"问题，它的解决很可能需要借助非常规的甚至是极端的政策干预。不过，罗伯茨和帕克斯也提出了中肯的建议，那就是发达国家援助发展中国家，使后者走上更加公平的、经济上可持续的低碳发展之路。他们认为这才是解决气候变化问题的真正出路。

虽然"公平"是国际气候政治中的一个关键问题，它对于达成任何有意义的气候变化问题解决方案都起着至关重要的作用。但在现有文献中，多数研究者只是泛泛而谈，并没有细究"公平"的含义。英国廷德尔气候变化研究中心的六位美国学者在《气候变化适应中的公平问题》[③] 一书中则对这一问题进行了深入的分析。该书所指称的"公平"包含"分配性"公平和"程序性"公平两个方面，前者是指气候变化的负面影响在空间上的分布是不均衡的，这些负面影响对各国人民的生活质量、经济福利及安全的影响是不尽相同的，要区别来对待；后者是指由于历史上的和当下的

---

① Tom Athanaslou and Paul Baer, *Dead Heat: Global Justice and Global Warming*, New York: Seven Stories Press, 2002.

② J. Timmons Roberts and Bradley C. Parks, *A Climate of Injustice: Global Inequality, North-South Politics and Climate Policy*, Cambridge MA: MIT Press, 2007.

③ W. Neil Adger, Jouni Paavola, Saleemul Huq and M. J. Mace ed., *Fairness in Adaptation to Climate Change*, Cambridge MA: the MIT Press, 2006.

不公正性，许多发展中国家在国际谈判中缺乏维护和实现自身国家利益的能力。发展中国家之间的异质性也往往导致它们在国际谈判中各谋其利，从而无法形成团结的集团向发达国家讨价还价。“分配性”公平和“程序性”公平问题经常相伴而生，难以分割，关于气候变化问题的机制改革、形式扩展等问题，都会涉及这两个方面的“公平”。上述著作所提及的“公平”、“不公平”及“分配性”公平和‘程序性”公平等分析模式，对于理解发达国家与发展中国家在气候谈判问题上的矛盾，发展中国家在气候变化问题上的谈判地位、谈判行为和政策立场都具有重要的参考价值。

近年来，尤其是《京都议定书》签署之后，对气候变化问题的研究开始受到国内学术界的重视，并逐渐成为一个热点问题，其研究群体主要集中在经济学和国际政治学阵营①。其研究主题主要集中在如何调整经济结构、发展低碳经济这一经济政策问题和如何应对国际气候谈判这一国际政治问题上，研究的出发点很大程度上是在政府意识形态的主导下如何应对气候变化以及在国际政治经济博弈中如何进行政策策略的辩护。所涉及的问题也主要集中于与气候变化问题相关的国际正义问题。从已有的研究来看，基本没有对气候变化所涉及的减缓和适应问题进行

① 国内代表性的研究成果有：潘家华《后京都国际气候协定的谈判趋势与对策思考》，《气候变化研究进展》2005年第1期；潘家华《人文发展的基本需要分广析及其在国际气候制度设计中的应用——以中国能源与碳排放需要为例》，《中国人口·资源与环境》2006年第6期；庄贵阳《后京都时代国际气候治理与中国的战略选择》，《世界经济与政治》2008年第8期；庄贵阳《中国经济低碳发展的途径与潜力分析》，《国际技术经济研究》2005年第3期；陈迎、庄贵阳《〈京都议定书〉的前途及其国际经济和政治影响》，《世界经济与政治》2001年第6期；陈迎《中国在气候公约演化进程中的作用与战略选择》，《世界经济与政治》2002年第5期；庄贵阳《充满变数的国际气候谈判》，载李慎明等主编《2002年：全球政治与安全报告》，社会科学文献出版社，2002；庄贵阳《从公平与效率原则看清洁发展机制及享其实施前景》，《世界经济与政治》2001年第2期；田亚平等《从〈气候变化框架公约〉进展看当前国际环境关系》，《人文地理》2002年第3期；于贵瑞等《〈联合国气候变化框架公约〉谈判中的焦点问题》，《资源科学》2001年第6期；韩昭庆《〈京都议定书〉的背景及其相关问题分析》，《复旦大学学报》（社会科学版）2002年第2期；郑照宁等《清洁发展机制：一种新的国际环境合作机制》，《节能与环保》2003年第4期和第5期；林小春、齐紫剑《应对气候变讹的“后京都”谈判》，《瞭望》2007年第50期；秦天宝《我国环境保护的国际法律问题研究——以气候变化问题为例》，《世界经济与政治论坛》2006年第2期；沈展昌《论共同但有区别的责任》，《世界环境》2004年第1期；胡迟《〈京都议定书〉框架下的排放权交易》，《绿叶》2007年第6期；王伟中、陈滨等《〈京都议定书〉和碳排放权分配问题》，《清华大学学报》（哲学社会科学版）2002年第6期。

伦理学和政治哲学层面的基础性分析，如崔大鹏对国际气候合作的政治经济学分析；潘家华对国际碳预算方案的研究；雷毅结合气候问题对国际正义的研究；龚向前对“共同但有区别的责任”国际气候谈判原则的研究；何建坤把作为一种“公共物品”的全球大气环境容量视为一种可以行使主权的“产权”，并在此基础上结合效率和公平探讨了国际社会对这种“产权”的“两次分配”原则；王正平对西方利用所谓“全球问题”搞环境利己主义的批判等都属于这类研究。

从全球正义的视角对气候问题的伦理道德问题进行探讨也开始得到部分学者的重视[①]。李春林认为，北方发达国家长期大规模排放温室气体所引起的全球变暖正在富国与穷国、富人与穷人之间制造生存不平等和发展不公平，为了促进气候系统的正义之治，有必要在气候责任指数、气候能力指数和气候脆弱指数三大国别性气候指数基础上设计气候正义的实践模式，以在气候变化时代促进国家间和个人间的发展公平。徐玉高、何建坤认为，在全球应对气候变化问题的指导思想上，要体现在21世纪末把全球气温升高控制在工业革命前的2℃以内，而要实现这个人类共同的目标，就必须在遵循“共同但有区别的责任”以及“可持续发展”的原则基础上，要求发达国家必须率先采取行动，为广大发展中国家的经济和社会发展及消除贫困创造条件。王苏春、徐峰则认为，不论是坚持气候资源与责任公平分配的分配正义抑或坚持溯及既往的矫正正义，还是强调世代公平的代际正义抑或强调种际和谐相处的种际正义，都只能在单一维度上得以阐释和解读，而无法涵纳时空向度上的所有正

① 国内有代表性的成果主要有：何建坤等《有关全球气候变化问题上的公平性分析》，《中国人口·资源与环境》2004年第6期；何建坤等《在公平原则下积极推进全球应对气候变化进程》，《清华大学学报》2009年第6期；李春林《气候变化与气候正义》，《福州大学学报》2010年第6期；史军《气候变化背景下的全球正义探析》，《阅江学刊》2011年第3期；王小钢《“共同但有区别的责任”原则的适用及其限制》，《社会科学》2010年第7期；徐玉高、何建坤《气候变化问题上的平等权利准则》，《世界环境》2000年第2期；王苏春、徐峰《气候正义：何以可能、何种原则》，《江海学刊》2011年第3期；王建廷《气候正义的僵局与出路——基于法哲学与经济学的跨学科考察》，《当代亚太》2011年第3期；钱皓《正义、权利和责任——关于气候变化问题的伦理思考》，《世界经济与政治》2010年第10期；杨通进《全球正义：分配温室气体排放权的伦理原则》，《中国人民大学学报》2010年第2期；史军《全球气候治理的伦理原则探析》，《湖北大学学报》2017年第2期。

义关系，而只有将气候“类正义”看成应对气候变化挑战的目标走向，才可以应对当前气候变化领域中的“道德缺环”问题，以终结气候伦理场域的无政府状态，而且能够为建立新的气候变化条约奠定理性共识，为唤起绿色现代性提供强有力的支持与动力。王建廷则认为，气候正义不是简单的排放权的界定与转让问题，它要求运用分配正义与矫正正义原则对不公平分担减排责任的现象进行平衡处理，并认为中国固然应当积极参与国际合作减排，但同时要坚持发展权优先的观点，与工业发达国家展开有理有节的谈判与斗争，争取最大限度地实现矫正正义。史军认为，历届世界气候大会难以达成有效的全球气候协议的主要原因在于各国从经济利益出发，纠缠于历史与现实责任的分担，未能充分探析全球气候治理的伦理原则，使全球气候治理缺乏共识性的伦理基础。全球气候治理要取得成功，各国必须首先就相关的伦理原则达成共识。伦理原则可以为全球气候治理提供一个道德评判框架，并规定不同国家与群体的权利和义务。这些伦理原则可以按从消极到积极的顺序建构，依次是：为保障基本生存与发展排放权的“非伤害原则”、为维护代内气候正义的“共同但有区别的责任原则”、为促进代际气候正义的“风险预防原则”以及为实现全球气候正义的“能力原则”。杨通进则从另外的角度对应对气候变化的伦理原则做了深入分析，他认为，对国际社会影响较大的分配排放权的四条伦理原则是历史基数原则、历史责任原则、功利主义原则和平等主义原则，而这四条原则各有其合理性及其局限，只有全球正义原则较为理想地综合了这四条原则的优点，是分配排放权的最为理想的伦理原则。

值得注意的是，国内从事伦理学研究的学者介入气候变化问题讨论在很大程度上是在“环境正义”这一研究主题之下将其当作一般的环境伦理问题加以研究。[①] 如刘湘溶、曾建平认为，所谓环境正义就是运用

---

① 国内主要代表性的成果有：刘湘溶《人与自然的道德对话——环境伦理学的进展与反思》，湖南师范大学出版社，2004；曾建平《环境正义：发展中国家环境伦理问题研究》，山东人民出版社，2007；李培超《论生态伦理学的基本原则》，《湖南师范大学社会科学学报》1999 年第 5 期；李培超《论环境伦理学的“代内正义”的基本意蕴》，《伦理学研究》2002 年总第 1 期；王正平《环境哲学——环境伦理的跨学科研究》，上海人民出版社，2004；王韬洋《环境正义的双重维度：分配与承认》，华东师范大学出版社，2015；雷毅《环境伦理与国际公正》，《道德与文明》2000 年第 1 期。

正义理论的一般原理去处理各种利益主体在生态问题上的利益关系，并在此基础上提出了生态伦理中“人与人关系层面的人际正义（包括代内正义与代际正义），国与国关系层面的国际正义以及人与物关系层面的种际正义”。李培超则提出，实现利益公正作为环境伦理学的基本原则，并提出环境正义涉及四个层面的利益关系：代内正义、代际正义、男女正义和人地正义。从总体上来看，学术界对“种际正义”和“人地正义”还存在分歧，但学术界普遍承认，环境伦理学中的正义问题可以从时间和空间两个维度划分为“代内正义”和“代际正义”。

基于以上的理解，国内学者对“代内正义”的研究表现出浓厚的兴趣。例如，李培超通过对发达国家与发展中国家在环境问题上的矛盾的分析，提出“代内正义、谁之正义”的问题，并主张用建立在全球性利益基础之上的“全球性正义”作为环境问题上的代内正义的内涵，通过全球的个体和民族的有责任的参与和对话来形成和把握“全球正义”的尺度。雷毅也提出，正确认识和处理国际公正问题是有效解决包括气候变化问题在内的环境问题的基本前提。他将环境伦理的国际公正概括为三个方面：环境资源所有权或享有权分配方面的公正、依托于环境资源来获取经济利益和承担经济成本方面的公正、为保护环境而建立国际经济政治制度方面的公正。

从发展中国家立场来研究环境正义问题是国内学者研究的一大特色。例如，王正平在批判西方国家环境利己主义的基础上提出：探究国际层面的环境正义问题，建构发展中国家的环境伦理模式是一个亟待解决的任务。曾建平则从发展中国家的视角出发，结合贫困与环境、人口与环境、绿色壁垒与环境保护问题对环境正义进行研究。

第三节 伦理学如何讨论气候问题

综合以上国内外的研究现状，我们发现，不论是在国外还是国内，气候变化问题还没有得到哲学和伦理学研究的足够重视。其原因就在于，人们或者把气候变化问题仅仅当作一个“科学问题”，或者把气候问题看作一个“经济学问题”。作为“科学问题”的气候问题所关注的重点在于通过“技术革新”来减少温室气体的排放。这可以通过几个途径来达到，比如，通过提高能源的燃烧效率减少温室气体的排放；通过碳捕捉技术回收空气中的二氧化碳；大力发展清洁可再生能源[①]（比如核能、太阳能、风能、地热能以及作物能源）以代替化石能源；更富有想象力的是实施各种“地球工程”[②] 来阻止地球变暖。作为“经济学问题”的气候问题关注的核心是认为，气候问题之所以会成为问题，是由于“产权”不清晰，导致作为公共物品的气候资源的滥用，从而使得人类陷入“公地悲剧”。因此，解决气候问题的关键在于强化市场的作用，通过明

① 核能技术在目前是比较成熟的技术，但核能的广泛应用也有引发核泄漏等灾难的可能，因此遭到人们的质疑。国际社会开发替代能源的一个方向是大力发展“作物能源”，其中较为普遍的是利用甘蔗、玉米等经济作物酿造乙醇来部分替代石油。作物能源所引发的问题是，由于对能源的巨大需求，使得酿造乙醇挤占了大量的粮食作物，这更进一步加剧了世界的粮食危机。因此，作物能源问题表面上看来是一个能源问题，但实质上涉及一个全球正义问题。因为，作物生产主要集中在贫困的发展中国家，所以作物能源问题的影响对贫困国家极具危害性。实际上，全世界不断增长的对作物燃料的需求与更理性的全球总规划相互矛盾。欧盟计划到 2010 年使汽车燃料中含有 10% 的作物燃料，到 2020 年使用 20% 的可再生能源。要实现这些目标，意味着需要使用更辽阔的农地。然而，欧洲本身没有这么大面积的农地，它们只能求助于南方国家，而南方国家已经是全球 50% 以上作物燃料的供应者。这意味着必须用更多的耕地来生产作物燃料，但南方诸国已经面临日益棘手的粮食安全问题。另外，这些目标还导致众多农民特别是原住民被驱赶，其祖先的土地被征。这样一来，农民大量向城市中心迁移，这些生活在贫民窟中的农民大大增加了失业人数，过着朝不保夕的生活。

② 为了阻止气候变暖，人们通过技术手段人为操纵气候，以抵消大气中增加的二氧化碳造成的影响，这种方法通常称为“地球工程”。它包括多种多样的建议方案。一些建议涉及阻止太阳光，借助把反射性悬浮颗粒射入平流层，或把遮光屏发射到太空，阻挡一些太阳光达到地球。其他建议涉及操纵地球的碳循环，例如，借助促进海洋浮游生物生长，增加海洋的二氧化碳吸收量，或从大气中直接移走二氧化碳。然而，在行星层面如此积极地操纵地球，这存在很大风险。目前已经确定一些潜在的环境破坏风险，比如，悬浮微粒射入平流层破坏臭氧层，但也有可能存在其他未预料到的环境风险。低成本的地球工程，可能影响其他控制气候变化的决定。在这一过程中，其他风险也可能产生。地球工程不一定抵消温室气体造成的所有环境损害。例如，借助平流层悬浮微粒射入，抵消了温室气体的辐射作用，但增多大气二氧化碳的直接作用，比如生态系统的变化和大洋酸化，抵消辐射不一定能降低。地球工程计划还有可能引起严重的法律、外交和政治问题，例如，谁有权实施地球工程，实施这样的工程是否将影响现有的国际条约，或是要求新的国际条约，以及如何分担实施地球工程所带来的负担。有些国家不支持地球工程计划，因为从原则上讲，这些国家反对积极的行星层面上的操控，或是因为预料计划的气候影响将损害自身利益。这些国家有可能和提出计划的国家产生矛盾。在极端情况下，其他国家可能认为，地球工程计划是敌对行为，同冷战计划相似，把积极的人工影响天气作为武器来推行政治霸权。

晰产权、征收碳税等手段来达到气候资源的“合理”使用①。再或者把气候问题作为一个“国际政治问题”，主要讨论国家安全、外交策略问题以及在一个现实主义的国际政治体系中如何达成一个各方都可接受的全球气候治理协议等问题。

我们认为，这些经验性研究对于推动全球气候治理而言无疑是非常重要的，但它们都没有从规范性层面去反思产生气候变化的经济、政治和社会原因以及各种气候治理政策背后的道德和政治问题。我们需要首先认识到，包括气候危机在内的人类社会面临的任何危机本质上首先是人自身的价值危机。因此，人类应对气候变化的过程也是一个如何重新塑造自身和我们共同生活于其中的这个世界的问题。在这里，重新塑造自身有两层含义，一是需要我们认真反思人的生存需要建立在什么样的价值基础上，进而反思我们应该如何更加合理地生活；二是需要对我们现行的社会制度，尤其是政治经济制度背后所蕴含的公平正义问题进行

① 市场逻辑提出解决气候问题最有效的办法就是将温室气体排放空间这一“公共物品”私有化，并以“碳税”或“总量控制与碳贸易”的形式来调控碳排放空间的“消费”。把征收碳税和进行碳贸易作为应对气候变化的主要手段在道德上是存在问题的，因为这样做意味着把事关个人根本利益的环境安全当作“商品”，并为这种商品进行赋值。这在某种意义上讲是把“罚单”变成了“账单”。在当前气候变化的语境中，超出生存排放标准过量排放温室气体的行为本身应该是一个错误的行为，但现在却变成了一种商品，而且还可以从中“获利”。这相当于是说，人们可以自由购买“污染权”。从道德上讲，温室气体排放并不是一件谁付费了就可以允许做的事。温室气体排放权是某种具有道德意味的东西，是不能用来与金钱和权力相交换的。这种交换违背了气候伦理的基本理念，是与全球减排目标背道而驰的。并且，碳排放权的市场交易还会导致新的不平等。虽然贸易本身不一定就存在道德上的缺陷，但这并不意味着它会产生正义的结果。通常，任何市场行为都趋向于追逐利益的最大化，它强调的是资源配置的效率。碳市场的一个必然后果是，富人可以购买更多的排放权，从而排放更多的温室气体。这必然进一步加剧社会财富分配的不平等。因为，在很大程度上讲，社会财富的产生是与二氧化碳的排放呈正相关性的。碳排放权的不平等分配不仅使穷人变得更穷，而且，贫困和不平等又反过来进一步加剧了全球生态危机的程度。因为，贫穷国家为了摆脱贫穷，它们的首要目标不是保护环境，而是追求经济的“发展”。它们会被裹挟进全球市场，为出口换取外汇而采取单一的工业化农业模式（比如，大规模地砍伐森林获取土地来种植发达国家所需要的农产品），而这在环境上是破坏性的，而且也会导致本国的粮食短缺，最终损害穷人的利益。自由主义者认为将碳排放权私有化并征收碳税可以有效解决生产过程中所产生的环境外部性问题，这是唯一能将捍卫个人自由权利与保护环境有效结合起来的途径。且不说在如何分配排放空间这一问题上存在着怎样复杂的公平正义问题，将气候“商品化”并诉诸“产权”的方式实际上是一个以牺牲环境而屈从个人自由权利的做法。这仍然没有从根本上回应“必须立即有效地减少温室气体排放”这一人类社会的最根本的利益关切。

彻底的反思。

就第一点而言，气候变化的产生很大程度上来讲是自由主义和市场经济以及它们所鼓励的人对物质利益的贪婪追求所造成的恶果。自由主义理念对个人权利的追求与有限的地球环境空间之间产生激烈的矛盾。这就要求我们对自由主义的价值观念进行反思。自由主义是一种赋予个人权利和自由以极高价值的政治和社会哲学。正如权利至上主义者诺齐克所说："个人拥有权利，有些事情是任何人或任何群体都不能对他们做的，否则就会侵犯他们的权利。"[①] 作为一种哲学，自由主义认为，每个人都具有一种理性的能力，即能够对一个值得过的生活形成某种理解，并按照那种理解去生活和行动的能力，也就是说，每个人是其自身利益以及知道如何促进这些利益的最佳判断者。个人权利就是要保护个体在追求和实现自己的生活目标上免受干预。在这个意义上，"权利"被认为是一个个体主义的概念，即把权力赋予任何特定个体意味着在他那里形成了一个"保护带"，在那个保护带中，他可以自由地选择和行动，而不受到任何来自外界的干预，只要他不妨碍其他人也同样去实现自己的这种权利。自由主义的这种"不伤害"原则，解决的是人与人之间的平等问题，可是它却无法保证正确处理人与其生活于其中的自然环境的关系。当每个人试图去实现自己所设想和理解的理想生活时，我们不得不追问的是，我们的自然环境是否有足够的空间能容纳所有人的所有要求？显然，我们所生活于其中的地球的资源是有限的，这种环境的生物学限制，决定了对个人权利的无限追求必然导致与环境之间的冲突。

当前，国际社会应对气候变化的实践过程就向我们展示了地球环境安全与自由权利之间的矛盾关系。国际社会关于如何应对气候变化的多轮商谈，使我们看到了人类社会共同努力维护全球公共环境安全的希望。然而对于日益紧迫的气候危机而言，现有目标和政策制定过程中的不足是显而易见的。虽然国际社会就到21世纪末把全球气温升高的幅度控制在工业化前水平以上的2℃以内的气候治理目标形成共识，但为了各自的利益，谁也不愿主动履行减排的义务。为了适应严重威胁其生存的气

① 〔美〕罗伯特·诺齐克：《无政府、国家和乌托邦》，姚大志译，中国社会科学出版社，2008，第1页。

候变化，贫穷国家已经背负了沉重的经济负担和健康负担，然而引发气候变化的发达工业化国家却不愿承担应该承担的历史责任，反而不断强调自己国家利益而使全球气候谈判陷入僵局，美国甚至以减排将会极大影响美国公民奢侈性生活方式而拒绝签署《京都议定书》。正如美国前总统布什所说："我之所以反对《京都议定书》，是因为它豁免了世界上80%的国家的减排任务，这其中包括像中国和印度这样的主要人口大国。从服从协议的角度看，这将对美国的经济造成严重的伤害。《京都议定书》是不公平的，而且在应对全球气候变化问题上也是没有效率的。"[①] 谈判的政治经济博弈和正在变暖的真实世界之间的鸿沟，反映出自由主义及其所推崇的自由权利与有限的大气环境空间之间的冲突。虽然坚持并捍卫个人权利是人类所追求的一个基本价值，但当前国际社会就应对气候变化的各种争论和方案在双重意义上与个人权利发生了冲突。

首先，对个人权利的捍卫必然导致在气候问题上的所谓"公地悲剧"。在气候问题上的一个基本特征是：温室气体排放所产生的好处（如经济的发展）由各国排他性地独占，但产生的危害却由地球上所有同代及后代人共同承担。由于温室气体的排放空间属于公共资源，各国都有平等的权利占用这种公共的排放空间，这就好比是一个公共的污水排放池，大家都有权向其中倾倒污水。所以，在面对公共的温室气体排放空间时，每个国家的最优选择就是排放得"越多越好"，这必将导致加勒特·哈丁所称的"公地悲剧"。也就是说，当每个人只关心自己的个人利益时，他们就摧毁了个人利益赖以存在的公共利益的基础。当前的气候问题就是如此，如果每个国家都不顾及温室气体排放空间的有限性而执意无限追求自己的利益，那么，温室气体的浓度将很快达到排放空间所能容纳的极限，从而引起气候灾难。

其次，当人们面对温室气体的排放空间这一"公共物品"时，理性自由的人必然会出现"集体行动的困境"。由于温室气体的产生是个体行为，而一旦产生就会在全球流动，气候问题的这种全球性特征就决定了单个国家的减排成本要由自己独自承担，但由减排所产生的好处（使

---

① George Bush, "I oppose the Kyoto Protocol", http://www.cseindia.org/content/george-bush-i-oppose-kyoto-protocol.

得大气环境变得更加安全）却为全球共享。这样，为了实现各自成本的最小化，每个国家就都会选择“不减排”或“搭便车”，全球合作进行减排的协议就难以有效达成。如果减排国能将减排的全部好处排他性地占有，则各国的最优策略就会从“不减排”变为“减排”。因此，在严格的理性“经济人”的假定下，每个人都不会为集团的共同利益采取行动。因而就出现所谓“集体行动的困境”。况且，即使我们就全球温室气体的排放达成某种协议，但在义务的履行上也会出现“集体行动的困境”。因为，对于每一个理性的集体成员而言，承诺并履行协议并不是绝对无条件的。相反，它具有康德“假言命令”的性质，即只有当（假如）所有其他人也同样履行义务时，我才会自愿地遵守协议。这就是说，所有他人同样如此这般行为是我愿意并如此这般行为的前提条件。这也就是为什么在没有建立起有约束力的减排协议之前，国际社会没有任何一个国家敢于冒险而自愿带头减排的原因。

现实也确实已经告诉我们，当前的气候治理就出现了“公地悲剧”和“集体行动的困境”。最近几年的全球气候会议之所以无果而终，根本的原因在于冲突各方极力捍卫自身的权利和经济利益，也就是各方在“如何分担温室气体减排的义务才是合理的”这一原则问题上未能达成共识。目前国际社会冲突各方主要诉诸自由功利原则和权利平等原则来为自己辩护。自由主义的功利原则追求的是功利总量的最大化，依据功利原则的标准，温室气体排放量的分配应当这样来安排，即这种分配能够使受到影响的人们获得最大限度的“净幸福”，而这种最大限度的幸福的关键在于满足每个人对“美好”生活的追求。在目前人类短期内无法根本性改变其生产方式的情况下，占用更多的温室气体排放空间是实现每个人“美好”的前提条件。但功利主义问题在于：当它只关心个人偏好的满足时，却不反思偏好本身是否合理。如果一个社会仅仅专注于对个人无论是否合理的偏好和权利的满足，那么，这种制度安排就很可能蕴含着集体的“恶”。当前人类面临的严峻的生态危机，在某种意义上讲，正是这种集体的“恶”的集中体现。况且，功利主义得以完全满足的前提是我们拥有无限的自然资源，很不幸的是，气候问题的出现再一次告诉我们这样的前提并不存在。

而自由主义的“权利平等原则”则强调，如果我们认为每个人在道德上都是平等的，那么，每一个人都拥有相同的权利排放同等数量的温室气体，因而，每一个人不能因为其自然禀赋的差异而获得不同数量的排放份额。正如罗尔斯所说，"在背景制度允许的范围之内，分配的份额是由自然抓阄的结果所决定的，而这一结果从道德观点上看是任意的。正像没有理由允许由历史和社会的机会来决定收入和财富的分配一样，也没有理由让天资的自然分配来决定这种分配"。[①] 其实，诉诸权利平等原则隐含的前提是，认可并追求当下人类现有的工业文明模式和浪费型消费文化。诚然，贫穷国家的人民有正当权利过上现在富人所拥有的"现代化"生活，但有限的排放空间能容纳全世界所有人都过上所谓的"好"的生活吗？这显然是值得讨论的问题。当然我们在此并不是要剥夺贫穷国家的发展权。我们赞同平等主义的原则，但我们绝不鼓励每个人都有平等地追求"奢华"的现代生活方式从而大面积污染大气的权利。也就是说，所有人都享有一个基本的生存排放的权利，但是，任何人都不可能正当地拥有奢侈排放的权利。我们不能要求人们为源于生存的排放所引起的气候变化负责，但是，所有人都必须按他们奢侈排放的份额按比例承担减排的义务。所以，问题的根本不在于公平分配污染权，而在于首先我们要审视我们追求的目标是否合理。追求奢侈生活显然不是一个在道德上能得到辩护的权利。

可见，气候合作之所以在当下举步维艰，关键在于各国之间价值和利益诉求的冲突。从这个意义上讲，如果人类社会仍然在权利至上这种自由主义话语框架下来讨论气候问题，那么必将导致集体行动的失败和"公地悲剧"的发生。因此，在正当与善之间保持必要的张力是构建应对气候变化的制度设计的必要前提。或者说，我们必须在积极自由与消极自由之间保持必要的张力。消极自由为保护和捍卫个人自由提供了强有力的道德辩护，它认可并保护个人按照自己的偏好而生活，而不管这种生活是不是合理的。但消极自由的不干涉（不伤害）原则仅仅为人类的合作提供了最低的道德保障，它只可能为我们提供一个最不坏的制度安排，因为所有的"不良生活嗜好"之间也是可以和平共处的，只要有足够多的资源来满足各自的需求。但在当下气候变化的语境下，人类需

① John Rawls, *A Theory of Justice*, Cambridge, MA: Harvard University Press, 1971, p. 74.

要的是最好的制度安排，需要的是每个人过一种更合理的生活。

就第二点而言，我们需要对现行的社会制度，尤其是政治经济制度背后所蕴含的公平、正义、责任、权利、义务问题进行深刻反思。作为一个全球环境问题的气候变化问题具有一般环境问题所不具有的特殊性，这种特殊性主要表现为以下几点。（1）温室气体容纳空间的稀缺性。国际社会已形成共识，认为在21世纪末，为了不引发灾难性的后果，人类社会必须把全球气温升高的幅度控制在工业化前水平以上的2℃以内，也就是说，大气中的二氧化碳浓度必须控制在550ppm以内，而现在大气中的二氧化碳浓度已经达到379ppm。这就意味着，作为一种公共资源的温室气体排放空间是一个稀缺资源，它给人类的生存和发展设定了一个“天花板”。在人类社会短时间内无法根本改变现有生产模式和能源结构的情况下，这种限制就必然会对我们现有的价值观念、生产生活方式以及国际关系都产生了根本性的影响。（2）气候问题与其他环境问题之间存在关联性。地球是一个相互联系的生态体系。在这一体系中，大气层、陆地、海洋和生物圈等生态系统之间存在复杂的联系，而各种环境问题在起因和影响方面具有相互关联性，这就意味着一个诱发因素可能会因为连锁反应而引发多个后果。例如，森林砍伐造成径流量增加，从而加速土壤侵蚀以及河流和湖泊泥沙的沉积，同时会造成生物多样性的减少和全球气候的变暖；大气污染和酸雨在破坏森林和湖泊中都起作用；氯氟氢类物质的大量排放不仅造成臭氧层的破坏，而且是导致全球变暖的因素之一。上述环境问题的相互联系意味着不同的问题必须同时治理，孤立地对一个环境问题做出反应有可能会加剧另一个环境问题的恶化。（3）气候问题与贫困、贸易等全球性问题相互交织在一起。环境问题与其他社会以及经济问题交叉、重叠，最终形成复杂的综合性问题。特别是，全球性环境问题超越了许多传统范畴，与国家主权、外交、经贸、全球贫困等传统问题交织在一起，由此增加了解决气候问题的难度。比如，全球气候变化问题，主要是因为工业革命以来发达国家大量使用化石能源而排放二氧化碳等温室气体造成的，而且全球变暖所产生的后果却主要由贫困的国家所承担，这就进一步加剧了落后地区的贫困和全球经济和政治的不平等。因此，气候问题已然不单纯是科学问题、环境问题，而是已经成为各国高度关注的国际经济和政治问题。（4）气候问题在空间上的不平衡性。全球温室气体的排放与它造成的后果在空间上分离，导致全球范围内环境问题的收益与成本分配不均。全球气候变化主要源于发达国家温室气体的历史排放，然而其破坏性的后果却主要由不发达的南方国家来承担。由于全球环境变化的不良后果在地理分布上不均，以及各国的适应能力不同，贫穷国家将面临更大的挑战。正如 IPCC 报告指出："那些具有最少资源的国家的适应能力最差，同时也是最为脆弱的。"① 这意味着，应对全球气候问题的一个主要议题就是要去解决全球分配正义所涉及的一系列问题。其他全球性环境问题，比如臭氧层破坏、越境水污染等问题，都有类似的空间不平衡特点，这给环境问题解决方案的设计与实施提出了巨大挑战。（5）气候变化过程的不确定性。环境变化是一个规模很大、时间很长的过程，难以在实验室中模拟。由于对环境系统的科学认识能力、相关数据资料获取等方面的局限性，目前的有关气候变化的科学研究还存在一定程度的不确定性，这就给在应对气候变化过程中的责任认定和义务的分配造成相当大的影响，甚至于出现对全球气候变化这一事实的质疑。当前有一些国家和个人借口科学不确定性来推脱自己应该履行的减排义务，正如有学者指出的，社会不能或不愿处理全球环境问题的借口就是"没有足够的科学确定性对全球问题采取措施"。

气候问题的特殊性使我们认识到：任何环境危机（气候变化是其主要表现）不是关于"环境"的，而是关于"道德"的，进而是关于"政治"的。也正是这些特殊性使得我们认为解决气候问题的关键不在于"手段"先进性，而在于要理顺各种"关系"。"关系"不顺，再好的"手段"也难以发挥应有的作用。因此，解决气候问题的最有效途径就在于建立一个公正合理的全球治理机制，在于激发所有人的责任意识，从而共同合作来应对日趋严峻的气候变化。就此而言，我们就必须反思下面一些根本性的问题。全球气候治理应该诉诸何种正义原则？如果这样的正义原则的一个基本理想是平等对待"每一个人"，那么，我们又该如何分配才算是体现了这种平等主义的要求？进而，如果我们承认诉

① Intergovernmental Panel on Climate Change (IPCC), *Climate Change 2001: Impacts, Adaptation, and Vulnerability*, Cambridge UK: Cambridge University Press, 2001.

诸平等主义的全球分配正义原则是解决气候问题的一个基本原则，那么，我们有什么理由让这种“正义”跨越国界，也就是说，公平分配气候资源必然会导致全球范围内的“再分配”，那么，富国（富人）有什么理由首先承担大部分减排义务而为穷国（穷人）留出足够的发展空间？再者，气候危机要求我们改变不合理的生活方式和行为方式，甚至是要求个人牺牲自己的经济利益，那么，这种限制和牺牲是不是对个人权利提出了过分的要求？如果应对气候变化首先要界定各自的责任，那么，针对气候科学在某种程度上存在的不确定性，我们又该如何界定各自的责任及其份额？如果保证实现每个人的基本生存权利是重要的，那么，在实现了这种基本权利之后，全球是否可以要求达到一个更加平等的温室气体排放空间的分配？最后，如果应对气候变化需要人类共同合作，那么我们有什么理由说强制参与这种合作是每个人和每个国家的政治义务？毫无疑问，理清这些问题能使我们更为清楚地分析气候变化形成的原因，揭示围绕气候变化展开的各种争论背后的问题所在，以及提供解决问题的思想资源。基于以上的认识，我们认为，对气候问题的伦理学思考所要回答的核心问题是：在温室气体排放空间有限且各方对应得多少有不同诉求的环境下，找出一组合理的道德原则来界定人们的责任和义务，并决定每个人应得多少排放份额，或者是应该承担多少减排成本。

第二章 温室气体排放、环境安全与基本权利

当前气候问题谈判的焦点是如何公平地分配温室气体排放空间，而解决气候问题的关键在于如何立即减排。也就是说，我们首先需要讨论的是如何不排放，而不是如何公平地排放。如果基于尊重个人权利而赋予每个人温室气体排放以公平的份额是一个“正当性”问题的话，那么，要求每个人基于保护共同的环境安全而减少温室气体排放就是一个人类“根本善”的问题。就此而言，应对气候变化所要解决的一个深层次的问题，就是“正当”和“善”谁先谁后的问题。当前国际社会就气候谈判所达成的成果之所以非常有限，就是因为大家更关注的是正当性问题，关注的是自己的权利是否得到合理的保护的问题，而很少给予到21世纪末人类社会必须把全球气温升高的幅度控制在工业化前水平以上的2℃以内这个紧迫的目标以足够的重视。因此，为了照顾各方的权利（利益），各国在全球气候谈判问题上的相互妥协使得应该实现的减排目标的底线一再被突破，这正如子孙们为了分割遗产而激烈争吵而置垂死的母亲于不顾一样。试问气候问题的紧迫性到底能为我们留下多少时间？因此，为了致力于实现地球的环境安全这个人类共同的善，我们是否可以对保障个人权利这一“正当性”问题进行某种程度的限制？这是一个值得我们每个人去深刻反思的问题。

因此，一个在道德上能获得辩护的全球气候治理机制必须遵循两个基本的道德命令。一个是保证人类在一个可持续的方式下发展，而可持续发展首要的就是维持包括全球气候稳定在内的地球环境的安全，这一要求就对个人权利的追求提出了约束性条件。地球环境容量的有限性限制了个人生活方式和个人偏好的选择范围。任何肆意超出这个选择范围而追求有损于地球环境安全的行为都将首先遭到道德上的谴责。另一个是促进世界上大多数人的福利。这就要求我们平等对待每个人，每个人的排放权和由此所带来的利益（如果它们是合理的）在道德上应该被视

为同等重要的，如果一项全球气候协议导致在温室气体排放空间的分配上的严重不平等，那么，这样的协议显然得不到道德上的辩护。在这里，我们的基本主张是，在严峻的气候危机面前，维护人类共同的环境安全这一“共同善”的问题优先于维护个人排放权这一“正当性”问题。可以想象得到的是，善优先于正当的观点会遭到权利至上主义者的反对。我们在气候问题上主张善优先于正当并不是说个人权利对于人类来说不具有重要性。我们疑惑的只是，是不是像满足无论什么意义上的个人偏好（比如开大排量的SUV，住高能耗的豪宅，这些行为都会导致我们所称的“奢侈排放”）的权利就如权利至上主义者所主张的那样在任何情况下都具有绝对的优先性？是否可以诉诸某种“善”的目标而对权利进行必要的限制？如果可以，我们需要对什么样的权利进行限制，限制到什么程度？对这些问题的回答对于国际社会制定一个合理的气候协议具有重要意义。气候正义要求我们在全球气候治理过程中在善和正当之间保持一个合理的张力。因此，关键的问题在于区分基本权利和非基本权利，进而在此基础上对生存排放和奢侈排放做出一个合理的区分，我们要优先保护的是基本的生存排放权，而要限制的是对人的生存并非基本的奢侈排放权。

第一节　个人权利为什么重要

按照亨利·舒伊的理解，一项权利为一个人的某种要求（比如要求获得某种自然资源，或者是要求获得一定程度的教育）提供了合理的辩护理由，它说明了事实上一个人“应该”能够享有的东西是什么，它能为一个人所受到的威胁提供社会性的保障。[①] 说一项权利为一种要求提供了合理的辩护理由是说，一个人拥有一项权利也就是处于一种对他人提出要求的位置上，他人则有义务满足他的这项要求。这样看来，当一个人具有某项权利时，他就处在一个十分权威的位置上。正如乔尔·芬博格所说，“一项被加以主张的权利也可能是针对他人而被促成的，或者

① Henry Shue, *Basic Rights: Subsistence, Afluence and US Foreign Policy*, Princeton: Princeton University Press, p. 13.

被正当要求的。在恰当的环境下，权利的承担者能够紧急地、断然地或者坚决地要求主张他的权利，或者断言他们自己是具有权威地、确信地、理所当然地拥有这些权利的”。“一个拥有主张的权利的世界是这样一个世界，在这样的世界中，所有人，即事实上的或者潜在的主张者，在他们自己的眼里和在别人看来，都是尊重的高贵对象；没有任何爱意和怜悯，或者对更高的权威的服从，或者来自高贵者的恩赏，能够代替这样的价值。”①

当我们在说一个人有某项权利的时候，我们实际是在说，一个人是在享有那个权利所赋予的某些东西。一项权利并不仅仅是说会产生出一种要求，而是说一个人有资格去享有这个权利所赋予的某种东西，或者说人们应该被允诺享有某种东西，比如享有自由迁徙的权利、不受威胁的权利以及使用某种自然资源的权利等。仅仅享有权利本身，而不享有权利的内容，还不能说是真正意义上享有了这项权利。所以，通常当我们说某个人正在享有一项权利的时候，我们是在说，这个人正在享有那种权利的实质性的内容。

进一步来讲，一个人有权利得到某种东西，并不意味着他就必然会实质性地得到它，他需要某种社会保障来保证他能得到这些东西，就此而言，一项权利就相应地对他人或整个社会产生了某项义务，它要求社会做出一些制度性的安排，或者其他人做出一些努力以使得一个人在没有力量，或者是因某种外在因素的阻挠而不能得到哪些东西的情况下，自己仍然能够享有权利的实质内容。比如，在全球应对气候变化的过程中，如果我们说一个人有权利得到温室气体排放空间这种全球公共资源的公平份额时，那么，他人或者整个社会就有义务建立起一个公平的分配制度来保证他能获得这样的一个份额。如果这样的分配制度没有建立起来，或者他人有意剥夺了他应得的份额，那么，他的权利就被侵犯了。当然，谁有这样的责任和义务来满足他的权利要求，这是另一个问题，我们将在其他的地方详细讨论。至于说，一个人到底应该有资格得到什么东西以及得到多少这样的东西，这是一个极具争议又非常重要的问题，

---

① Joel Feinberg, *Social Philosophy*, Englewood Cliffs: Prentice-Hall, Inc., 1973, pp. 58 - 59.

我们下面就将对这个问题进行讨论。这个问题之所以重要，是因为，在气候问题的讨论中，如果说每个人都有资格获得温室气体排放空间这种全球公共资源并不存在多大的争议的话，那么他能获得多少这种公共资源则是一个争议很大的问题，它将会直接影响到全球气候协议的实质性内容。

在回答上面这个问题之前，我们先来回答为什么说一个人应该具有不可剥夺的基本权利。对权利的辩护通常有两种进路。第一种进路是把一个人的道德人格或行动能力作为确立权利的决定性基础，并主张正是这种每个人所自然具有的人格和能力成为他们享有权利的理由。第二种进路则强调，所有的人作为人在维持自身的生存时所必须拥有的某些关键的需要或利益使得权利变得必需和重要。

第一种辩护权利的进路强调“人格”的重要性。格里芬是这个观点的主要支持者。根据这种观点，人不同于其他动物的最重要的特征在于人具有“理性”，也就是说，人具有做出选择的能力和反思对自己而言到底是什么构成了值得向往的生活的能力。如果不具备这样的能力，那么，人将不成其为人。因此，以“人格”为基础的人权辩护进路强调诸如慎思、评价、选择以及过一种对自己而言好的生活的行动等这些活动的重要性。如果我们接受人是具有反思和选择的能力的人，那么，我们也会看到，这种道德人格是需要被保护的，因为人的这些能力极易受到伤害，尤其是在一个资源稀缺的世界中（人类的历史事实告诉我们，如果没有必要的权利保护措施，人的生存极易变得没有尊严，或许仅仅为了一个面包就能出卖自己认为最重要的东西）。如果一个人被他人控制（比如被阻止参与社会的决策，或被拷问，或是被任意的拘禁），或者如果一个人被剥夺了最低限度的教育或生活中所必需的物质资源，那么他就不可能实践这种能力，或者这能力将被极大地削弱。这样，为了使每个人的这种能力得到保障，也为了使每个人能成为一个“人”，我们就需要赋予每个人一个保护装置，当他们凭借自己的力量无法保障这种能力，或者是他人阻碍这种能力的实现时，这个保护装置就在周围形成一个保护带。如果我们把人权理解为对我们理性能力的保护，那么，我们就能列出一个组成这个保护带的必要的事物的清单。如果一个人没有获得这个清单上的事物，那么人们的反思、选择以及指引自己生活的理性能力就会遭到挫败。格里芬认为这个清单应该包括生命权，身体安全权，参与政治决策权，集会、言论和信仰自由权，基本教育权以及保存生命所需的物质要求权。[①]

另一个为权利进行辩护的进路是强调：权利是服务于重要的人类利益的方式。根据这种观点，不管人们在文化和信仰上有何不同，每个人仅仅根据作为人类的本性都会有的某些基本需要就能获得自己的基本权利，如果这些基本的需要得不到满足，那么，他们将不能作为一个人而存在。戴维·米勒是这个观点[②]的积极支持者。米勒认为，当我们为权利辩护时，我们应该专注于基本的人类需求，具体讲就是，如果一个人想避免严重的伤害，他们就必须专注于他们自己所需要的东西。这些所需要的东西应该是那些我们能合理地说对每个人都重要的善物或机会，而不管他们持有什么样的文化和价值观念。对于米勒来说，之所以把"基本需要"作为建立一个权利理论的最为合适的基础，是因为如果我们把人们偶然的需要或者"认为"是重要的东西作为建立一个权利的基础，那么，这样建立起来的权利将会是一个由一系列任意的要求所聚合起来的大箩筐，只要人们偶尔想要求获得什么，他们就可以任意地主张他有权利获得这些东西，这样会严重削弱权利的规范性力量。所以，权利所指向的只可能是那些对于人的安全和持续生存来说所必需的东西。基本需要可以从人类的没有争议的生物学事实中被较为容易地鉴别出来。比如，无论一个人生活在什么地方，或处于什么样的文化环境中，他们都需要足够的食物、水和某些自然资源以维持自己的基本生存。这里的基本需要是一种"内在的"需要，而不是"工具性"的需要。[③] 人们的内在需要指的是那些一个人如果要想避免被伤害，就必须要被满足的需要，因此，对食物和饮用水的需要就是一种内在需要，而一个人因为要追求更高的生活品质而需要获得更多的食物和水，在某种意义上讲就是"工具性"的需要。

---

① James Griffin, *On Human Rights*, Oxford: Oxford University Press, pp. 32 – 37.

② David Miller, *National Responsibility and Global Justice*, Oxford: Oxford University Press, 2007, pp. 163 – 200.

③ David Miller, *National Responsibility and Global Justice*, Oxford: Oxford University Press, 2007, p. 179.

对于米勒来说，把基本需要和“社会性”需要区别开来是十分重要的。社会性需要指的是人们在一个特定的社会中过一种最低限度的体面生活所需要的东西。根据米勒的这个定义，生活在富裕国家的人的社会需要将会比生活在贫困国家的人的社会需要更全面、内容更丰富。比如，在发达国家，拥有一间固定的住房将会是一个基本需要，这也就意味着，在这样的国家，即使一个无家可归的人能够保证有一个躲避风雨的地方，但他的基本需要仍然没有得到满足，因而其权利就受到了侵犯。但对于贫困国家的人而言，能拥有一个能遮风挡雨的地方就算满足了基本需要。社会性需要很大程度上取决于一个特定社会把什么样的生活水准界定为体面的生活。因此，米勒的基本需要的清单包括：“食物和水、衣服和住所、人身安全、健康保健、工作、教育和休闲、迁徙自由、良心和言论自由。”①

格里芬和米勒虽然诉诸不同的基础来为权利的重要性进行辩护，但他们的理论最后汇聚到一个几乎是相同的权利清单上来了，即他们都相信这个清单对于所有理性的人而言都非常重要。尽管人们对于权利的概念存在着广泛的共识，但是，在权利的清单中应该包含什么东西，以及该包含多少这样的东西却还是存在着极大的分歧。这种分歧主要体现在权利的平等主义主张和权利的底限主义主张之间。平等主义不仅要求每个人无论是生活在什么样的国家，他们的权利清单中的内容在数量上要尽可能的相同，而且更为重要的是，那些权利清单中的内容在范围上也要尽可能地大。而底限主义则仅仅只是要求每个人在基本需要上达到平等，除此之外并不需要在更多的方面实现平等的要求，也就是说，在基本需要之上是允许不平等的存在的，这样的不平等并不会对权利构成威胁。

我们关于应把哪些东西放入权利清单中的争论是源于我们在想让权利扮演什么样的角色上存在着根本分歧。比如，权利有时被看作一个国家在对待它的公民时必须满足的标准，如果一个国家没有实施合理的分配政策而导致很多人处于绝对贫困状态，而本来他们可以因国家实施正

① David Miller, *National Responsibility and Global Justice*, Oxford: Oxford University Press, 2007, p. 184.

确的政策而避免这样的状态发生时，那么我们就可以说，这个国家的政府就侵犯了这些人的权利，或至少是没有充分地保护这些人的权利。当然，除非我们能获知一个国家通过某种方式，比如不合理的贸易政策、不平等的全球资源分配政策等，让另外一个国家的人民处于贫困状态，否则我们通常不会说这些国家的政府侵犯或者没有保护这些人的权利。这实际上是提出了关于到底是谁有这样的义务来保证权利的实现这样的问题。一些全球正义理论主张把基本权利的实现作为一项正义的义务让其跨越国界，而这一点是存在极大争议的，尤其是在本研究所讨论的全球气候正义问题中表现得尤为突出。

第二节　温室气体排放权属于什么样的权利

权利通常被人们分为两大类，即公民和政治权利与社会经济权利。前者包括言论自由、集会自由、思想自由、宗教信仰自由以及民主参与政治的权利（尽管这个权利能否成为一个基本权利常常存在争议）等消极的权利；而后者包括获得食物、住所、衣物、教育、健康、住房、工作以及某些资源的权利等积极的权利。作为消极权利的公民和政治权利被人们普遍承认，也得到国际社会较好的保护。但是作为积极权利的社会经济权利成为一项基本权利还是相当晚近的事，而且存在极大争议。很多人认为这个权利只是表达了人类的一种“愿望”，当人们声称享有这样的权利的时候，就实在是走得太远，而且远离了权利的“核心”（即那些被普遍同意的对人的生活来说绝对必要的东西），并且对实现一般的社会正义造成极大的困难。所以，社会经济权利与公民和政治权利相比并不具有优先性。正如托尼·埃文斯所指出的：“社会经济权利很少被看作与公民和政治权利相关联的自由权具有相同的地位。”[①] 对此，我们可以这样回应：某些假定的社会经济权利的确可能是一种“愿望”，但这并不能否定其中某些核心的要素是一个人过最低体面生活所绝对必要的，那些核心的社会经济权利和言论自由以及人身安全一样是“基本”的。

但是，我们怎么才能鉴别出哪些权利是“基本的”呢？按照亨利·

① Tony Evans, “A human right to health?”, *Third World Quarterly 23* (2002), pp. 197 - 215.

舒伊的解释，所谓基本权利就是对于一个人而言为了享有其他权利而必须被保障的权利。“当一项权利真正是基本的时候，任何试图以牺牲基本权利为代价来享有别的权利的企图都将是逻辑上自我挫败的，都将会切断其所拥有的那种底限的根基。因此，如果一项权利是基本的，那么如果必要的话，其他的非基本的权利可以为了确保基本权利的安全而被加以牺牲。当然，对一项基本权利的保护不能够为了确保一项非基本权利的享有而遭到牺牲。它不能被牺牲，是因为它不可能成功地被牺牲。如果被牺牲的权利确实是基本的，那么在基本权利缺失的情况下，其他的权利是不可能真正被享有的。”① 比如，我们可能会说，人们有自由结社的权利，但是，如果一个人连基本的生存都无法保障，或者是每次出门参加社团活动都会冒着生命危险，那么，自由结社的权利又有什么实际意义呢？因此，基本权利的这种优先性通常意味着，“基本权利需要在其他的权利得到确认之前被确定地建立起来”。② 当然，说一项权利是基本的，并不是说这项权利更有价值或者内在地比其他权利更值得享有。比如说，身体安全与接受教育这两者对于一个人而言都具有重要的价值，一个保证我们体魄的健康，一个保证我们心灵的健康，但是，如果我们的身体不能首先得到安全的保障，那么，我们也就不可能获得心灵上的健康。一项权利是不是基本的，跟对它的享有是不是本身有价值的这个问题无关。内在的有价值的权利并不一定就是基本权利，但是，内在的有价值的权利只有在基本权利得以享有的时候才会被享有。

那么，哪些权利能称得上是基本权利呢？亨利·舒伊认为，安全权利和生存权利就可以被视为对人们而言最为基本的权利。安全权利是一种在不遭受健康、安全和身体的完整性的威胁下过自己生活的权利。拥有人身安全的权利之所以是基本权利，“这不是因为对这项权利的享有将使那些也会享有一系列其他权利的人更为满意，而是因为，它的缺失将极可能导致他人（包括政府）去干预或者阻止那些被假定受到保护的其他权利在事实上的践行。不管对身体安全的享有是不是出于本身的理由

① Henry Shue, *Basic Rights*: *Subsistence*, *Afluence and US Foreign Policy*, Princeton: Princeton University Press, p. 19.

② Henry Shue, *Basic Rights*: *Subsistence*, *Afluence and US Foreign Policy*, Princeton: Princeton University Press, p. 20.

而获得可欲性的，至少从享有其他的每一项权利的角度来说，它是可欲的，没有哪种权利事实上能够在享有身体安全的权利不受保护的情况下得以被享有：身体安全对于享有其他权利来说，是一项必要条件。确保它，也就在是确保别的权利”。[①] 而生存权则包括获得没有污染的水、适当的食物、衣物、住所的权利以及获得最低限度的可预防的公共卫生的权利。当人们因为贫穷或环境灾难而不能获得生存的物质手段时，这种权利就会受到威胁。基本权利在总体上能被看作“针对那些自身太过弱小以至于不能保护自己的人以最小的保护措施。基本权利是那些无助者反对那些更具有毁灭性和更常见的生活威胁（包括安全的丧失和生存能力的丧失）的一个避难地”。[②] 在此，我们可以看到，我们之所以要强调基本权利的重要性，就在于我们每个个体实际上都是比较脆弱和弱小的。当我们遭到某种威胁而无力反抗时，就需要有一种保护自己的装置。任何一种权利理论，只有在使得以上的这些权利变得有希望时，它才是有意义的，这既是因为它们对人们而言具有直接的重要性，又是因为它们在保护其他权利时所扮演的工具性角色。

根据以上对基本权利的理解，我们看到，温室气体排放空间作为一种自然资源，是每个人的生存所必不可少的东西，如果我们承认生存权是一个基本的人权的话，那么，我们也必须承认，所有人都应享有排放温室气体的权利。温室气体排放权是一项基本的生存权，因为，我们不能合理地期望人们完全不排放，只要生存，就必定会有一定的二氧化碳的排放。从这个意义上讲，没有人能被要求为源于基本生存而进行的温室气体排放所引起的气候变化担负道德责任，但是，所有人都必须根据他们奢侈排放的份额按比例限制自己的个人权利（表现为要承担减排的成本）。因为奢侈排放并非人的生存所必需的，况且大气中有限的排放空间不可能容纳人类无限制地去追求奢侈生活而排放的二氧化碳。通过这个区分，生存排放就清楚地为自己的基本权利的身份进行了辩护，但奢侈排放显然没有这样的资格得到权利所必需的保护。也就是说，在紧迫

---

① Henry Shue, *Basic Rights: Subsistence, Afluence and US Foreign Policy*, Princeton: Princeton University Press, pp. 21 – 22.

② Henry Shue, *Basic Rights: Subsistence, Afluence and US Foreign Policy*, Princeton: Princeton University Press, p. 18.

的气候危机下，我们必须对奢侈排放进行限制。因为，比起生存排放来说，奢侈排放所代表的利益不是基本的。因此，为什么生存排放较之奢侈排放具有优先性，其根本的原因是生存排放权是一种基本权利。我们完全有理由认为，每个人拥有安全稳定的气候系统也可以被看作一个基本的人权。主要由发达国家引起的气候变化不仅事实上把主要的危险转嫁给了世界上的穷人，从而影响到他们的生存权，而且，发达国家历史上大量占有温室气体排放空间也严重压缩了贫穷国家缓解贫困和谋求发展的环境空间。因此，只要基本的生存权能被理解为人们最根本的利益，那么，除非基本权利被首先得以满足，否则没有人能合理地享受其他非基本的权利。把生存排放权归于基本权利就产生了一个应用于全球气候协议的基本分配原则：在道德上能得到优先辩护的分配方案是那种能确保每个人的基本的最低排放的分配方案。这样，我们就既可以在实现保护地球环境安全这一人类共同的善（表现为减少温室气体排放）的同时，又在一定程度上保护了人类所追求的另一个价值目标，即对基本权利的保护。

但是，我们将看到，赋予安全权和生存权这些权利以基本权利的地位并要求一个社会优先予以保障，并不是没有分歧的。如果说，在某种意义上讲，把安全权纳入基本权利的清单能基本上得到人们的认同的话，那么，把生存权，进而把生存排放权纳入基本权利的清单则可能会遭到反对。反对者会认为：在生存权和其他基本权利之间存在着关键性的区别。比如，我们只用履行消极的义务抑制自己的行为不去伤害其他人就可以实现安全权。但是，要保障一个人的生存权，就要求我们履行某种积极的义务，向那些被证明不能为自己提供基本需求的人提供食物、水或住所，进而要求国际社会向那些贫穷的国家分配更多的排放空间（或者是说，让富裕国家承担更多的减排成本）。但是谁有这样的义务为那些人提供这些基本需求呢？即使我们找到了这样的人，那么，让那些人达到什么程度才算是实现了他们的生存权呢？这些都是极富争议的问题。

第三节　限制奢侈排放权是否侵犯了个人权利

气候伦理必须讨论两个层次的问题：从个体的层次来说，基于气候问题的紧迫性，我们是否可以对一个人的个人偏好和生活方式施加某些限制，这往往表现为对一个人的奢侈排放权进行限制，甚至于对其进行“再道德化”，以使得他们能够认识到并愿意过一个“合理”的生活（比如减少开车）；从人际的层次来看，对于温室气体排放空间这样的基本善物的分配，我们是否应该“平等”对待每一个人，如果确实需要平等对待每个人，那么一定程度的“再分配”是不是合适的。不论是追求一个“合理”生活的理想，还是追求“平等”待人的理想，都体现了一个理性自由人对“好生活”的无限追求。但这些追求都会对人类的另外一个基本的价值追求——对权利的捍卫——产生重要影响。

比如说，从个人这个角度来看，气候问题的解决要求每个人在追求自己的生活理想时应该以维护地球的环境安全和可持续为限度。也就是说，气候问题的紧迫性昭示了这样一个“生物学”限度，每个人必须限制自己的“昂贵的（高碳的）”生活方式和生活理想，从而限制他们的奢侈排放。我们不能再以开着大排量汽车或坐着私人飞机周游世界，穿着各种体面的但由高耗能材料做成的服装，居住超级豪华的恒温住宅以及诸如此类的生活理想作为我们生活“完美”的标准，我们也不能养成各种“快餐式的”浪费型消费习惯，否则，地球资源将很快耗尽。[①] 任何对个人偏好的追求首先必须反思这种偏好是否“合理”。从这个意义上讲，共同维护一个安全的、可持续的地球环境就成为我们追求的最高

① 现代社会，每人每天大约使用600000千焦的能量，这至少是原始社会人均使用量的100倍。而人类基本生存所需的食物能量仅10000千焦。这两者之间的差额被用于空间的加热和制冷，食物的工业化生产和运输，创造和驱动机器及运输工具，生产和销售现代工业社会赖以有序展开的无数消费品。就拿食品的生产来说，食品工业产生的碳约占所有碳排放量的25%。在现代人的生活中，汽车已经变成了消费社会的最高象征。在美国和英国，汽车排放的温室气体占到20%~22%。但是这个数据仅仅估计了引擎中使用的燃料和石油直接排放出的碳数量。如果算上所有的排放量就需要考虑生产、维护、出售和废弃交通工具所用到的能量以及用于行驶、停放汽车而建造混凝土、沥青道路和车库所用的大量能量。这一部分也要包括用在开采、提炼和运输石油以及驾驶汽车时所利用的碳的数量。因此，在工业文明的核心中，汽车是能量不平衡的最明显的物体，它也是自由资本主义对自由所做的模糊承诺的中心。对数百万辆（这个数字还在不断攀升）私人汽车及其使用允诺自由，给现实生活带来了对大部分地球建筑空间的污染。总之，消费文化助长了对当前的沉迷，对现实经验的满足以及对造成与此相关的历史和后世重要性的缺失感。随着人们及其消费物质和金钱以越来越快的速度在全球范围内流动，他们忽视了这种不断加快的流动速度所造成的生态和道德上的影响。——资料来源：〔英〕迈克尔·S. 诺斯科特《气候伦理》，社会科学文献出版社，2010，第128~129页。

价值目标。可见，气候问题的紧迫性要求我们遵循一种“完善论”道德理论。完善论并不认为所有欲求的满足、所有善观念的实现都具有同等的价值，相反，它设置某些理想和标准，标举出某些优良的生活方式，赋予这些价值和追求以优先性，并以此来指导社会基本结构的安排。为了促进某些合理的理想和标准，为了实现某种优良的生活方式，某些个体追求自己善观念的权利和自由可能会受到剥夺，或至少要为此付出代价。

一般而言，任何完善论的道德理论都有可能对个人权利施加过于严厉的要求，因此必然会遭到权利至上主义者的激烈反对。首先，他们会强烈怀疑人类有能力定义到底什么样的生活才算是“好生活”。在这些自由主义者看来，“好生活”这个概念就其本质而论是目的论的，它预设了某种外在于人的经验的客观价值的存在。“好生活”就是有助于实现这种客观价值的生活。但问题在于，或许因为我们缺乏关于那个东西的充分信息，或许因为我们不是站在一个充分客观的立场来看待那个东西，或许因为我们自己对那个东西充满偏见，因而一个有限的人绝不可能认识到一个东西是绝对的好，他至多只能够希望它是好的。在这个意义上，“好”被解释为主观上值得向往的东西，因为没有对任何值得向往的东西的理解能够独立于和超越于人类经验的判断。因此，人们对“好生活”的理解注定会陷入无尽的争论之中。而如果我们将“好生活”的概念建立在某种特定目的的基础上，那么显然，强迫每个人都过这样的生活就必然对人们施加了过于严厉的要求，至少它没有平等地尊重那些没有将自己的生活建立在去实现这些特定目标的人。

这样一种对“好生活”的怀疑是不是合理的呢？虽然我们承认，“价值”是一个主观性的概念。只有当它们无论是直接或是间接地处于一种喜好关系之中时，我们才会说一个事物或事态是有价值的。价值并非事物或事态的内在特征，它并非以一种完全独立于人以及他的活动的方式在宇宙中存在着的东西。价值毋宁是通过喜好而被创造及被决定的，正因如此，价值多元的现实确实使得我们很难一劳永逸地决定到底什么样的生活是好的生活。但我们是否可以就此而断言，我们永远无法就某种价值达成共识？情况未必如此。虽然我们无法从正面就一个“好生活”达成共识，但如果我们承认自己是理性的的话，而且我们没有合理的理由对某个有价值的事态予以拒绝的话，那么，这样的事态就能够被合理地接受。正如托马斯·斯坎伦所说："一个行为，如果它在特定环境下的施行会为任何对行为进行一般性规导的规则体系所不允许，而这种规则体系作为知情的、非强迫的普遍同意的基础乃是无人能够合乎道理地予以拒绝的，那么这个行为便是错误的。"[①] 也就是说，只要一个人还愿意认真地思考原则问题，只要他还准备讲讲道理，他就不会置这样的规则于不顾，那么这种规则就是他不可以合乎道理地予以拒绝的，这种规则因而也就可以充当普遍同意的基础。一个合理的价值主张可以由我们生活于其中的生活条件得到辩护。如果我们接受这种达成价值共识的方式，那么，在气候问题上我们也必须认识到，任何人类行为，包括道德和政治行为，都必定有一个生物学的基础。也就是说，人类生命的存在和延续是任何人类行为的绝对基础。这是任何理性的人都不能加以拒绝的事实。因此，维持生命的存在和延续就应该成为理性的人的最重要的价值诉求。而维持生命的存在和延续最为要紧的是维护我们赖以生存的地球环境的安全和可持续。所以，在价值排序上，我们首先是要能够生活，其次才是要有尊严地生活（对自由、权利的维护）。如果这一主张是合理的，那么，"不自由，毋宁死"就显得有些非理性了。持有这种观点的人是认为，自由、权利本身就是值得我们去追求和捍卫的唯一价值。正如古尔德所说："自由不仅是创造价值的行为，而且，正是为了自由的缘故人们才追求所有其他价值，也正是因为自由，这些价值才成其为价值。"[②] 我们认为，其实自由本身并不能作为唯一值得追求的价值，或者说它本身不是价值，而是说，自由之所以有价值是因为它可以帮我们实现我们认为更为重要的价值。从这个意义上讲，存在着某些客观上有价值的东西，而我们需要具备去实现这些客观价值的手段，而自由就是这样的手段。但在某些条件下，自由并不一定就是我们去实现那些客观上有价值的目标的唯一的手段。当然，我们这里并不是说，自由、权利这些基本的善是不重要的，我们强调的是，目标应该比手段更为重要，生命存在和延续的善要优先于自由、权利这些善物。这意味着，个

---

① T. M. Scanlon, "Contractualism and Utilitarianism", in Amartya Sen and Bernard Williams, ed., *Utilitarianrism and Beyond*, Cambridge: Cambridge University Press, 1982, p. 110.

② Carol Gould, *Marx's Social Ontology*, Cambridge MA: MIT Press, 1978, p. 118.

人权利并不是绝对的，对权利的诉求也必须得到道德上的辩护。

然而，自由主义者可以争辩说，就算存在着客观上具有价值的东西，但是，由于人类生活的复杂性，只有通过参与和体验一些不同的生活方式，自主地在它们之间进行鉴别、比较和选择，人们才能对"什么东西是真正的好的"形成某种正确的认识，因此才能最终坚定地把握一个"好生活"的概念。如果，我们武断地指定某个"生活"就是好的生活，就缺乏对人的自主性和个人完整性的充分尊重。这种源于康德和密尔的对自主性的强调的思想要求我们，对于"好生活"的任何实质性的观点，也就是对于包含目的、意义和行动的特定结构的任何具体的生活方式都应当总是保持一种偶然的、经过反思是可以修正的忠诚。只有当我们把这种生活方式理解成我们以某种实验精神，从一种批判的不偏不倚的立场选择的或可以选择的时，它们才是真正有价值的。因为在自由主义者看来，个人必须被赋予自主性，以便通过对各种各样的生活方式加以尝试，个人最终才能够发现适合于他们自己的生活方式。因为一个自由理性的人被视为一个能够根据自己的理解合理地确定自己的人生计划并且能够按照那个计划来安排和组织他的整个生活，选择、反思、提炼和修改他的利益、目标和欲望的人。正如密尔所说："人类只是在进行选择时，才去行使知觉、判断、辨别、精神活动，甚至道德取舍的能力。一个因为习俗所致而行动的人不做任何选择。无论是在辨别什么东西是最好的还是在欲望最好的东西上面，他都没有得到实践。精神能力和道德能力，就像肌肉的能力一样，只有通过被使用才会得到改进。如果做一件事只是因为其他人做了那件事，就像相信一个东西只是因其他人相信了它一样，那么一个人的能力永远不会得到行使。"[①]

这种对"自主性"的理解所强调的是个人自由权利具有绝对的优先性。大多数权利至上主义者就是这样来设想"自主性"的。在他们看来，自主性意味着一个人必须自主地选择和实现他的生活计划：一个自主的行动者必须是能够进行有意识的和自由的自我创造的主体。为了成为真正自主的，在这个自我创造的过程中，一个人必须不受外在的干涉

① John Stuart Mill, *Utilitarianism*, *On Liberty and Essay on Bentham*, Mary Wamock ed., *New American Library*, 1962, p. 135.

和胁迫。并且他们在社会生活中所“应得”的待遇是与他们所选择的生活方式不相干的，只要是自主地选择的生活方式都是在道德上有价值的，因而是任何分配方案都必须予以支持的，至少是不能加以反对的。但为什么“自主性”具有这样的地位呢？为什么在已经确立了什么样的生活是好的生活的情况下，还要允许人们无限制地满足他们不合理的个人偏好呢？为什么自主的选择比正确的选择更为重要？尤其是在资源短缺并不容许这么做的时候。伯纳德·威廉姆斯曾反驳说，在要求人们全力投入某个社会整体性目标时，目的论取向的道德理论未能对赋予个体完整性以内容的特定事业的重要性给予充分的确认。[①] 在我们看来，这一反驳的问题在于，过于强调个人的完整性无异于提倡纯粹的自我放纵。因为单单以追求个人事业的名义而要求摆脱道德束缚是不能令人信服的，毕竟每个人在认识、行动等方面都是有限的个体。它忽略了这样一个事实，即这些道德要求或许也在保护着至少和自己的利益同等重要的他人利益。因此，人的“自主性”并不是一个不需要辩护的东西。事实上，在“自主性”这个概念中也呈现一些复杂性和模糊性。因为任何对“自主性”的追求，都必须相容于他人的“自主性”和所有理性的人都无法合理拒绝的社会的整体利益。任何对自主性的追求在道德上是可接受的，至少只有当这个要求不是被用来维护一个不合理的生活时才是可接受的。正如乔治·谢尔所指出的，一个人选择某种东西，肯定是出于某种理由，而除非他所选择的东西，或者至少是他追求这种东西的过程本身有内在价值，否则他不可能有选择和追求这种东西的理由。[②] 也就是说，价值的根源并不在自主性之中，它反而是一种客观存在。因此，视自主选择为价值的根源的观点并不是可以普遍接受的。例如，当气候危机的现实要求人们放弃开大排量汽车时，那么，这种要求就被证明是道德上正当的。况且，几乎不容质疑的是，具有自主性的人确实会选择恶，或者选择没有价值甚至是只有负面价值的东西。而且这种恶或负面价值可能还

---

① B. Williams, “A Critique of Utilitarianism”, in J. J. C. Smart and B. Williams eds., *Utilitarianism: For and Against*, Cambridge: Cambridge University Press, 1973, pp. 75 – 150.

② George Sher, *Beyond Neutrality: Perfectionism and Politics*, Cambridge: Cambridge University Press, 1997, p. 57.

不只是相对于某一个人的主观评价，而是相对于一个社会中的大众，或者说多数人所接受的价值标准而言的，它们对选择者本人也确实不利。此时，把自主性作为价值之源或最高价值，认为它不能被压倒，似乎就站不住脚了。自主性自身对于选择的质量是没有辨别力的，而自主性只有当其被引向善的时候才有价值，它没有为保护无价值的选择提供理由，更不用说坏的选择了。因此，“既然我们对自主性的关注是对让人们能过好生活的关注，它就为我们保障可能有价值的自主性提供了理由。而提供、保留或保护坏的选择并不使人们能享受有价值的自主性”。[①] 因此，就自主性的实际行使必须受到某些更为优先的价值的限制而论，它不可能被看作一个绝对的、无条件的价值。在个人的自主性之上，应该存在其他更高的价值判断标准。尤其是在公共生活当中，其他形式的更为紧迫的价值，如共同的生存，必须扮演一个价值判断者的角色。

那些把自主性以及以此为基础的个人权利推崇为一个绝对价值的自由主义者，是把他们的主张建立在对个人的一种原子主义的理解上。说一个人是自主的，是说他有绝对的自由和权利来实现自我的人生计划。这种极端的个人主义不仅在理论上是错误的，而且在实践中也是危险的。我们说，一个自主的个体应该是自我导向的，也就是说，一个自主的行动（行动者选择目标、计划和做出决定）应该是源于他自身的意志。在这里，“自我导向”的行为意味着行动者的行为是由他对其境遇所提供的理由的评价而激发的行为。因此，一个合理的自主性选择必须是一个经受了理性审查的选择，如果个体的选择是在缺乏评估各种选择的信息，或者缺乏处理他所拥有的信息的能力，或者受到自身某种冲动和不可抗拒的本能这样“异己的”内在力量的支配时，我们就不能认为他是在自由地选择。所以，一个自主的行动者只有在比较严格的意义上根据好的理由来实践他的意志时，我们才认为其是自我导向的。如果自主性只是任意的选择，那么这样的选择就没有合理的根据来宣称它是自主的选择。没有合理的理由作为根据的单纯的自我断言看来是没有什么价值可言的。如果这样理解“自主性”是合理的，那么，我们就没有理由赞成一种原

---

① Joseph Raz, *The Morality of Freedom*, Oxford: Oxford University Press, 1986, p. 203.

子式的个人存在是有任何意义的。任何个人选择的理由本质上是被社会构成的，正如任何个人本质上是社会的人一样。个人只有在与“他者”的交往中，才能塑造自身的价值，也正是在与“他者”的关系中，才使得自主性得到有意义的行使。如果个人所持有的生活方式具有我们所肯定的价值，那并不是因为这是我们自主选择的结果，而是因为我们把它们当作我们认为有价值的东西的构成要素。正是这些对更有价值的东西的追求的生活方式塑造了作为我们做出任何选择之基础的价值感。如果我们把个人主义的自主性作为我们追求的最高价值理想，这往往会导致我们无法正视在我们的生活中还有某些更为重要的东西值得追求。所以，自主性的有意义的行使预设了在自然中可以选择的对象和在道德上值得选择的对象。因此，自主性的行使会遇到双重的限制。一方面是来自自然环境的生物学限制。它意味着我们的任何选择都必须以不损害自然环境和不违背自然规律为前提，我们不可能去选择那些自然界无法提供给我们的东西，也不可以选择对自然环境造成破坏的行动。另一方面是来自道德上的限制。任何道德都必然会对我们施加某种限制，这是人类道德的一个基本特点，因为人类道德的产生就是源于“他者”的存在。正因为源于“他者”的存在就构成了与“我”的关系，从自我出发的任何行动也必然会对“他者”产生影响，如何与“他者”共处是我们需要道德的根本原因。这意味着，我们的任何行动都必须以不伤害“他者”为前提。自主性不可能被合理地处理为一个绝对的价值，至少还有某个“他者”的价值是与之同等重要的。因此，没有任何合理的价值理论能够把自由的选择看作没有前提的唯一内在好的东西。

另外，从人际的层次来看，一个合理的道德判断，应该是从一个理想的旁观者的观点来做出的判断，这样一个旁观者摆脱了一切个人偏见和个人偏爱的影响，并且具有充分的知识和信息，因此就能够客观地和公正地看问题。因此，道德必须采纳一个不偏不倚的观点。道德上不偏不倚的观点实际上是说，任何合理的道德原则都必须是能够通过“可普遍化”检验的，即一个合理的道德原则应该能适用于处于道德上相似的状况中的每一个。因此，当一个行动者认为一个道德规则对其他人有约束力的时候，他也不会允许自己因打破这个规则而成为一个例外。所以，道德上不偏不倚的观点要求我们把每个道德行动者都看作是平等的，没有任何人有权利要求他应该比其他人更加重要，因而应该得到更多的关注。但这并不是说，在任何情况下，不偏不倚的观点要求每个人都得到平等的待遇，而是要求把每个人都作为平等的个体来加以平等关心和尊重。

那么，怎样做才算是平等关心和尊重了每个人呢？比如，在当前的气候问题中，如果是由于历史上的不正义导致了不同国家之间的不平等，我们是否应该通过某种“再分配”方式矫正这种不平等，从而实现实质性的平等？如果某种不平等不是由于某种历史的原因，比如说，对于那些个人禀赋较好而且通过自身努力而获得了更多的分配份额的人；或者对于那些在没有外在强制以及拥有充分信息的条件下，自己选择了某种不合理的生活方式而导致贫穷的人；再或者对于那些天生就有某种身体或精神残障而处于极度生活困境的人，我们是否也应该通过某种“再分配”方式矫正这种不平等？《联合国气候变化框架公约》（以下简称《公约》）提出在应对气候变化的过程中，各国应根据历史和现实因素的不同，承担不同的减排义务。应该说，《公约》中的“差别原则”体现了平等待人的价值追求。而落实该项原则的政策则是在全球范围内实施某种程度的气候资源“再分配”。因此，气候正义的“差别原则”有两个方面。一是基于历史原因的“矫正正义”，它所解决的问题是让所有人在开始分配之前，都有一个公平的起点。由于历史的原因，发达国家侵占了过多的排放空间，事实上是造成现有的气候问题的主要责任者，而许多贫穷国家正在遭受由此而带来的气候灾难和损失。对于这一点，发达国家理应首先承认并补偿贫穷国家，帮助它们提高应对气候变化的能力。也就是说，发达国家应该承担更多的减排义务，从而留下足够的空间帮助贫穷国家实现经济和社会的发展。二是基于现实条件的“分配正义”，它所要解决的问题是如何在气候资源的分配上体现“对所有人的平等关心和尊重”。“对所有人的平等关心和尊重”并非意味着简单的平等分配，而是意味着针对自然和社会禀赋的不同而区别对待每个人。这同样需要在资源的分配上实施某种“再分配”。

现在的问题是，如果我们这样来理解平等的道德理想，那么，这是否对个人权利施加了过分严厉的要求？实际上，并不是所有人都这么去理解“平等”。自由至上主义者也同意平等的道德理想，但他们是把平等理解为权利的平等，而非结果的平等。比如，在诺齐克看来[①]，没有任何东西能够成为道德的基础，而只有一系列严格限制的近乎绝对的个人权利才能构成道德的基石。这些权利是：每个个人，只要他不侵犯他人的同样的权利，他就有权免于所有强制或对自由的限制，并有权不让合法获得、占有或使用财产受到限制。他也拥有次一级的权利，即他有权惩罚并要求补偿对他的权利构成的侵犯，并针对这类侵犯对自己与他人的权利加以维护。对诺齐克而言，道德所关注的并不是一个社会体系实际上如何运转，在这一体系下的个人如何生存，以及这一体系没有满足哪些需要或它产生了何种不幸或不平等。道德所关心的唯一重要的东西是个人权利是否遭到侵犯。所以，个人权利才是道德上唯一重要的价值。诺齐克与平等主义的自由主义者都同意个人权利和平等的重要性，但后者可以为了平等而限制权利，他们看重的是人们享有平等的社会资源的权利，但诺齐克坚决反对任何社会的平等理想可以对权利施加任何约束，他看重的是自我所有权。应该说，诺齐克等权利至上主义者的观点为当代那些反对采取过激行动来应对气候变化的国家和个人奠定了理论基础。比如说，许多跨国公司和大财团，甚至一些科学家和学者都极力否认全球气候变暖的科学事实，认为这纯属谎言，目的就是打击现有的国际政治经济规则，甚至动摇自由主义的价值理念。在他们看来，如果气候问题能够成立，那么它要解决的也应该是基于“能力”——各国现有的排放水平和经济实力——的分配正义，而不是什么基于消除贫困的“矫正正义”，试图借助气候问题来达到消除世界贫困和不平等的目的严重地侵犯了个人权利。

第四节 在善与正当之间保持必要的张力

气候伦理主张能够促进最大多数人（无论他们生于哪个国家以及处于何种境况）的可持续发展的行为或政策就是道德上正当的行为或政策。因此气候伦理关注两个层面的问题。一个是保持人类的可持续发展。可持续发展首要的是维持地球环境的安全，这就对我们的行为提出正当性

① 〔美〕诺齐克：《无政府、国家和乌托邦》，姚大志译，中国社会科学出版社，2008。

的要求，或者说对个人权利的运用提出了约束性条件。任何主张说为了捍卫个人权利而可以损害地球环境安全的行为都将首先遭到道德上的谴责。另一个是促进大多数人的福利。这就要求我们要平等地对待每个人的利益，每个人的利益在道德上应该被视为平等的，如果一项气候协议导致了气候资源分配上的严重不平等，那么，这样的协议显然得不到道德上的辩护。从这个意义上讲，气候伦理是一种功利主义取向的伦理理论。可以想象得到的是，功利主义的气候伦理必将遭到权利至上主义者的反对。我们在气候问题上主张一种功利主义的价值取向并不是没有注意到"权利"对人类福利的重要性。我们疑惑的是，个人权利是否如诺齐克所主张的那样无论在何种情况下都具有绝对的优先性，是否一个人对自己权利的主张就不需要得到道德上的辩护？一个社会是否可以诉诸功利主义的目标而对权利进行必要的限制？也就是说，维护地球安全是否能相容于对个人权利的维护？这些问题首先关系到我们对权利本质的理解。

正如我们在第一节所理解的，说一个人拥有某项权利是说他拥有了某种特权，他可以在可能的范围内做他认为任何合理的事情而不受任何外在的干预。因此，把权利赋予任何特定个体意味着在他那里形成了一个"保护带"，在那个保护带中，他可以自由地选择和行动，而不受到干预。同时，权利的存在总是预设了他人相应的责任：说一个人有权做某件事，基本上是说，他人要么有责任不妨碍他做那件事，要么有责任帮助他做那件事。因此，权利的概念意味着，在权利的拥有者和有关责任的承担者之间，有一个双边的规范关系。正是在与责任相关联的意义上，对于权利的行使所涉及的那些对象（他人或者社会机构）来说，权利构成了一种约束。这种约束要么在于那些对象具有一定的责任或义务，要么在于那些对象不能改变权利的主体与那些对象的规范关系。因此，拥有权利就是拥有了一张"王牌"[①]，它可以抵御任何对他的干预。

但是，权利的基础到底源于什么呢？是不是像权利至上主义者所认为的那样，权利是由"自然"或"上帝"赋予我们的，或者是由自然的

① Ronald Dworkin, *Taking Rights Seriously*, Cambridge, Massachusetts: Harvard University Press, 1977.

理性揭示出来的？我们认为，一个权利并不是因为某个特定的法律机构运用某种超验的原则把它们确立起来，而是，权利要么来自人们自然地进入的某些角色或关系，要么来自彼此相互期望创造出来的共同利益。因此，权利总是相对于某些背景假定和实践而得到辩护的，权利本质上预设了某种社会承认和社会强化。正如约瑟夫·拉兹所说，那个权利概念（绝对权利论）是有缺陷的，因为它大大地低估了某些不可划分但也不可排除的公共利益（例如一个宽容的社会或者某些形式的生活）的重要性。[①] 一个权利是不是合理的必须要看由它所保护和促进的价值与相同种类的互竞价值以及特定的目的-结果的生产所具有的价值相比是否更为重要。因此，权利并不是绝对的，它需要某种更为基本的价值为之辩护。更何况权利的载体在选择自己的生活方式时是可能犯错误的。权利至上主义者声称，如果要把每个人（成熟的理性人）当作完全的道德存在者而加以平等尊重，赋予他绝对的权利以进行自我决定是平等尊重和关心他们的唯一途径，否认权利的重要性很有可能就会滑向家长制管制。但是我们也不可否认这样的事实：一些人缺乏充分的认识和能力去对生活中的那些重大问题做出决策，尤其是在当今整个人类社会面临诸多对人类的整体生存产生严峻挑战的事实的情况下。比如，在我们这个所谓的“技术时代”，当人类普遍沉浸在一种“技术和资本的逻辑”的思维方式之下时，对于什么样的生活和追求是符合人类整体利益的，恐怕极少有人认真地反思。而真实的情况可能是，人们早已习惯了“大量生产—大量消费—大量废弃”的生活方式，而从未意识到这种生活方式事实上是有一个生物学限制的。当代的气候危机已经严肃地向人们提出了这个问题。如果我们旨在表达对人们的关心和尊重，为什么我们不应该向人们指出这些事实并阻止人们犯这样的错误呢？因此，一旦我们认识到每个人都有犯错误的可能性，就当然应该鼓励正确的生活方式而劝阻和禁止错误的生活方式。过一种优良的生活而不是过一种我们当下认为的优良生活才是符合人们的根本利益的。在这里，重要的是，我们对权利的主张不能建立在关于我们行为价值的错误的信念之上。当然，这

① Joseph Raz, “Right-Based Moralities”, in Jeremy Waldron ed., *Theories of Rights*, Oxford: Oxford University Press, 1982, pp. 182 - 200.

里我们还需要指出的是，上述的观点要求我们区分德沃金所说的“意欲的利益”和“批判性的利益”[1]。对于我们是喜欢唱歌还是跳舞这样的意欲的利益，我们还是把选择权交给个人，不然的话，对权利的限制确实对人们提出了过分严厉的要求。但对于是选择高碳的生活方式还是低碳的生活方式这样涉及重大公共利益（批判性的利益）的行为时，任何一个负责任的道德理论都必须将之纳入自己考虑的范围之内。权利至上主义者仍然会反对说，也许根本没有人能够比我更好地了解我自己的利益，就算我并非总是正确，但我仍然比他人更有可能正确。[2] 但我们应该认识到，虽然我们的利益既非普遍的，但也非独一无二，我们的利益以一些重要的方式与人类共同的利益总是联系在一起。因此，我们能够运用我们的理性（比如科学知识）和历史经验就我们共同的利益去建立一些合理的信念。所以，我们必须把对权利的辩护建立在经验慎思的基础上，而不是建立在超验的基础上。把权利的证成建立在经验性的基础上可以抵制把权利绝对化的趋向。为理解这一点，我们需要进一步搞清楚：到底是什么东西使得一个人能合理地说自己有这样的权利？权利的基础是什么呢？

我们说，对权利的界定必须认识到：人首先是一个自然的存在，而任何自然的存在都有其合理的自然利益。所谓合理的自然利益就是先于任何道德考量的利益，也就是说，这些利益是作为一个自然的人保持他的存在所必不可少的东西，在道德上无所谓好坏。这些利益首要的是对一些基本善物的占有，比如，为了人的自保以及为了自保所需要的对一定的资源的占有。气候资源就具有这种基本善物的特点。所以，对一定资源的占有是人的自然权利。正是人的这种自然欲望构成了人类道德得以产生的前提条件。因为人们对自己如何存在的不同理解导致对个人在共同生活中应得多少有不同看法，但资源却没有丰盛到能满足所有人的欲望的地步，所以我们才需要某些道德原则来协调和解决人们的纷争，并决定每个人的合理所得。这意味着，道德规范的产生在某种意义上是

① Ronald Dworkin, *Sovereign Virtue: The Theory and Practice of Equality*, Cambridge, MA: Harvard University Press, 2000, pp. 242 – 254.

② Robert Goodin, "International Ethics and the Environmental Crisis", *Ethics and International Affairs* 4 (1990), pp. 91 – 105.

规范人们对自身利益的追求，而不是为了取消人们对自身利益的追求。反过来，满足人的自然欲望也就构成了个人服从道德规范的首要和原初动机。这意味着，在进行实践理性思考时，理性主体最后总会问自己这样一个问题：这个行动，是否有助于实现我的欲望，从而有助于促进我的幸福？当他问此问题时，他并不需要受到任何既有的道德原则的限制。因此，正是人的自然欲望构成了他在道德共同体中获得一定权利的基础。某些乌托邦形态的正义理论认为，如果我们能够消除道德得以产生的条件的话，比如要么消除人们生活目标的冲突，要么消除物质资源的匮乏，对权利的诉求根本就没有必要。如果作为整体的共同体具有一致的利益诉求，人们根本就不需要所谓的正义理论，因为把自己当作无法妥协的权利的载体就是把自己当作利益冲突的潜在一方，那么，在冲突中就有必要明确自己的权利并为自己认为正当的要求而奋争。过于关注权利会使人们基于极端个人主义去理解自己，会使人们过于关注在具有零和性质的社会生活中通过与他人对抗而保护自己。这可能会从根本上削弱人们的真正的道德情感和美德。我们之所以说这种观点是一种乌托邦，并不是要否定这种观点的理论意义。在人类共同体中获得一种“目标的和谐”当然是值得人类向往的一种道德理想。但现实告诉我们，使道德得以产生的条件——利益诉求的冲突和物资的匮乏——是一个即使不是永久，但也是在一个相当长的历史阶段中必然存在的事实。我们之所以强调权利的重要性就在于我们现实的世界的不完美，以及对平等待人的道德理想的向往。当然，我们在此还需注意的是，强调权利的重要性并不是认为任何人类可欲的目标都应该无条件地予以满足，而是说人们有理由得到他能合理地得到的东西。

所以，任何道德理论的建构都应该奠基在这个事实之上。也就是说，正是维护自身的合理利益这一点成为一个人拥有权利的正当性理由，同时也成为把某种责任施加给他人的正当性理由。但是，是不是无论人的什么欲望和利益都可以成为他宣称自己拥有权利的充分理由呢？显然不是。一般流行的个人偏好并不能为权利的证成提供充分的基础。例如，当我们这个社会资源短缺而多数人又将自己的生活建立在一种浪费型消费的基础上时，此时我们确定个人有自由选择自己生活方式的权利就是不合时宜的。再比如，一个人的利益追求普遍地与他人的利益冲突，如果我们赋予他充分的权利去追求他的利益也是不可取的。因此，如果人们并不普遍地认为一个价值追求具有充分的分量，以至于有必要把一个相关的权利确立起来，那么那个价值就不可能成为一个权利的基础。只有那些人们普遍认同的利益诉求才具有这样的道德分量。这里仍然有一个模糊之处，就是什么是“普遍认同”。就人们认为什么是“好生活”而言，它本质上是一个价值判断，我们很难找到某种“可通约”的判定标准以在不同的价值判断之间进行衡量。如果实在要找的话，那么就只能把这种衡量建立在某种“事实判断”之上。“价值判断”与“事实判断”之间的鸿沟我们可以填平吗？这确实是一个非常复杂的道德问题。我们在这里无法充分展开论述。但我们可以尝试这样来理解：如果我们承认某些“事实判断”（比如科学认识）是可以信任的和可以在不同个体之间相互通约的，那么我们就可以说，任何价值判断不仅是一个主体间性的问题，而且也是一个主体与客体（比如自然环境）之间的关系问题。也就是说，客体的某些状态在某种意义上影响或决定了主体行为的可能方式。比如，气候环境的变化在很大程度上对人们行为的方式和行动的范围做出了规定。因此，我们认为科学认识能够为我们提供“普遍认同”的基础。如果我们这样来界定权利，那么，我们就有充分的理由说，权利并非绝对的，为了维护一个更为重要的利益，我们可以对基于不那么重要的利益的权利施加某种限制。

一旦我们这样来理解个人权利，那么，我们就可以回答：为什么我们可以而且必须在应对气候变化时对个人权利进行某种程度的限制。比如说，我们之所以对个人的生活方式和个人偏好施加某种干涉，是因为，人类的生存和可持续发展的整体利益要优先于个人的偏好。而对于不合理的个人偏好我们根本就不能赋予它任何实现的权利；再比如说，我们之所以在气候资源的分配上实施某种“再分配”政策以实现平等待人的理想，是因为，我们认识到，权利的基础就是源于每个人作为一个人类存在者都应该被赋予的基本利益。当某些人因为道德上任意的因素而不能获得他们应得的利益时，其他人有责任帮助他实现他的利益。也就是说，一旦我们认识到了他们的利益，那么我们就可以把这种认识充当为一个恰当的理由来分派责任。我们之所以有义务帮助一个生活处于困境的人（非自身的原因），不是因为我们亏欠他什么，而是因为，作为一个道德上平等的人，获得一定的物质资源进而能够生存下去是他应有的利益。同时，也正因为每个人的利益都具有同等的重要性，因此，每个人应该平等地获得一份物质资源。在这里，要求平等对待的权利乃是一种通向整体福利的手段。因此，基于平等而实施的“再分配”之所以值得欲求，在很大程度上是因为它能缓解许多人的苦难境况。当今世界对再分配的道德关注的另一根源是：财富上巨大的不平等会使富有者对他人的生活施加一种不能接受的控制。当然，如果我们的世界本身并没有那么糟糕，比如说，物质极大丰富，那么，主张权利的人也就不会觉得社会对他们施加了过分的要求了。遗憾的是，我们的世界本来就是如此的糟糕。把世界变得更好难道不是要求人们约束自己的权利的充足的理由吗！

下面我们要回答的一个问题是：功利主义的气候伦理是不是一定无法容纳个人权利的存在？毕竟，个人权利也是人类一项重要的价值诉求。况且，应对气候变化本来就是一个需要全球合作的事业。作为一个需要大家都自愿参与的合作事业，个人的参与动机就显得非常重要。如果一个人的基本权利，比如，平等获得气候资源的权利得不到有效的保障，那么，很难说人们有充足的理由参与气候合作。我们可以为了维护整体地球安全的利益而限制某些人的权利，但我们不能为了一部分人的利益，比如因为人数占多数的贫困者需要摆脱贫困而无限制地要求人数占少数的富人做出无法接受的牺牲。即使需要富人做出一定程度的牺牲，我们也需要向他们提出合适的道德理由，而不能非常武断地对他们进行剥夺，这样做无疑会导致“多数人暴政”。因此，我们可以为了某些更为重要的利益对权利施加限制，但我们也不能由此而走向某种“生态专制”。

我们主张的气候伦理本质上是功利主义价值取向的。它的基本特征就在于持有这样的观点：存在着某些客观上有价值的事态（比如说，人类共同的生存与繁衍以及地球环境的安全），而那样一个事态要以一种“行动者中立”的方式得到促进。这个观点意味着：对气候伦理来说，“善”优先于“正当”，“效用”优先于“权利”。一个正当的行动被理解为能够促进或产生“善的东西”。在这里，所谓“行动者中立”是指，行动者站在一个不偏不倚的角度来看待所要促进的事态，也就是说，如果一个人判断说某种类型的行为 X 对某个人 P 来说是正确的，那么，对于与P处于类似状况中的任何人来说，X对他来说也是正确的。因此，在选择利益和负担的分配时，就不允许一个行动者对自己或者对他所关心的任何人有所偏爱。例如，如果一个事态需要限制某些权利，那么，行动者中立的立场就要求对所有相类似的行动者都做出限制，行动者中立蕴含了平等待人的道德要求。这个观点也说明了一个有价值的事态的衡量标准，即一个事态能够成为一个有价值的目标，本质上是因为它具有行动者中立的价值。如果一旦有价值的事态得以确立，那么，我们就能根据这个价值来确定和界定某些特定的权利了。比如说，如果对人们的利益给予平等的考虑是一件客观上有价值的事情，那么，我们就应该把平等权确立为一个需要得到保障的权利。反过来我们也可以说，不合理的个人偏好并不是行动者中立的价值，因此，追求这种偏好的自由权就是一个需要限制的权利。

一旦我们这样来理解“有价值的事态”和“权利”，那么，一个功利主义的气候伦理就能够包容个人权利的存在。如果权利的设定和赋予旨在保护某些重要的人类利益，那么，就那些利益有资格成为行动者中立所促进的目标而论，权利本身就可以成为气候伦理所要促进的道德价值。但反对者可能会说，一方面，权利是个人指向的，它的职能是约束目标的追求对个人权利的干预，权利应该使其拥有者在一个权利的权限范围内有自行决断的自由；另一方面，目标又是集体指向的，按照对有价值的事态的界定，一个值得追求的目标是为一切行动者指定了尽可能要去追求的共同目标。因此，权利和目标似乎具有不相容的规范职能。这就自然地提出了这个问题：一个目的论的道德理论何以能够为权利进行辩护？

我们业已指出，如果权利与某些根本的人类利益确实有所联系，那么权利本身就可以成为我们追求的目标。也就是说，如果尊重权利就是保护某些我们所确认的人类价值的最有效的方式，那么气候伦理就有理由要求我们尊重这些权利。在这种情况下，尊重权利与促进目标并不矛盾，因为尊重某个东西恰好就是促进那个东西的一种方式，因此可以被设定为一个子目标。比如说，给予人们平等的对待是行动者中立的人类价值，我们也认识到，促进那个目标的一种有效方式就是通过设定某些权利（比如赋予贫困者优先的权利），并把它们授予相关的个体，那么，尊重权利与履行相应的义务，也就变成了使人们得到平等对待的一种具体方式。一般来说，如果权利本身对一个目标来说是构成性的或工具性的，那么上述悖论就不会出现。但是，如果我们假设权利必须是个体主义的，如果目标的追求不可避免地涉及在个体的利益之间进行权衡和交换，那么尊重权利和追求目标确实有可能发生冲突。不过，这种冲突的存在不一定意味着，一个目的论的道德理论不可能产生和辩护真正的权利。

一个权利拥有者总是习惯于从个体的角度来看待自己的权利是否得到了保障。但往往会有这样的情况存在，当仅仅从个人的角度最大化自己的权力和利益时，反而会产生最糟糕的结果。因此，对某个目标的促进或追求，就要求我们对个别的优化行为进行约束。比如说，我们的目标是要保护和维护人类个体的生命，而保护和维护个人的生命并使之得到健康的发展要求占有适当的资源，这样，在资源有限的情况下，假若每个人都拼命抢占资源，那么个别的优化行为最终就会导致激烈的冲突，结果使每个人都丧失了安全。当每个人只关心自己的权力和利益时，他们就摧毁了那个利益的基础。这是一种典型的“公地悲剧”。在这种情况下，一个有效的策略是要设定某些权利，来控制对资源的合理分配和合理利用。这种有所约束的最优化策略为我们提供了理由，使我们可以承认和尊重权利，因为权利本身实际上就是这样一种约束。总之，权利的存在主要关系到在人类生活中占据支配地位的某些重要因素。它们被设定来缓解人类生活面临的某些主要问题。如果权利的基础确实在于某些根本的人类利益，那么我们迄今认识到的任何权利都不是绝对的。之所以如此，不仅因为我们对“什么是人类的根本利益”这个问题的理解必然会发生变化，而且因为我们总是相对于某个特定的情景来判断什么样的利益是根本的。一个权利的极限必然是相对于特定的人类条件和人类生活状况来界定的。

一个功利主义的气候伦理无论是在理论上还是在实践中都证明了：为了某些人类重大的利益是可以对权利进行必要的限制的，同时，这也并不意味着由此会走向对个人权利的漠视。气候伦理要求我们在处理气候问题时必须在权利与功利，或者是善与正当之间保持必要的张力。

第三章　全球气候变化与道德责任

谁应该承担应对气候变化的成本的问题，也就是说，因减少温室气体排放而产生的损失、为适应气候变化而需支付的成本以及赔偿与气候伤害相关的受害者的费用应该如何在国家之间进行分配，已然成为国际社会在设计一个公平而有效的全球气候机制过程中首先需要解决的问题。正如我们在其他地方所讨论的，公平地分配这些负担、成本和费用可以运用各种不同的分配正义原则，但是，任何分配正义原则的运用都必须首先界定相关各方所应承担的责任。《联合国气候变化框架公约》（UNFCCC）提出把“共同但有区别的责任原则”作为国际社会制定一个公平合理的全球气候协议的政治和道德基础，这一点得到大多数国家的认同。但是，具体如何界定各自所应承担的责任则是一个十分复杂，因而也是充满争议的问题。“共同但有区别的责任原则”属于以过错为基础的责任，它的核心在于追溯各国的历史责任，也就是说，应根据各国过去排放温室气体的量来决定其现在所应拥有的排放空间、所应承担的适应成本以及所需赔偿的费用的份额。可以说，在全球气候协议的制定过程中，坚持历史责任是保证协议公正性的一个基本前提。

但是，并不是所有国家都认为一个有效的全球气候协议必须建立在对历史责任的追溯的基础之上。从总体上来讲，反对历史责任原则（这种反对主要来自发达国家）的理由大体上有以下几种。第一种反对主张：由于过去的人并不知道他们的行为会造成全球变暖，所以发达国家可以不为此承担责任。全球变暖的第一次警告是在1986年，因此，如果说发达国家不用为1986年之前的行为负责，那看似是合理的。但这意味着1985年之前的排放就可以被忽视吗？第二种反对主张：发达国家的现代人不需为不是“他们”所造成的伤害承担赔偿责任。这个“伤害”是由已经去世的先辈们所造成的，所以，即使历史原则是可接受的，但是只能将时间跨度限制在50年以内。那么，我们要追问的是，一个国家（或民族）当代的人是否应该继承他们的先辈们所要承担的赔偿责任？第三种反对主张：由于历史的原因，现在仍然存在的国家边界经常处于变动之中，甚至有一些国家消失了，所以把过去的排放责任归于某个国家是不可取的。例如，苏联解体后变成了15个国家，哪个国家应该为苏联负责呢？

责任是一个十分复杂的哲学概念，因为它包含了各种不同的含义，在那个概念之下，个人或集体要为某些行为或结果承担责任，但是即使是相同的术语，也表达了完全不同的意思。这一章我们在十分不同但又是相关的意思上来考察责任的概念。这样做旨在为回答“我们应该如何分配应对全球气候变化所要求的各种减缓和适应成本”这样的问题提供可接受的道德依据。

第一节　两种气候责任：减缓的和适应的

谁应该承担由于气候变化所引起的成本，他们又该承担多少，以及他们为什么要承担？这个问题已经成为在全球气候治理中学者和政策制定者讨论的核心问题，并且在某种意义上讲，这个问题已然成为制定一个有效的全球气候治理机制的主要障碍。[①] 应对气候变化的成本通常可以被分为两类。一类是“减缓成本”。这个成本主要指的是人们在减少向大气中排放温室气体时所产生的成本，通常减少温室气体排放会影响各国经济的发展以及个人日常的生活方式，比如，坐公共交通工具可能就会担负放弃开私家车所产生的时间成本。另一类是“适应成本”。它指的是使人们免于因气候变化所引起的大气环境灾害的伤害时所产生的成本，通常各国需要投入大量资金进行与预防气候灾难相关的基础设施建设和提高卫生保健和疾病防控的水平和范围。除了以上两个主要的成本外，当人类没能有效减少温室气体的排放，从而实质性地引起了全球或局部地区的气候变化，进而当各国也没有采取有效的适应措施来避免已然出现的气候灾难时，弥补因减缓和适应行动的失败而产生的第三类成本，即补偿成本就必须被分配。当然，因为指派适应和赔偿的责任的理由是一样的，并且由于气候正义要求人们致力于适应行动，因此，补

---

① Stephen Gardiner, “Ethics and Global Climate Change”, *Ethics* 114 (2004), p. 578.

偿成本通常可以被包括在适应成本中。为了讨论的方便起见，本文所理解的“适应”包括阻止伤害（适应）以及伤害发生后的赔偿。当前国际社会关于气候治理协议的讨论中，各国主要关心的是减缓问题，也就是说，各国更为关心的是各自能得到多少排放份额（拥有大气容纳温室气体的空间的权利）的问题，而较少，甚至主要发达国家拒绝讨论的是在全球范围内适应成本和赔偿成本的责任分配问题。很显然，无论是哪种成本都将是非常巨大的，正如《联合国气候变化框架公约》（UNFCCC）所宣称的，为了避免出现严重的全球性气候灾难，大气平均温度的升高必须较工业革命前不超过2℃。为了达到这个目标，到2050年温室气体的减排幅度要达到2000年排放水平的80%，并且这样的减排将要求巨额的基础设施投资以及严格控制我们现有的建立在高能耗上的消费。[①] 同样的，UNFCCC也估计每年的适应成本起码为40亿~170亿美元，而且许多批评者认为这个数字被严重低估了。[②] 不管减缓和适应的总成本是多少，如果要避免气候不正义，这些成本都必须在各国之间被合理地分配，因为如果我们失败于减缓行动，那么将会招致灾难性的环境破坏；而如果我们失败于适应行动，那么将会不可避免地导致全球性的人道主义灾难。国际社会必须追问并回答责任和义务的公平分配问题。

在现有的国际政治现实中，任何全球气候治理协议要变得有效，都必须被各国接受，而要能被各国接受，它的条款就必须对各方而言是公平的。基于这样的原因，任何对可辩护的负担分配理论的哲学追问都必定是面向实践的追问，因为最值得支持的分配理论必定是那些能得到合理辩护的理论。有一些学者认为，气候问题本质上是一个在当代人之间以及当代人与未来世代的人之间平等地分配温室气体吸纳空间的分配正义问题，并主张每个人都平等地拥有大气吸纳空间份额的资格和权利，分配正义应该是一个面向未来的理论。另一些学者则把气候问题当作一个矫正正义问题，并主张责任而不是权利应该成为分配与气候相关的成

---

① Nicholas Stern, *The Economics of Climate Change: The Stern Review*, Cambridge: Cambridge University Press, 2006.

② Martin Parry, *Assessing the Costs of Adaptation to Climate Change: A Review of UNFCCC an-dOther Recent Estimates*, London: International Institute for Environment and Development, 2009.

本的指导原则。因为分配正义和矫正正义关注的是不同的对象，并且诉诸不同的规范性原则，所以，这两种思考方式就提供了不同的负担分配原则，前者撇开各国的历史排放，并认为历史排放水平与未来的排放资格并无关联，而后者则把历史排放作为确定矫正义务的基础。应该说，这两个原则都要应用于总的与气候相关的负担的分配中去。但分配正义适合于减缓成本的分配，而矫正正义则适合于与适应相关的成本的分配。[1] 这两种与气候相关的负担的类型经常被混在一起，减缓气候变化和适应气候变化的要求被看作相互交换和替代的，好像在这两种行动之间并不存在道德上的区别，但是，如果要正确地理解这两者之间的关系，并且，如果要使这两个气候正义的要求的合力能被合法地应用于各种政策方案，那么我们就需要对所承担的减缓责任和适应责任的规范性基础进行更详细的区分。

在气候变化的背景下，减缓行动的一个基本策略是，根据全球总的减排目标，对全球每年的温室气体排放量设定一个最高限额，然后在世界各国人民之间分配这些可允许的排放额度。因此，减缓成本是源于人们为了遵守（服从）指派给他们的排放限额而承担的温室气体减排任务产生的负担（机会成本的损失）。履行减排义务可能包括付出巨大的经济成本，比如在一个相当长的时期内会放慢经济发展的速度，会投入大量资金进行基础设施的升级改造以及通过技术改造让低碳能源替代高碳能源等。同时对于个人来说，减排也可能包括改变那些高碳的行为方式以及由此产生的社会、政治巨变所带来的管理成本等。减缓行动的一个特点是，它无论发生在世界上的什么地方，都会同等地影响全球气候。因此，它能根据需减少的温室气体排放量来进行分配和测度，以及能根据排放限度来实施。而且在一个排放限额下，国家或个人可以被赋予选择履行减排义务的方式的自主权，他们可以通过资本的投入来增加碳汇和发展碳捕捉技术或者低碳技术，也可以通过抑制经济增长或消费等经济的或非经济的活动来完成各自的减排任务。相比较而言，适应责任就完全不同，相关责任方被期望承担援助他人（包括其他国家的公民）适

---

① Steve Vanderheiden, "Distinguishing Mitigation and Adaptation", *Ethics, Place and Environment* 12 (2009), pp. 283 – 286.

应气候变化的负担，因此恰当的行动发生在特定的地域，并且往往有利于某些特定的对象。人们普遍会同意，全球气候治理的最终目标就是使人类避免遭受与气候相关的伤害，而不是单纯地为了减排而减排。因此，全球应对气候变化的一个核心的任务就是援助那些由于气候变化所引起的影响（比如洪水和干旱）所导致的受害者，以提升他们的适应能力。正因如此，相关责任方在履行适应义务上就具有较小的灵活性，适应更多的是通过一种经济支付的方式来实现，也就是说，在决定每个国家总体适应成本的分配份额时，适应成本是通过经济指标来进行测度的。这种意义上的责任，不同于消极的减缓责任（主要是抑制排放），而是一种积极的援助责任，这种责任的道德基础是建立在这样的观念上的，即引起气候变化是要承担过错责任的，而且这种过错是根据每个国家的历史排放来界定的。

那么，我们有什么理由在讨论分配应对气候变化的总成本时，应该把适应责任和减缓责任分开来考虑呢？在此，我们需要在规范性和实践性上对减缓和适应做进一步的区分。之所以把这两类负担区分开来的第一个原因在于，它们事实上存在着不可比较性。减排行动的目标旨在通过减少排放而避免危险的气候变化的发生，它的主要受益对象是未来的人，但它无法帮助那些易受伤害的人们去适应已然出现的气候变化，因此它不可能代替当前对适应的需求。第二个原因是人类社会在减缓行动和适应行动之间的权衡需要对与气候相关的负担的总量进行复杂的计算。鉴于我们的主要目标是避免由气候变化造成的对人类的伤害，那么，适应行动就应该致力于为任何给定的气候变化程度提供一切必要的政策措施。也就是说，不同的温控目标（相对应的是不同的减排目标）会带来不同的气候变化的程度，这反过来说，不同的减排力度会造成不同的气候变化的后果，从而带来不同的适应成本。因此，当因减缓的努力不够而失败时，适应成本就会上升，并且反过来，不断提高减缓的力度应该会使得适应成本整体上变得更低。但是，这种权衡并不表明在减缓和适应之间不存在道德上的差别，因而，各方不能认为既然在减缓和适应之间并不存在道德上的差异，所以可以把两者综合在一起算出一个总成本，而各方则可以根据各自的情况来选择是承担减缓成本还是承担适应成本。在某种意义上讲，减缓被认为在道德上优先于适应，因为后者实际上是在减缓努力不足或失败后才会出现的情形，如果已经产生适应行动，那也就意味着气候变化已经不可避免，所以，在某种意义上讲，适应行动已经允许了不可避免的人为伤害。尽管人们能够通过适应来避免伤害，但减缓对于避免引起伤害来说是更好的选择，而适应则是次优的事后补救。这进一步说明了，气候正义行动中的这两种责任之间具有不可比较性。

在当前已有的国际气候政策框架之内，由于没有把适应行动看得与减缓行动一样重要，这导致减缓行动的不足并没有通过相应的增加其适应责任而得到补偿，从矫正正义的角度看，这是不合理的。因为，如果因为某人没有承担指派给他的减缓责任而造成了与气候相关的伤害，那么，这将会引起他人更大的适应负担。这表明，负担分配问题反映了在分配正义与矫正正义之间所存在的深层次的理论对立，而与应对气候变化相关联的减缓行动和适应行动正是分别建立在分配正义与矫正正义的基础之上的，所以，这反过来也反映了在减缓责任和适应责任之间所存在的深层次的理论对立。显然，减缓和适应应该是气候正义所同等关注的问题，但是它们之间在结构上的不同使得在一个单一的正义概念之内把分配正义与矫正正义结合起来很困难，因为，同样的，建基于分配正义和矫正正义之上的减缓和适应命令，也被证明在一个单一的气候正义尺度内很难结合起来。但是，只要一个以责任为基础的气候正义理论要求适应责任不仅取决于各国的历史排放水平，而且也取决于当前各国实际的减缓努力，那么，减缓行动和适应行动就必须以某种方式结合起来。也就是说，如果一个国家没能履行自己的减缓责任，那么，他就必须通过承担更多的适应责任来加以补偿。这就需要我们构建一个更为综合性的气候正义概念，以至于能把分配正义（与减缓负担的分配相关联）与矫正正义（与适应负担的分配相关联）结合起来。

导致减缓行动与适应行动之间存在区别的另一个原因是，在实践中，它们各自所产生的影响是不同的。正因为减缓行动无论在什么地方实施，它都会从总体上减弱大气中温室气体的浓度，因而将有利于全球所有的人，但适应行动则因是通过特定的项目得以实施的，所以每一个特定的适应行动只是有利于某些特定的群体或个人。任何成本的可公度性并不会体现利益的可公度性。如果各国应该被允许用更多的适应行动来弥补它们减缓行动的不足，那么，虽然它们的总成本保持不变，但它们行动所有利于的人群则发生了变化，尤其是如果每个国家被允许把国内的适应行动计算为全球总的减缓和适应负担的一部分时，那么各国可能会继续加大排放，而仅仅保护它们自己国内的公民，从而引起全球性的伤害，而这显然违背了气候正义的要求。所以，不加区别地把减缓责任和适应责任混为一谈，或者是让它们能任意替换，那么，这就会产生负担分配不公的问题。因此，气候正义要求各国在减缓和适应上要全力采取合适的行动，而不能变成把适应与减缓任意切分开来让其成为可相互替代的整体性国家负担。但是这又会产生另外的问题，即一个国家没能充分履行一个气候正义的要求是如何影响对另一个国家的负担分配的，这对于确保实现全球气候政策的规范性目标具有极大的政策相关性。

我们可以借助规范性的责任概念而不是权利的概念来把减缓和适应行动联系起来，并为它们之间的替换提供一个价值基础。建立在责任概念基础上的气候正义要求每个人或自愿或被迫承担所有因他们的过错而引起气候变化的责任，或者承担由他人所引起的责任。如果这一点对于所有那些影响气候变化或受其影响的人都适用，那么气候正义则能被理解为一种确保全球责任的举措。在这个意义上讲，承担责任就要求每个人不要通过人为的气候变化这种环境外部性而伤害他人，无论是通过支付相关的减缓成本以避免引起的气候变化，还是通过支付适应成本来补偿因气候变化所造成的对他人的伤害。只要人们没能支付在减缓这种全球性的环境问题中，或是在控制这种全球性环境问题所造成的影响中所应承担的责任份额，那么，他们就能被要求通过履行支付相应的适应成本而承担责任，或者通过赔偿他们所造成的伤害而承担责任。

第二节　道德运气与道德责任

上一节我们已经指出，一个合理公平的全球气候协议所要处理的最为重要的问题是弄清楚谁应该承担支付应对气候变化所产生的成本的责任，也就是说，因减少温室气体排放而产生的负担以及与气候伤害相关的受害者的适应或赔偿成本应该如何在国家之间进行分配。应对气候变化涉及减缓成本和适应成本，而这两类行动是建立在不同的道德基础之上的，减缓行动涉及的是一个分配正义问题，它关注的核心是权利和资格的分配；而适应行动涉及的是一个矫正正义问题，它关注的核心是责任的分配。减缓成本的分配着眼于行动的效率，而不追溯过去的历史过错，它强调的是如何能有效地减少大气中的温室气体的浓度，它的基本策略是根据国际社会提出的到21世纪末2℃的温控目标来设定一个全球排放的上限，然后在全球所有人中平等分配可用的排放空间；适应成本的分配则着眼于行动的公平，它强调的是在减缓失败从而气候变化不可避免的情况下，如何避免人们遭受气候灾难的伤害，它的基本策略是通过制定一个全球责任分配方案，来让那些引起气候变化的人承担补救的责任。如果我们承认气候变化已然不可避免，那么，我们现在可以考虑，在某种意义上讲，当前的全球气候治理的核心问题就是一个责任的分配问题。此前我们已经考察了那些以平等为基础的分配原则，在此，我们来讨论另外一个用来设计全球气候治理机制的公平的原则：《联合国气候变化框架公约》所提出的“共同但有区别的责任原则”中所使用的以责任为基础的公平原则。

在日常生活中，责任的认定是一个容易引起争议的话题，之所以责任的认定如此困难，是因为人们普遍认为，道德责任的归咎在很大程度上取决于行动者是否具有行为能力。正如布莱恩·巴利对责任归咎原则所表述的：“不同的人处于不同境况的合理的理由是源于他们各自做出了不同的自愿选择……（并且）人们可以就自己不应负责的坏结果提出赔偿的要求。”[①]巴利的责任归咎原则所强调的是“自愿选择”这种“可控状态”在责任认定中所扮演的角色，即行动者在多大程度上能通过自己自愿的行动和选择来控制结果，也就决定了他们应为这种后果承担多大程度的责任。可是，我们在什么意义上可以说，一个行动是一个人自愿选择或者是可以自主控制的行动？也就是说，如果责任的追究在某种意义上讲就是对“过错”的指认，那么，在什么意义上讲，“自愿选择”是指认“过错”的必要条件？紧随这个问题，出现了在责任的认定中的另一个困难。气候变化是一个“聚集性”的后果，它是由不同的个体行

---

① Brian Barry, “Sustainability and Intergenerational Justice,” in Andrew Dobson ed., *Fairness and Futurity*, New York: Oxford University Press, 1999, p. 97.

动者的行为所引起的（虽然单个的行为不足以引起全球性的气候变化，但如果每个人都对气候变化的产生做出了一个“小”的贡献，那么，所有个体的“小贡献”聚集起来就会造成气候变化的结果），但是，在现有的气候治理机制下，我们往往会让国家来承担应对气候变化的集体责任。正如上面我们指出的，既然责任的指派要求承担责任的人具备道德行为能力，那么，很显然只有个人而不是集体才可能被认为是一个道德行动者。因为，通常人们认为，一个集体是不具备道德行为能力的，因此，让整个集体为这个集体中的某些人的行为承担责任显然也违背了责任归咎原则。所以，在气候变化的背景下，个人行为与集体责任之间的这种不一致使得我们要问：在什么意义上讲，一个集体（通常指的是国家）要为集体中的个体行为承担道德责任以及随之而来的赔偿责任？这些问题造成了我们在指派应对气候变化的责任时会出现极富争议的问题。下面我们就来分析这些问题。

一个气候治理协议的核心问题在很大程度上讲就是责任的公平分配问题，因为一个气候治理机制必须让相关各方承担引起与气候相关的伤害的赔偿责任。但是为了保证责任的合法指派是建立在合适的规范性基础之上的，我们就必须首先对责任进行一个哲学的阐述。

通常人们是在因果责任和道德责任这两种意义上使用责任概念的。因果责任描述的是原因与结果之间的一些事实性关系，这些事实性关系并不存在什么规范性的含义。而道德责任描述的是原因与结果之间的一种规范性关系，这种描述旨在发现某种过错，并把这种过错指派给某些人。比如，当科学家们观察到上千年来大气层中的二氧化碳的浓度一直处于稳定状态，但在近百年来却突然开始上升并导致了现在各种灾难性的后果时，他们会试图借助科学数据和各种模型来解释这种现象的原因，但他们并不会去做出哪些人该为这些现象的产生承担道德和赔偿责任这样的规范性判断。这时科学家们所使用的是因果责任的概念。另一方面，我们观察到，因为广大发展中国家在历史上只产生了极小的排放量，所以并未对气候变化的产生做出多大“贡献”，但是现在它们却是气候灾难的主要承受者，相反，发达工业化国家由于历史上的巨大排放量，因而成为气候变化产生的主要“贡献”者，但它们受到的伤害却很小。当我们这样说时，实际上是想得出这样的结论：发达工业化国家因此应该承担最大部分的减缓气候变化的负担，并且（或者）赔偿发展中国家可能遭受的伤害。在此，我们使用的是道德责任的概念。第一种意义上的责任描述的是所观察到的现象之间的一种关系，而第二种意义上的责任则是描述对现象的规范性回应；一个意思是经验的，而另一个意思是规范性的。

虽然这两个责任概念的内涵有所不同，但是，这两个责任概念之间却存在密切的关系。为了指派一个道德责任，人们往往需要借助关于因果责任的经验性主张。气候正义讨论的核心任务是要指派道德责任，而不是指派因果责任。这并不是说，因果责任在气候问题的讨论中不重要，而是因为在气候问题的讨论中，我们寻找的是那些在实际可操作的情况下，可以把责任指派给特定个人或集体的规范性关系，而不是任意什么样的因果性关系。气候变化的产生是由一个既包括自然原因，也包括人为原因在内的十分复杂的因果链条引起的。所以，为了获得规范性的结论，在尝试建立经验性的因果关系时，我们会根据我们的目的和任务来确定到底是哪些“原因”导致了如此的后果。正如乔尔·芬伯格所指出的：“我们所指定的‘原因’这个词的意义是随着我们的目的而变化的。”[①] 如果我们希望产生某些新的结果，那么我们需要知道那个结果的充分的原因，包括所有能引起这个结果的必要的变量。相反，如果我们希望避免某些后果，那么，我们将显然只关注那些指定的必要的原因，或者某些个别的变量。当把这些个别的变量组合在一起时，就构成了这个后果的充分的原因。因为大多数社会或环境问题都是在高度复杂的因果链条的作用下引起的，人们在考虑如何应对这些问题时，就往往会聚焦于识别某些必要的原因，然后就指向某个最容易被操作的原因。“虽然我们都希望消除我们身体中、机器中和社会中的细菌或错误，但我们从来都未希望不惜一切代价地消除它们。当我们寻找不幸后果的原因时，我们所打算做的是寻找一个消除错误的最为经济的方式，合适的价格是由许多我们暗含的、潜在的目的所决定的。”[②]虽然社会和环境问题可能

---

① Joel Feinberg, “Action and Responsibility”, in *Doing and Deserving*, Princeton: Princeton University Press, 1970, p. 144.

② Joel Feinberg, “Action and Responsibility”, in *Doing and Deserving*, Princeton: Princeton University Press, 1970, p. 145.

有多种多样的原因，但与责任相连的那个原因则很可能取决于与减少和消除那个问题的最有效的方式相关的判断，或者是与指派矫正成本最有效的方式相关的判断。因此，在寻找气候变化的原因时，我们实际上是在寻找那些人类可以控制的变量，而不是真正在寻找某些充分的原因。

那么，在什么意义上，一个因果责任可以成为一个道德责任呢？用一个例子来说明这种关系。比如，某人A杀死某人B，这个事实只是表明了A是导致B死亡的充分和必要原因，显然A要为B的死亡承担因果责任，到此，我们还不能下结论说，A应该为B的死亡承担道德责任。但在什么样的情况下，我们也可以发现A应该为B的死担负道德责任呢？可能有三种情形。(1) 如果B的死亡是在A非故意且无法预见其后果的情形下所导致的，那么，人们通常会认为，A要承担因果责任，但他并没有道德上的过错，因而不应承担道德责任以及随之而来的赔偿责任。(2) 如果A由于一个鲁莽但非故意的行为导致了B的死亡，在此情形下，A故意地忽视了他的行为可能对B带来的风险。在此，A不仅要承担因果责任，而且还要承担道德责任。那也就是说，A的鲁莽行为对B的死是有过错的。(3) 如果A故意杀害了B，那么，毫无疑问，A为此要承担道德责任，而且我们会把故意杀害的行为看作比鲁莽的过错行为更加严重的伤害行为。从这个例子中，我能推出这样的结论：指派个人道德责任以及随之而来的赔偿责任的标准条件有三点：第一，责任主体的行为确实实质性地引起了这种伤害；第二，责任主体的行为必须是以某种方式有过错的；第三，如果这种伤害性行为确实是他的过错，那么，这种必需的因果联系必须在行为的过错与行为的后果之间是直接相关的，如果过错与原因不相关，那么引起伤害与有过错之间就不存在必然的充分条件。简单说，对道德责任以及随之而来的赔偿责任的指派取决于行为本身是否存在过错。

然而，到底是什么使得一个行为有过错呢？正如我们在上面所指出的，责任归咎原则要求人们要为自己自愿的行为和决定所产生的后果担负责任，但是，不必为那些源自自己所不能控制的环境因素而产生的后果担负责任。在全球气候变化的背景下，谁该承担成本以及他们该承担多少成本的问题也需要做出这样的区别。气候变化主要是个人或国家的温室气体排放行为引起的，所以，一般而言，谁排放了温室气体（犯了错）谁就该为气候变化承担责任。但是，我们在什么意义上讲，单个的排放行为是有过错的呢？比如，一个人无法预见自己的行为会带来坏的结果，或者是由于自己的疏忽而带来坏的后果，那么，这样的人被认为犯了错，从而应该承担道德责任和赔偿责任吗？至少在 1990 年 UNFCCC 正式发布第一份关于气候变化的科学评估报告之前，人们并不会预知自己的行为是会引起气候变化的，而且，人们的绝大多数行为是现有的社会规范所允许的，即使在现在看来，每个排放行为都是有错的。所以在这种情形下，人们会辩护说，他是在不可预知的情况下非故意地引起了气候变化。因此，在为一个行为进行错误归因时，就遇到了被内格尔称之为“道德直觉”的问题，即“在并非由人们的过错引起，或由超出他们控制能力的因素引起的事情上，不能从道德上对人做出评估”。[①] 根据这种道德直觉，我们可以因个人的自愿行为或决定而赞扬或责备他，但不能因纯属源于运气的结果来对他进行道德评价，“由无意的行动、自然力或不了解环境所造成的明显的失控，就成为人的行为不接受道德判断的理由”。[②] 所以，一个行为是否有过错就取决于其是不是在可预见和可控制的条件下自愿选择和决定的行为。

但问题在于，许多行为的后果是在自愿的行动和决定与无法控制也无法预见的环境因素共同作用下产生的。对自愿行动的判定涉及一个人的目的和动机这样的心理状态，这一点就对“无法控制也无法预见的环境因素”这种可控条件的道德直觉提出了挑战。比如，内格尔提供了这样的一个例子。史密斯和琼斯两人在参加完一个鸡尾酒会后，都在略带醉意的情况下驾车回家。他们两者都本不应该驾车，因为那样做是危险的，都有可能由于他们错误的行为而危害他人。史密斯没有发生交通事故回到了家，而琼斯则在回家的路上撞死了一个行人。人们通常会认为，史密斯的过错可能比琼斯小些，因为，大多数人可能会同意内格尔的道德直觉，即在鲁莽驾驶和过失杀人之间存在着巨大的道德上的差异。但是，他们各自的道德辩护也是不同的吗？在史密斯和琼斯的行为之间唯

① Thomas Nagel, “Moral Luck”, in *Mortal Questions*, New York: Cambridge University Press, 1979, p. 25.

② Thomas Nagel, “Moral Luck”, in *Mortal Questions*, New York: Cambridge University Press, 1979, p. 25.

一的区别完全在于某些他们无法控制的因素。如果那个行人试图从史密斯面前而不是从琼斯的面前走过，那么他们的过错将会是完全相反的，史密斯在道德上是走运的，因为在他回家的路上没有人走过，而琼斯则在道德上是倒霉的，但是他们的鲁莽行为的确是相同的。这种情形被内格尔称为“道德运气”，即“凡在某人所做之事有某个重要方面取决于他们所无法控制的因素，而我们仍然在那个方面把它作为道德判断的对象，这就可以称之为道德运气”。[①]琼斯之所以被认为要承担道德责任和赔偿责任，就是因为他较之史密斯而言具有坏的运气。可是，琼斯所遇到的坏的运气并不是他所能控制的，他并不能控制一个人是否从他面前经过。在这样的情况下，把责任归咎于琼斯就违背了人们所普遍认可的道德归咎原则，即“不同的人处于不同境况的合理的理由是源于他们各自做出了不同的自愿选择……（并且）人们可以就自己不应负责的坏结果提出赔偿的要求”。[②] 道德运气问题在伦理学中是普遍存在的，因为许多需要进行道德评价的行为既会受到包括某些外部不可预见因素的影响，也会受到包括内在的判断力、目的和动机等因素的影响。只要我们从道德相关的角度把这些结果看作仅仅源于运气，或者源于有意的行动和决定与运气共同作用的结果，那么我们就必须承认：道德判断在决定的时候不能是预期的或确定的，相反必须是可追溯的，它取决于行为的最终结果。

道德运气问题表明：在追究一个行为的道德责任和追究一个行为的法律责任（后果责任）之间是存在概念上的区别的。在道德上讲，人们要为所有的错误行为担负责任，而从法律的角度上讲，人们只用为导致了伤害的行为而担负责任。也就是说，在鲁莽的情形下，人们只用为那些因为道德上错误的行为而导致的坏结果而承担法律责任，对他的鲁莽行为（仅仅因为运气而没有伤害他人）可以免予承担，或者承担更少的责任。正如芬伯格所解释的：“一个人开枪射击另一个人并杀死了他，并且法律主张他应为那个人的死承担责任并决定绞死他。另一个人也抱有

---

① Thomas Nagel, “Moral Luck”, in *Mortal Questions*, New York: Cambridge University Press, 1979, p. 26.

② Brian Barry, “Sustainability and Intergenerational Justice,” in Andrew Dobson ed., *Fairness and Futurity*, New York: Oxford University Press, 1999, p. 97.

同样的目的和动机，小心瞄准并射击他的敌人，但是因为在最后一刻，他要射击的对象移动了，或者是因为他的眼力不够好而没有射中他的敌人，那么法律就不能让他承担责任，因为他没有射死那个人；但是，从道德的观点看，他只是比那个被绞死的谋杀犯运气更好一点而已。”[①] 不仅法律会这样不同地看待这两种情形，而且后果主义伦理学也会同样地这样看待。如果没有出现坏的结果，功利主义伦理学是不会把某些行为认定为错误的，尽管这个行为是出于敌意想要产生某种坏的结果，但仅仅由于运气而没有产生预想的坏的结果。

在芬伯格的例子中，我们对这种情形的道德评价有两个选择：我们可以同样地看待他们，谴责他们企图谋杀他人，并且认为他们是否实际实施了谋杀行为是与道德判断无关的；或者，我们可以不同地看待他们，我们把那个成功实施了谋杀行为的人看作唯一犯错的人，也会把他看作比那个没有成功的人在道德上更加糟糕。如果我们同样地看待这两种情形，那么与一个强烈的道德直觉相反，我们会承认行为的实际后果是与道德判断不相关的，并且会承认在道德评价中，唯有目的与动机才是重要的。如果我们不同等地看待的话，则会认为企图谋杀比成功地实施了谋杀具有更少的过错，那么你必须承认实际的后果会更加重要，无论是出于什么样的动机，即使只是运气才导致这种相同的情形出现不同的结果，并且必定会因为拒绝把运气作为一个在道德上相关的因素而抛弃责任原则。

为了把运气的影响从我们的道德判断中剔除，我们可以援引芬伯格所称的“道德的内在性理论”，这个理论宣称：责任的道德和法律理论有不同的适用范围。在这里，道德被认为构成了一种内在的法则，它规范的是那些由行动者所控制的内在的思想和意志，而“外在的法则则规范着一个人与其同胞的关系，其他的人和外在的自然都可能会对其产生不可预见的和难以控制的后果”。[②] 这种对道德运气的解决方式假定：如果偶然的运气能被控制，并且一个人的意愿成为唯一的评价目标，那么

---

① Joel Feinberg, “Action and Responsibility”, in *Doing and Deserving*, Princeton: Princeton University Press, 1970, pp. 31 – 32.

② Joel Feinberg, “Action and Responsibility”, in *Doing and Deserving*, Princeton: Princeton University Press, 1970, p. 33.

责任的判断则可以被更加精准和合理地做出。与法律责任相关的判断要求把握行为的外在后果，因为人们无法直接获知人内心中的目的和动机，因为目的和动机会不可避免地服从于运气的任意性。虽然他们的目标是根据一个行动者的目的和动机的外在证据不断地接近道德责任，但是，对法律责任的评价不可能仅仅依靠一个人的心理状态，因此，必须把后果作为众多相关变量中的一种，以区别于不那么严重的过错。

第三节 自主选择与道德责任

上面我们通过“道德运气”讨论了不可控的外在因素在责任的指派中所扮演的角色，下面我们讨论个人的自主行为在责任的指派中所起的作用。我们可以让人们为他们的疏忽而引起的后果承担责任吗？这个问题在伦理学中存在巨大的争议。后果主义伦理学把关于对错行为的判断建立在是否导致了好的或坏的后果的基础上，并且没有在源于自主行为的后果与源于疏忽行为的后果之间做出区分。比如，当我本来很容易阻止你吃毒蘑菇，但由于我的疏忽，我没有警告你，如果你吃下毒蘑菇而死亡，我的疏忽与我本人亲自毒死你是一样错误的。另一方面，义务论伦理学理论则不太重视行为的后果，因此他们通常区别对待源于自主行为的结果和源于疏忽行为的结果。源于自主行为的结果和源于疏忽行为的结果之间的道德差异的争论实际上就是关于积极责任和消极责任的道德争论。但是，到底什么构成了一个自主选择的行为，什么构成了一个疏忽的行为呢？这一点人们并不总是清楚的。比如，我们可以因为工业化国家的高排放率而引起的气候变化而把责任归咎于他们吗？如果可以，那么这些高的排放应该是一种自主选择的行为还是一种无知的疏忽行为呢？一方面，源于人们自愿选择的行为所产生的排放，比如开汽车、坐飞机、用化石燃料给大房子取暖等，显然这些行为是可以避免的，并且我们也知道它们会导致气候变化，所以这样的行为比疏忽的行为更可能是自主选择的行为。尽管那些后果是非故意而引起的（人们并非故意要污染环境，而仅仅是现有的社会规范允许这样的行为），但是人们仍被要求为他们的行为承担因果责任，因为出于什么目的而开车与到底是什么引起某些后果是不相关的。另一方面，我们也可以认为这样的行为是一种疏忽的行为，因为许多排放行为是在人们普遍承认那些排放行为会引起气候变化这个事实之前发生的，在气候变化这个事实被确立之前，这样的行为并没有被认为是有过错的。从因果责任的角度看，源于自主的行为和源于疏忽的行为都会产生同样的结果，因此，都须为这样的结果承担因果责任。但从道德责任的角度看，虽然这两类行为的结果是一样的，但他们在道德上的意义却是不一样的。只不过自主行为者在导致某些坏的结果上采取了一个积极的行动，而疏忽行为者则采取了一个更加消极的行动，因此前者应该承担积极责任，而后者应该承担消极责任。后果主义伦理学在这两者之间并没有做出区分，它会仅仅因为坏的结果而把道德责任指派给行动者，无论是出于他主动选择的行为还是出于他的疏忽。但这样做使后果主义忽视了知识、动机和意图等这些因素在责任指派中所扮演的角色，而义务论伦理学则更加注重知识、动机和意图这些因素在责任归咎中的作用。如果我们关注的是让个人或国家为他们所引起的气候变化以及随之而来的对他人的伤害而承担道德责任和赔偿责任，那么，我们就需要对自主的行为和疏忽的行为，以及随之而来的积极责任和消极责任进行更加细致的考察。我们的一个基本观点是，在气候问题上，无论是自主的行为，还是疏忽的行为都应该为他们所导致的坏的结果承担因果责任，并因而要承担道德责任。

让源于自主的行为承担道德责任和赔偿责任，这符合布莱恩·巴利所提出的，被人们广泛接受的责任归咎原则。但是为什么源于疏忽的行为也要承担责任呢，特别是在全球气候变化的背景下？我们可以借助奥尼尔的“地球救生艇”理论[①]来说明这一点。

奥尼尔设想了这样两艘救生艇，每艘救生艇上载有六个乘客，一艘救生艇装备良好，有充足的储备能满足所有人生存下来直至被营救，而另一艘救生艇装备不足，没有储备足够的物资。假设所有乘客都有生存下来的基本权利，那么，在什么样的情况下，一个或多个人可以合理地杀死这两艘救生艇上的其他乘客呢？存在以下几种情形：在装备良好的救生艇上，如果A威胁说要把大家所必需的饮用水倒掉，这时另外的人为了自卫就可以杀死他，这种源于自卫而杀死A的行为是可以得到辩护

① Onora O'Neill, “Lifeboat Earth”, *Philosophy and Public Affairs* 3 (1975), pp. 273 - 292.

的；但是，如果船上其他人扣除了A的食物而导致A的死亡，在这种情况下，因为船上的食物和水是足够供所有人使用的，虽然其他人并没有直接杀害A，但他们的这种“让其死亡”是不可能得到辩护的，这样做将会是一种错误的杀害，即使这种结果只是通过扣除他的食物而间接产生的。相反，在另外一艘装备不足的救生艇上，只有仅够四人用的水，那么，在这种情形下，主动杀死两个人是可以被辩护的，因为总有两个人是不可避免地要死去的，“没有人有一种更大的权利成为幸存者，不过，假设并不是所有人都能存活下来的话，只要选择的方法是公平的，那么那两个不能存活下来的人被杀死就是可以被辩护的”①；但是，如果在这艘船上A病得很重，需要额外的水，在这种水十分稀缺的情况下，其他人决定不给他水喝而让其死亡，如果A并非必定要死亡，那么这种“让其死亡”的行为是需要更多的道德辩护的。总之，在某些情形下，在这两艘救生艇上，一些杀害行为（无论是积极的杀害行为，还是消极的“让其死亡”）是可以被辩护的，而另一些则是不能被辩护的。

如果没有人故意想从装备良好的救生艇中倒掉所需的物资，那么在这种情形下，杀死某个人是可以被辩护的吗？假设，如果每个人都只消耗最低需求量的食物和水，那么所储备的物资是足够所有六个人使用的。在这种只要分配合理，所有人都能存活下来的情况下，如果一个或多个人过量地消耗物资，那么这能被看作一个不能被辩护的杀害行为吗？奥尼尔认为是这样的。因为一个人多占有物资就意味着另外的人不能获得足够维持生命的物资，这样做就侵犯了那些不再能够获得足够的食物和水的人的权利，这无异于间接地杀害他人。正如奥尼尔所说：“在一艘设备良好的救生艇上，任何导致死亡的食物和水资源分配都是一种杀戮，而不仅仅是一种允许死亡。因为那些分配食物和水资源的人的行为是死亡发生的原因，而如果那些人并没有直接实施这样的分配行为，或者采取了别的行为，死亡可能就不会发生。”② 相比于设备不足的救生艇（在这样的情形下，至少两个人是不可避免地要死去），在设备充足的救生艇上，允许一些人因为饥饿和缺水而死亡就是一种错误的杀戮行为，不管

① Onora O'Neill, "Lifeboat Earth", *Philosophy and Public Affairs* 3 (1975), p. 278.

② Onora O'Neill, "Lifeboat Earth", *Philosophy and Public Affairs* 3 (1975), p. 281.

是由于没能合理地分配必需的食物和水（虽然不是通过直接的杀戮行为）而间接地发生了，还是由于在道德上并非错误的行为（过多地占有食物和水）而发生的，虽然没有任何乘客打算故意杀死别人。因为如果我们采取不同的食物和水的分配方式，那些人是本可以不死的。在这样的情形下，我们实施引起某些人因饥饿和缺水而死亡的分配政策，的确是与故意剥夺那些食物和水而导致他们死亡是一样的，尽管前者看起来是一种故意而为的行为，而后者是一种疏忽的行为。在这里，疏忽行为之所以要承担道德责任和赔偿责任，关键在于这种行为发生时的特殊境况，即当物质十分稀缺时，任何疏忽的行为都必定会导致他人的严重伤害。

奥尼尔所想象的救生艇的情景与我们当代这个资源稀缺的世界是十分相似的。虽然奥尼尔在这篇文章中并不是要主张一种关于全球资源的平等主义分配的方案，但是她坚信：即使已然存在的全球不平等并非都是不合理的，即使我们承认保护个人权利是重要的，但是，在资源稀缺的情况下，任何会导致某些人死亡的食物分配方式都将是在道德上十分错误的。她认为，不管财产权如何，我们都会拒绝自由至上主义者反对积极的援助义务的理由。即使 B 有权利比 A 获得更多的自然资源的份额（实际上这一点并不是任何人都会赞同的），但是这也“不意味着 B 对其财产权的要求能够优先于 A 的不受杀戮的权利”。[①] 从权利的角度看，生存权，或者是不受杀戮的权利处于更加基本的权利的层次，它优先于对财产的占有权这样更少基本性的权利。

从奥尼尔的例子中，我们可以对道德责任做出如下两点基本的说明。第一，构成人们基本需要的善物的分配是直接与基本的和消极的道德权利相关联的，因而食物的分配以及所有其他的基本善物的分配就成为一个具有重要规范性意蕴的问题。从道德的意义上讲，一个人对地球上稀缺资源的过度浪费——或许是并非故意的疏忽行为——就可能被看作对另外的人的基本权利的违背，并且，过于强调非基本权利（比如个人对财产权的主张）就有可能违背其他人的基本权利（导致其他人因缺乏基本食物而死亡），在这种情形下，一个私人行为就转变成了一种公共问

① Onora O'Neill, “Lifeboat Earth”, *Philosophy and Public Affairs* 3 (1975), p. 282.

题，一个看似并无道德过错的疏忽行为就转变成了一个与道德直接相关的，因而要受到指责的行为。相类似的，一个国家过度消耗像大气吸收温室气体空间这种稀缺的，对每个人的生存而言又是极端重要的资源，就可能被认为是违背了那些被迫只能消耗更少这种资源的国家的基本权利，并且也必定被看作一个全球正义问题，而不只是一个纯粹的服从国家主权原则的问题。因此，这种过多地占有排放空间的国家就因此要承担道德责任以及赔偿责任，不管他是有意多占，还是由于疏忽行为。

第二，救生艇上的这种相互依存的关系，实际上也提出了一个气候伦理中的重要的道德责任问题。鉴于全球经济是相互依存的，数千英里之外所制定的经济政策也可能成为造成贫困的充足原因，并且经济政策也可能间接地或无意地，但同样是致命地违背他人的基本权利。正如奥尼尔解释说："由于支配了当地经济从而限制了人们根据自己的意愿就业，或者因为摧毁了传统经济结构而降低了其他就业前景的一个公司或者一些公司所制定的较低的生活标准，一些人死掉了，而这些公司本可以支付更高的工资或者离开这个地区的，在这种情况下，那些制定了这些政策的人就违背了一些人不受杀戮的权利。"[①] 奥尼尔还进一步认为，由于国内补贴而导致的农业生产过剩使得商品价格大幅下降，从而损害到其他国家的粮食生产，这也可能会引起有过错的死亡。因此，全球经济依存度越大，那么经贸关系对他人潜在的直接伤害也就越大。"现代经济的因果链条如此之复杂，以至于只有那些经济尚处于隔绝状态或自给自足状态的经济体才能说他们绝对不会是那种活动的参与者，那些相信自己涉入了一些引起死亡的活动的人，将和那些认为他们有责任迫使他人执行不受杀戮的权利的人一样，担负某些相同的责任。"[②] 既然居住在工业化国家的人不可能从经济上把自己与由其国内经济政策所造成的全球性的伤害性影响分开，那么，他们就有一个以权利为基础的义务来支持他们的国家制定可以避免引起伤害世界上其他人的政策。这一点也同样适用于应对气候变化的行动和政策：既然没有谁能躲避全球温室气体排放的影响，那么，根据奥尼尔的分析，所有人都潜在地要为他们的行

① Onora O'Neill, "Lifeboat Earth", *Philosophy and Public Affairs* 3 (1975), p. 283.
② Onora O'Neill, "Lifeboat Earth", *Philosophy and Public Affairs* 3 (1975), p. 286.

动和决定（无论是有意的，还是疏忽的）所带来的伤害性影响而担负责任，并且因此不仅有义务减少个人的排放，以至于全世界所有人都可以获得足够的大气吸纳能力，而且，也有义务去支持能确保公平地分配大气排放空间的全球性政策。

第四节 个体行为与道德责任

我们认识到，除非我们每人都立即进行大规模的减排，否则，个人的各种行为和决定都将以微妙的方式形成一个因果链条，从而对气候系统产生深刻的影响，进而会对他人造成伤害。也就是说，通过各种个人行为，人们会引起气候变化，也因此要承担因果责任。但是，有人会反对说，虽然他们的个人排放行为对全球气候变化做出了微小的"贡献"，但是并未导致对任何人的直接伤害，那么他们要为整体的气候变化所带来的伤害（由气候变化所引起的伤害是一种聚集性的伤害）承担道德责任吗？因为许多导致温室气体排放的行为都是人们的日常活动，这些活动既不是要有意伤害谁，也不是可预期的，而且它们所产生的不利影响甚至是觉察不到的。所以，那些人们因导致气候变化而需承担因果责任的行为很难说具有明显的道德过错。由于我们不能正确地评估不同的个体在集体性地产生的气候伤害中所做的"贡献"，因此，向那些个人排放行为指派道德责任将变得十分复杂。从像全球气候变化这样的聚集现象中抽离出微小的分立的个人贡献，在理论上是很难做到的。这就产生了个人行为和集体责任之间的问题，也就是说，在进行与应对气候变化相关的责任分配时，责任主体到底是个人还是集体（通常是国家）？如果是集体，那么一个没有自主行为能力的实体何以能够被指派道德责任以及赔偿责任？这个问题之所以重要，是因为，在全球气候治理实践中，如果个人和集体之间的道德责任关系不理清楚，就往往会出现在个人和集体之间互相推卸责任的情形，尤其是一个国家会借此推卸自己的国际减排义务。

这个问题是这样的：假定人为气候变化将会对现代人和未来人产生严重的伤害，那么在什么程度上讲，这样的伤害能被归咎于个人错误地排放了温室气体呢？这些温室气体通常是通过诸如开汽车、使用家用电器或食用农产品（尤其是在森林被砍伐的热带地区所种植和饲养的农产品）而排放的。温室气体排放的分散性、最低排放标准的界定以及把大量的聚集性的后果分解到那些毫无察觉的个体行为上去时所面临的困难，都使得我们把像气候变化这样的聚集性后果与个人行为联系起来的做法变得更加复杂。鉴于像气候变化这样的聚集性伤害的特征，就存在某种“小效应”的悖论：似乎没有人因为他自己的行为而明显地伤害到了另外的人，但是如果把大量这样的个体行为加在一起却引起了巨大的伤害。这种悖论导致了一个道德上的矛盾，即一个道德意义上的伤害却是源于一系列非道德意义上的行为。我们在此的一个主张是：虽然从个体排放的角度来看是无过错的行为，但从整体国家的角度来看，则是有过错的。因此，我们可以让整体的国家来承担气候变化的责任。但为什么个人的行为要让集体来承担责任呢？在此，我们可以借助帕菲特的“道德运算”理论[①]来辩护这个主张。

在气候变化的讨论中，如果我们把道德责任和赔偿责任归咎于个体排放者，这就有点类似于在“选民悖论”[②]中出现的责任认定。我们知道，在一次全国性的选举活动中，单独的一票的作用是微不足道的，它基本上不能改变选举的结果，但是如果把所有的选票都加起来，那么每张选票就都会对选举结果产生影响。在这里，某些行为自身看似没有什么影响，但如果它作为一系列相似行动中的一个行动时，它就会产生巨大的影响，这就造成了一个明显的悖论。同一个单个行动在同时进行时就会对结果产生影响，而不同时进行时则不会对结果产生影响。数以亿计的共同生活在一个大气层中的人的每一个单独的温室气体排放行为对气候变化的影响类似于在大型选举中的每一张选票对选举结果的影响。正如帕菲特曾指出的，在“选民悖论”中所表现出的那种计算，不仅包括一种悖论，而且还包括了一种“道德计算的错误”。这个错误构成了他所称的“忽视小机会”。[③] 改变整个选举结果的影响当然不可能是小的，但单张选票改变这些影响的机会则是很小的，尽管如此，我们也必须考虑这些非常微小的机会以避免它们造成巨大的潜在的影响。帕菲特

---

① Derek Parfit, *Reasons and Persons*, Oxford: Clarendon Press, 1984, pp. 67 - 86.

② Derek Parfit, *Reasons and Persons*, Oxford: Clarendon Press, 1984, pp. 73 - 74.

③ Derek Parfit, *Reasons and Persons*, Oxford: Clarendon Press, 1984, p. 73.

在这里通过一个类比论证：我们通常会把一个杀死一个人的百万分之一的概率当作一个可接受的风险水平，但是我们不能轻易忽视由一名核电工程师所面对的同样可杀死上百万人的核事故的概率。[①] 他说："当风险非常高的时候，不应忽视任何概率，无论这个概率是多么的小。"[②] 与"选民悖论"有所不同的是，在气候变化中，每个单独的排放行为确实对气候变化产生了几乎是无法测量的影响，但是那些行为中没有哪一个行为会对其他人产生可察觉的影响，虽然从集体的角度看，数以亿计的单独排放行为加在一起就会对他人产生可察觉得到的伤害。因此，尽管一张单独的选票几乎不可能对一个国家的选举结果产生影响，但是一个单独的温室气体的排放行为的确会对气候变化产生某些影响，尽管这种影响很微小且难以察觉，所以，至少每个单独的排放行为要为气候变化的产生承担因果责任，从而也应承担赔偿责任，虽然并不一定要承担道德责任。

接下来我们要追问的是：每一次的温室气体排放都可以指向一个特定的行为，说正是这个行为引起了某些伤害，虽然它只是大问题中的一个小问题，但是，我们由此可以把那个特定的行为看作一个错误的行为，并需承担道德责任和赔偿责任吗？虽然每个单独的排放所引起的后果是难以被人察觉的，但是我们必须把这些微小的过错作为造成可察觉的伤害的原因，从而为国家的干涉提供理由吗？如果是这样的话，那么结果将会是禁止人类所有的排放行为，甚至是正常的呼吸行为。显然这样做是荒谬的。但是，对这种荒谬的结论的拒斥是否能得出一个相反的结论：我们不该把任何小的排放行为都看作有害的，因而是要承担责任的。这个相反的结论却是一个被大家普遍接受的观点。即便如此，我们从因果责任的角度仍然可以说，每个人的排放行为都是有过错的。这里主要涉及在对个人排放行为进行过错认定时的"阈值效应"问题。

"阈值效应"指的是：从个体的角度来看，许多引起聚集性伤害的个体行为，并不足以引起某种伤害的结果，但是如果这些个体行为加起来，却足以能引起某些伤害的结果。借用一个例子来说明一下。一个化

---

① Derek Parfit, *Reasons and Persons*, Oxford: Clarendon Press, 1984, p. 74.

② Derek Parfit, *Reasons and Persons*, Oxford: Clarendon Press, 1984, p. 75.

学常识告诉我们，如果向饮用水中加入一定量的氟化硼，那么它将是无害的，甚至对饮用水会产生有益的影响。但是，一旦超过一定的剂量，则会变得有毒。我们假设，有一群人，他们每一个人连续几天都向他们打算谋害的人的水井中投放少量的这种化学物质，但是在最初的几个星期，他们投放的氟化硼并没有超过一定的剂量，然后在某一天，进一步的投放使得氟化硼在水中的浓度超过了有毒剂量的阈值，受害者喝下了这样的水就会死掉。当还没有出现死亡情形时，几个其他的人在剂量将要变得有毒的那天出现，他们每人在那个受害人喝水死亡之前，向水井中投放很小剂量的氟化硼，结果喝这个井里的水的人中毒死亡。现在我们要问的是，这一群人中哪个人是有错的，从而要承担道德以及赔偿责任呢？

从单个个体而言，没有哪个人投放了足够大剂量的氟化硼到水中，从而单独引起了伤害性的后果，但是，如果认为没有任何一个人应该为受害者的死承担责任，则是与我们的道德直觉不符的。我们可能会认为：唯一要为此而负责任的人是那个作为“压死骆驼的最后一根稻草”的那个人。但是这个人的行为从功能上讲与他之前和之后投放的人的行为是一样的。假设没有人知道水中化学物质的确切浓度，那些在前面投放的人也不可能知道他投放的剂量是不足的，在正好使得投放的剂量达到某个阈值的行为与他之前和之后的投放行为之间的区别纯属运气而已。并且，正像上面所说的，这样的运气通常是无法区分其对和错的。在这个例子中，显然所有的投放者，包括那个最后投放使得水中的氟化硼浓度超过某个阈值的人，都是有错的，并且应该承担相同的责任。

个人进行温室气体排放从而引起对他人伤害的情形在很大程度上是与上面所说的阈值效应相类似的。个人排放量对总体气候变化的效应的“贡献”是极少的，如果没有足够多的其他人做出同样多的“贡献”，那么单个人的排放行为将完全是无过错的。毕竟，在近千年的时间内，人类向大气中排放温室气体而又没有使大气中的温室气体的浓度超过280ppm，因此，也没有像在过去的半个世纪内人类对全球气候产生的影响那样如此剧烈地改变地球的气候系统。只是在一个阈值被超过之后，人类进一步的排放行为才引起现在的气候变化问题。因此，一旦某个排放阈值被超过，那么某些行为就变得有害了。也就是说，某个行为错误与否将取决于有多少另外的人能在不引起伤害的情况下从事了同样的行为。但是，在什么情况下，我们能找出这些行为是无可指责的或是错误的呢？

当污染的程度显示出阈值效应之前，我们很难在有害的行为和无害的行为之间做出区别。这也是许多人反对在气候问题上追溯历史责任的一个理由。但是，当超出阈值后的第一个排放行为引起伤害的后果时，这个排放行为不可能是第一个错误的排放行为，因为如果没有所有先前的排放，有害的后果就不可能发生。类似的，我们也不可能说，在阈值出现前的最后的那个排放的人要受到指责，因为正是他的行为导致随后的排放行为都成为有过错的行为。对于倒数第二个、倒数第三个排放的人，以及在此之前的所有的人都是如此。因为对每个人而言都是如此，即他的排放行为与其他任何类似的行为一起导致温室气体的聚集从而引起了气候变化，同时也阻止了另外的人享受从污染过程中所获得利益的机会。同样的，对于那些在阈值达到之后产生的排放也是如此。虽然伤害已经出现，那些向本已达到有害浓度的大气中进一步排放的行为也是那些一系列引起伤害的行为中的一部分，尽管单独看，它们既不是引起伤害的必要条件也不是充分条件。因此，与对这些行为的道德评价相关的并不是这些行为的先后顺序，而是排放行为本身以及引起伤害这个事实本身。

所以，关键的问题是如何把个人排放行为从集体性后果中分离出来。帕菲特为此提出一个伦理原则："纵使一个行为并不伤害任何一个人，这个行动也可能是错的，因为它是一个合起来伤害到他人的行为集合中的一个。同样的，即便某个行动并不给人带来利益，它也可能是某个人所应该做的，因为它是一个合起来给他人带来利益的行动集合中的一个。"[①] 一个合作事业所产生的利益或伤害必须被分解开来，以便每个个体能根据他自己的行为对某个后果所做的"贡献"而被适当地指派责任。什么时候一个共同的行为引起了一个集体的伤害，这涉及阈值的问题，相关的事实不是每个排放行为先后顺序的问题，而是他们的行为是引起某些好的或坏的结果的行动集合中的一个，尽管每个个体的温室气

① Derek Parfit, *Reasons and Persons*, Oxford: Clarendon Press, 1984, p. 70.

体排放行为似乎对有害的后果没产生影响，因而也完全没有过错。所以，虽然没有哪个特定个体的排放行为对于产生气候变化这样的集体性后果是必要而又充分的，但是所有个体行为所形成的集体行为引起了气候变化，而且每个个体对造成这种伤害都做出了同样的“贡献”。

在个人责任与集体责任指定上，与阈值效应问题不同的另外一个问题是“不易察觉的影响”的问题，即人们普遍认为，察觉不到的影响（细微的后果）不可能在道德上是有意义的。这个观念是建立在这样的错误假定之上的：除非人们能察觉到每一个单独的伤害，否则他们是不能受到伤害的。虽然一个引起伤害或产生利益的集体行动中的每一份行动都很微小，以至于每一个特定的个体对这种后果的贡献不能被受益人或受害人察觉到，但这些后果仍是具有道德相关性的。也就是说，每个特定的个体在道德上应为这种伤害承担责任。在气候变化问题上，任何孤立的单个排放行为加在一起就会产生十分严重的伤害，因为每个个体非常微小的污染也是可以造成宏观上整体的污染的。正如帕菲特所指出的：“我们的每一个行为都有可能因为对其他人造成影响而的确是错误的，尽管这些受到影响的人并未觉察到这些影响。但是我们的行动加在一起则会使那些人的处境变得十分糟糕。”① 之所以会出现人们并不认为那些产生了不易察觉的后果的行为不具有道德意义这样的观念，就是因为我们没能适当地把个体行为从整体结果中分离出来。

为了反驳那个观念，帕菲特假设了一个“通勤悖论”的例子②来进行论证，在那个例子中，生活于城市的人们必须决定是开车上下班（这样就会造成一点污染），还是乘坐公交车上下班（这样的话会产生更少的污染）。后一个选择会因为花费更多的时间而产生一点绝大多数人都不愿意承担的“不方便”的成本，至少在缺少某种意义的补偿的情况下就是如此。这个悖论会让每个潜在的驾驶人在这两者之间进行权衡，即少量污染的成本（所有人都会受影响）与在乘坐公交车时所产生的看起来更高的“时间”成本（由个人承担）之间的权衡。每个人都可能会承认空气污染是一个重大的公共健康问题，并且承认汽车尾气排放是城市污

---

① Derek Parfit, *Reasons and Persons*, Oxford: Clarendon Press, 1984, p. 83.

② Derek Parfit, *Reasons and Persons*, Oxford: Clarendon Press, 1984, p. 85.

染的一个主要原因，但是，每个人又都会把自己所造成的污染看作不重要的，并进而认为：如果其他人继续开车上下班，他自己乘坐公交车而付出的“牺牲”实际上对控制整个污染问题产生不了多大作用。现在，我们想问的是：我们应该选择开车吗？如果我们选择开车，难道我们真的就没有道德上的过错吗？

显然，认为不可察觉的影响是不重要的这种观念是错误的，并且我们也不该选择开车。当我们生活在一个人口较少的小社区里时，在道德意义上讲，人人开车并不是一个严重的问题，因为每个人对空气的一点点污染，可能不会伤害到任何人，只要污染能很快扩散开去，并且也没有超过自然环境自身净化的能力。但对于城市而言，当超出环境自身的净化能力时，人人开车所造成的后果就开始变得严重起来。向本已有所污染的城市增加哪怕是微小的污染，都会使污染变得更加严重。尤其是当人口不断快速膨胀时，这就更加放大了个人对污染问题的“贡献”，特别是当城市的自净能力被突破之后。但是人口的膨胀并没有稀释这些污染对人的伤害，或者并没有减少污染对人们的影响，每个人可能都只对总体的环境污染做出了一点点的“贡献”，但每个人都会遭受不断聚集的整体污染的伤害。所以，“通勤悖论”的问题就在于，我们没能适当地把个体行为从整体结果中分离出来。同样的，人为的气候变化可以被看作人们普遍都没能把自己的个人排放行为从更大的集体行为中分离出来的结果。正因如此，所有人都错误地相信他们个人对气候变化的“贡献”是完全可以忽略不计的，也就不会认为他们该为由他们自己的排放行为所引起的气候变化而承担道德上的责任。

第五节　国家与集体责任

到目前为止，我们已经根据个人无法控制的道德运气、个人的自主选择以及个体行为与集体责任的关系等几个方面，讨论了在应对气候变化过程中所存在的道德责任问题。但是，我们还需弄明白为什么“国家”这样一个人们普遍认为不具有道德行为能力的实体不仅要为全球气候变化承担减缓的消极责任，而且还要承担适应和赔偿的积极责任。通常有人会质疑，让整个国家为总体上的温室气体排放行为承担集体责任会存在一些理论上的障碍。比如，只要我们承认一个行为是否有过错部分地取决于一个行动者在行动时的知识和动机这样的观念，以及只有个人而不是群体才可能有动机这样的心理状态，那么，我们是否可以把过错归咎于像国家这样的群体？而且，当整个群体为基于它的过错而引起的伤害而承担赔偿责任时，比如说，被要求向气候变化的受害者提供赔偿时，那么，就有可能在向一个群体指派集体责任时掩盖群体内不同个体的责任的差异性。因为，当一些人排放了更多的温室气体，而另外一些人则排放得少得多，甚至是没有排放时，集体责任的履行会要求作为一个国家的每个公民都要同等地分担相关责任和履行同等的义务。这意味着，在一个群体之内，集体责任通常会让某些公民承担由另外一些公民（很可能这样的公民已经逝去，或者是那些没有能力履行责任的人）引起的与气候相关的伤害的赔偿成本，这是否公平呢？因此，在让所有公民承担集体性的国家责任之前，我们需要对集体责任问题做进一步探究。

反对集体责任的一个最常见策略是诉诸“方法论个人主义”责任理论，它否认群体具有任何行动、利益或动机这样的心理活动，所以，群体不能把自己的行动、利益或动机化归为它们的成员的行动、利益或动机。按照这个理论，群体并不会造成伤害，而只有单个个体的行为才会造成伤害，集体的伤害无非就是所有个体伤害的叠加而已，所以，也只有个体才要为自己的行为承担责任。因此，责任归咎的对象应该聚焦于个人而不是群体。“方法论个人主义”在指派责任时，通常认为一个行动者应该为出自他自愿的行为所造成的后果承担道德和赔偿责任，而不须为只是源于某些运气所造成的后果承担责任。可是，我们经常看到，成为某个特定国家的公民并不是一个人自我选择的结果，我是因“一个偶然事件”而被带到这个国家的，所以，在某种意义上讲，我成为一个国家的公民纯粹是一个“自然博彩”的结果，我个人完全不必为此而承担责任。依此而论，根据一个人居住地的国籍而把减排成本强加给某人，就是根据他们并不必负责的某些特征来分配负担。因此，对集体责任的主要反对就是，通过向某些人强加一个惩罚性的或赔偿性的负担，让他们为由另外的人所引起的伤害承担责任，这样做似乎是违背了分配正义的基本原则。

确实，集体责任通常主张无论个人在群体所造成的伤害行为中起到了什么作用，集体责任都一律要求向所有的群体成员分配责任。但这种主张往往会遭到人们的反对。比如，当人们试图让当代美国白人为由于过去的奴隶制而造成的对黑人奴隶的伤害承担责任，并要求他们向那些奴隶的后代道歉并进行补偿时，当代的美国白人会反对这种所谓的集体责任，认为我并没有参与建立奴隶制，也没有奴役任何一个黑人，我为什么要为集体承担这样的补偿责任呢？再比如，当人们试图让当代德国人为二战中的纳粹大屠杀承担责任，并要求他们向那些受害者的后代提供赔偿时，现代德国人应该承担这样的集体责任吗？就气候问题而言，国际社会普遍认为，发达国家由于历史上的大量排放引起了当代的气候问题，所以，这些发达国家就应该承担更多的减缓和适应责任和成本。但是有些发达国家的公民就会反驳说，他们国家历史上的排放并非他们自己排放的，过去排放的人已然不存在了，因此，发达国家现在的公民并不必为他们国家过去的排放而承担补偿责任。这样的反对是合理的吗？我们认为这是不合理的，作为一个群体的成员，比如民族国家的公民，因为他们与群体之间有某种特殊的关联，就存在道德上的理由要求他们为群体无论何时所犯的错误而承担集体责任。为什么是这样的呢？戴维·米勒为我们提供了一个很好的论证。

首先，之所以群体中的个人都需要承担集体责任，是因为他们共同建立了一个“志趣相投的群体”。戴维·米勒举了一个例子[①]来说明这个问题。设想一群暴徒闯进了邻近的街区，恐吓居民，毁坏财物，抢掠商店。暴乱中，不同的参与者采取了不同的行动方式，一些人主动攻击他人或毁坏财物；另一些人说脏话或发出威胁；然而还有一些人扮演着更加消极的角色，他们在那些积极分子身边奔跑，怂恿他们的行动，在一般的意义上营造刺激、恐怖的氛围。在暴乱开始时，每一个参与者的具体动机是不同的，一些人是想造成人身伤害，另一些人则想要表达一种政治观点，等等。虽然他们在这次行动中所扮演的角色不同，但关键的是每一个参与者的目的是一样的，即“给他们点教训”，“让他们知道，

---

① David Miller, *National Responsibility and Global Justice*, Oxford: Oxford University Press, 2007, pp. 114 - 115.

我们是认真的”，等等。每个参与者都对最后的结果做出了某些因果性“贡献”，不论是涉及直接参与毁坏行为，还是仅仅鼓励和支持别人这么做。事实上，我们也许不可能厘清每一个人在实践中的具体作用。在这种情况下，让所有的暴徒为群体的行为承担清理破坏的费用以及赔偿受害人的损失，这样做行得通吗？米勒认为是可以的，因为那群暴徒的所有成员分享了共同的目标，他们持有相同的信念，并且所有人都以某种方式对最后的结果多少出了力，他们就是一个“志趣相投的群体”。“志趣相投的群体”中的所有成员之所以被要求承担集体责任，是因为：“同一共同体的人们分享了一套特定的文化价值，分享这套价值的效果之一就是鼓励产生后果 X 的行为，因而，属于该共同体的每一个人都共享了对后果 X 的责任，即便他们并不同意产生后果 X 的行为。通过参与共同体，人们帮助维持这种舆论氛围，而相关的暴力行为正是在这样的舆论氛围中发生的，即便他们自己声称反对这些行为。”[①] 芬博格也同样分享了这样的观点，他认为，美国南方过去对黑人的种族歧视是在这样的背景下实施的：南方的白人由于普遍分享的种族不平等的文化，因而一般都消极地同情这些暴力行为，即使他们没有积极地参与迫害黑人的行动。在这样的条件下，要求所有南方白人，即使是那些不同意用棍棒处罚黑人和私自绞死黑人的白人，对使黑人所遭受种族歧视的伤害承担集体责任也是合情合理的。因为那些少数不同意这么做的人与大多数这样做的人是团结在一起的，他们享有共同的信念，也分享共同的价值观，正是这些东西造就了那个时代的种族歧视的社会氛围。芬博格把自己的案例与米勒的例子进行比较，并认为“相对消极的暴徒——分享了暴乱的共同目标，但没有实质性地参与到损害他人的人身和财产的人——同样也要对这些损害承担集体责任”。[②]

之所以群体中的个人都需要承担集体责任的第二个理由是因为他们是一个“合作实践的群体”。米勒所论证的第二个把个人与群体关联起来的群体模式与给民族国家分配气候责任问题很类似。在这样的“合作

① David Miller, *National Responsibility and Global Justice*, Oxford: Oxford University Press, 2007, p. 118.

② Joel Feinberg, “Collective Responsibility”, in *Doing and Deserving*, Princeton: Princeton University Press, 1970, p. 33.

实践模式”的群体中，无论个人是否参与集体的行动，只要他事实上从集体行动中获得了利益，就可以在群体内向他指派集体责任。比如有这样一种情形，一个污染严重的公司，公司内部有少数持不同意见的员工反对污染行为，他们主张公司购买昂贵的治污设备以避免对外造成污染。虽然他们反对公司大多数人投票而做出的决定，但是，他们应该为公司的污染行为承担责任吗？米勒认为他们应该承担。因为，只要“他们是一项共同实践（在其中，参与者得到了公平的对待）的受益人，——他们因其工作而得到收入和其他利益，并且他们有公平的机会影响公司的决定——因此，他们必须也要承担相应的代价，在这个案例中代价源于污染行为的外部影响”。“因公司对江水的污染而谴责（或惩罚）其少数成员通常是不正当的——他们可以通过声称他们曾极力反对过导致污染的制造流程而恰当地为自己辩护。但是，让他们与其他人一起对他们所导致的损害承担赔偿责任却是正当的。”[①] 也就是说，只要群体的成员有实质性的机会影响群体的行为，并且他们从群体的合作性事业中获利了，那么仅仅部分人反对群体的最后决定的事实并不能使这部分人免于责任。

由此，米勒得出这样的结论：“参与群体实践和分享合作的利益就足以创造出责任。”[②] 他认为，一个群体越是开放和民主，那么每个成员就越应该为群体的行为和决定承担责任，无论他作为一个公民自己是否支持群体的行为和决定。在此，集体责任被扩展得很宽，因为某些群体成员虽然反对群体的决定，而且又无力阻止它，但也要为群体的行为和决定承担责任。当然，米勒也同意布莱恩·巴利的个人主义的责任指派原则，即“不同的人处于不同境况的合理的理由是源于他们各自做出了不同的自愿选择……（并且）人们可以就自己不应负责的坏结果提出赔偿的要求”。[③] 既然部分员工并未参与污染行为，甚至还积极反对这种污染行为，那么，如何消除这部分反对参与污染行为的员工的反对意见呢？毕竟他们并非出于自愿而加入公司的污染行为。同样的，国际社会向一

① David Miller, *National Responsibility and Global Justice*, Oxford: Oxford University Press, 2007, p. 119.

② David Miller, *National Responsibility and Global Justice*, Oxford: Oxford University Press, 2007, p. 119.

③ Brian Barry, “*Sustainability and Intergenerational Justice*,” in Andrew Dobson ed., *Fairness and Futurity*, New York: Oxford University Press, 1999, p. 97.

个国家指派了减排的任务，那么，通常国家会在它的所有社会成员中来分配这种任务，不管这些社会成员在引起气候变化上所做的“贡献”有多少，那么，那些“贡献”小的，甚至没有做出“贡献”的社会成员为什么要与那些做出更大“贡献”的社会成员一样承担集体责任呢？

这里实际上涉及的是一个在群体中各成员之间的责任替代问题。为了简化我们的讨论，这里我们要追问的问题是：当公民们反对由他们的政府所做的政策决定或开展的行动时，在什么样的情况下，他们可以免于承担责任？关于替代责任的问题我们可以通过迈克尔·沃尔泽关于一个国家因战争所造成的对受害者的伤害进行赔偿的讨论[①]中得到较好的理解。沃尔泽认为，这样的赔偿通常是通过一个国家所有公民缴纳的税收来进行支付的。所以，不仅仅是那些当时积极支持和参与战争的人，而且即使是那些随着时间的推移，逐渐变得与发动战争无关的人可能还会继续为此承担集体责任。他认为，只要他们只是为战争行为承担道德和赔偿责任而非过错责任，那么这样做就并没有什么道德上的困难。责任（比如赔偿）的分配并不必然是法律或道德上的罪责的分配，而是基于对已有伤害的判断、对过错的指认以及赔偿受害者的正义要求。把这样的责任当作集体责任而不是个人责任，就是承认公民在国家决定发动战争中扮演了因果性角色。

那么，到底谁应该为那个关于战争的决定承担责任呢？沃尔泽认为，那些投票去支持这个决定，或者那些参与谋划挑动和发动战争的人必须承担责任，而那些投票反对这场战争的人不能为此而受到责备。但是，那些没有投票的公民又如何呢？沃尔泽主张他们也要为他们本可以反对这个不正义的政策而又没有去投票阻止它的这种“漠不关心和不作为”而受到责罚，虽然他们对侵略战争并没有过错。进一步假设：如果他们举行游行和示威，而不仅仅是投票，那些反对战争的少数人本可以阻止发动战争的决定获得通过的，但他们没有那样做，那么他们应该承担责任吗？沃尔泽认为应该承担，虽然他们应该比那些没有去参加集会游行的懒惰的人承担更小的责任。他说，鉴于侵略战争是非常不正义的，“民主社会的公民有义务做他们能做的所有事情去阻止战争，不要害怕风

① Michael Walzer, *Just and Unjust Wars*, New York: Basic Books, 1977, p. 297.

险”。正因如此，沃尔泽认为，民主最好被看作“一种分配责任的方式”。在这个意义上讲，民主社会的公民就是该为他们的国家的决定承担集体责任的责任人，因为国家是他们的代理人。米勒也同样指出，“鉴于他们已授权在自由选举中产生的政府作为他们的代表来行动，所以，那些被国家所追求的政策才能被合理地看作是作为一个整体的公民共同体为之要承担集体责任的政策”。[1]

我们回到气候变化问题上来。一般认为，气候变化是由众多个人排放行为聚集起来而引起的，但是，导致这些个人行为的绝大部分原因是国家政策以及更大的社会规范。也就是说，在社会规范允许的情况下，没有哪个排放行为在道德上是有过错的，即使是那些开 SUV 的人，那也是国家产业政策和消费政策所允许的。比如，在当代美国，社会规范和国家政策都不禁止远远高于全球可持续发展水平的个人温室气体排放。所以，美国人普遍都没有认为，他们的远高于世界平均排放量的高碳生活方式会有什么过错。鉴于美国是一个民主程度较高的国家，而且它的绝大多数公民并没有去阻止美国政府退出《京都议定书》，因此，他们必须至少要为他们的政府没有能制定合理的国内减缓气候变化的政策承担部分责任，或许还要为他们的政府不断地阻碍全球气候政策的制定而承担部分责任。

在集体责任的具体分配时，人们会把过错归咎于一些人，而把责任指派给另外一些人，而且，会出现犯有过错的人反而不用承担责任的情形。比如，在等级制的军队中，指挥官要为他的下属的过错而承担替代性的赔偿责任。正像在个人的替代性责任的情形下，集体责任的情形通常是这样的：那些作为群体成员而要承担责任的人，要为源于另外的人的过错所导致的结果而承担赔偿责任。当群体为某种伤害而承担集体责任时，某些群体成员能使自己免除因他与群体的关联而要承担的赔偿责任吗？回答是：在某些情况下是不能的。比如，芬博格所提到的一个情形[2]，在南北战争后，南方白人仍然有着根深蒂固的种族歧视，当时仅有部分白人群体成员参与了反对黑人的暴力行为。但是，由于他们都受

① David Miller, “Holding Nations Responsible”, *Ethics* 114 (2004), p. 260.

② Joel Feinberg, “Collective Responsibility”, *Journal of Philosophy* 65 (1968), pp. 674 - 688.

到了当时流行的价值观念的熏陶，当时有99%的白人都全力支持这些人的行为。虽然绝大多数人或主动地，或被动地强化了这种对黑人的敌对环境（这是他们应该要为之承担责任的错误行为），但是那剩下1%的不同意这种歧视的人也要为此承担责任吗？根据芬博格的想法，他们在何种程度上能被牵连到群体的过错上取决于他们采取了何种措施来远离多数人的行为。他认为，人们可能会合理地反对这种种族歧视者，但是为了做到这一点，可能会把一个人完全疏离于南方的白人群体，并且这种完全的疏离将“不太可能在一个开放的社会被广泛发现”。[①] 在对同一个例子的评论中，米勒也认为，一个人不可能仅靠大声向外宣布或投票反对这种行为而避免集体责任，而是“必须采取一切合理的措施以阻止结果的发生”。[②]

在此，使人们免于由群体行为所引起的伤害而须承担的责任的标准越严格，就越是合理，这些标准要求民主社会的公民要采取一切合理的和谨慎的措施来避免个人对气候环境的伤害，并不只是投票反对某些候选人或者有害的政策，不从另外的公民那里或通过占主流地位的社会规范寻求支持，仅仅表达反对和投票反对某些事，都对避免个人伤害气候环境太过软弱。我们不能仅仅投票反对一个错误的政策，但投完票后，又住着大房子，开着大排量SUV，还要合理地期望免于承担与气候变化相关的伤害的因果责任。正如米勒所说的，人们必须采取一切合理的措施，去阻止气候变化的发生，不仅在投票箱中或公共论坛上，而且也要改变自己每天的消费方式。虽然政府的政策可能使美国的人均排放量持续增加，但公民却可以控制（至少在某种程度上）他们对气候变化的“贡献”，因此，借助责任原则能让个人承担因气候而引发的伤害的赔偿责任。[③]

除了每个人因为公民和社会成员的身份而要承担引起气候变化的各种责任外，人们还要因为作为消费者在过度排放温室气体的过程中所扮

① Joel Feinberg, “Collective Responsibility”, *Journal of Philosophy* 65 (1968), pp. 674 - 688.

② David Miller, “Holding Nations Responsible”, *Ethics* 114 (2004), pp. 240 - 268.

③ David Miller, *Global Justice and Climate Change: how should Responsibilities be Distributed? Parts I and II*, *Tanner Lectures on Human Values* 28 (2009), pp. 119 - 156.

演的因果角色而承担引起气候变化的责任。正如那些血汗工厂的所有者与管理者因对工人所造成的伤害而应承担责任一样，购买血汗工厂所生产的商品和服务的消费者也要在一定程度上承担相应的责任。前者应该承担赔偿责任，但后者则应承担政治责任，即要求消费者“从道德上反思那些平常的，迄今为止仍被人们接受，并且自己也参与其中的市场关系”。[①]

因此，包含在人为的气候变化问题中的集体责任既是集体性的又是个体性的，即在群体所有的成员中都部分地存在共同过失，因此没有谁的过错是可替代的，因为所有人在某种程度上都有过错。过错并不需要在群体成员中被平等分配，谁的过错大谁就应该承担更多的赔偿责任，但是所有成员都要以某种方式承担造成伤害的道德责任，并且他们也能被要求为这些伤害承担赔偿责任。正如我们在上面所引用的芬博格关于种族主义的例子一样，一些人可能会因气候变化而承担更多的责任，也因此会被指派承担更多的对伤害的补偿义务，但是，没有谁能够说自己无过错。正义要求那些排放得越多的国家，就越应该向气候变化的受害者提供赔偿，因为他们集体性地引起气候变化问题。同时，正义也要求：那些过错更大的人应该比那些过错小些的人承担更大的赔偿责任。集体责任的一般要求不会消除个人所应负有的道德责任。

① Iris Marion Young, “Responsibility and Global Labor Justice”, *Journal of Political Philosophy* 12 (2004), pp. 365 - 388.

第四章　科学不确定性、无知与气候责任

在我们打算付出巨大代价来减缓气候变化之前，我们必须知道多少关于气候变化可能引起的危害的信息？在我们能为由气候变化所引起的伤害承担道德和赔偿责任之前，我们需要在多大程度上知道我们的行为可能引起的后果？我们能为我们并非故意的行为或者我们不能预见其后果的行为所引起的坏结果承担道德责任吗？在决定道德责任时，我们是应该把原因归咎于行动者的动机，还是他们行动的后果？在多大程度上，科学不确定性会影响我们的道德判断，并且，在科学不确定的状态下，什么样的政策工具可以得到辩护？这些已然成为当前全球气候政策讨论的中心问题，并且也成为在关于一个国家（或个人）在全球气候协议下应该承担多少减缓和适应负担的讨论中的中心问题。

按照《联合国气候变化框架公约》所提出的"共同但有区别的责任原则"，一个国家在应对气候变化中所应承担的道德责任主要取决于对它在引起气候变化的过程中应该承担的因果责任的评估，同时这种道德责任也决定了一个国家在全球气候治理中所应承担的减缓负担的程度，以及一个国家在赔偿被气候变化伤害的受害者时所应支付的费用的多少。一个国家所应承担的因果责任的大小很容易被确定，只要我们根据每个国家的历史排放量就可以直截了当地评估出来，因为这样的历史数据基本上是确定的。因此，只要我们承认温室气体的排放是导致气候变化的原因，因而任何排放行为都是有过错的，并且，只要我们测度出了一个国家的历史排放量，那么，我们就可以根据各个国家排放到大气中的温室气体的多少来评估它们各自的道德责任。但是，正如我们在前面的章节中所讨论的，作为一种人类生存所必需的活动，我们可以鉴别出在道德意义上不同的两种排放行为——生存排放和奢侈排放。一般认为，人们不应该为其生存排放承担道德责任，但是应该为其奢侈排放承担责任，因为前者是人类生存所必需的，是无法选择的，但是后者在相关的意义

上被认为是自主选择的行为，因而是应受到惩罚的。到此，这样的讨论基本上在道德上没有太多的异议。但是一旦我们进入更为细致的分析，比如，在人类认知的有限性和气候科学不确定性的条件下根据历史排放量来讨论气候责任时，就会出现十分复杂的情形，过去比较确定的过错归因模式将变得模糊起来。而这种情形的出现，给各种气候怀疑论者以极好的借口来反对对温室气体排放的管控。

把根据历史排放来确定气候责任弄得非常复杂的第一个原因是，相关的气候知识在气候责任认定中到底应该扮演什么样的角色以及在什么样的条件下应该扮演这种角色是存在争议的。在某些情形下，比如，当人们对关于他们的行为的伤害性后果“一无所知”能被证明是合理的时，他们就可以因为这种“无知”而免于被追究道德责任。但是，如果他们“应该”预见到了他们的行为会引起伤害性的后果的话，那么，他们的行动就会被认为是有过错的，从而他们就应该为自己所引起的后果承担责任，而不管他们事实上是否确实已经预见到了。在确定国家的历史排放责任时，这个问题因此也就提出了国家是否应该为它们历史上所有的奢侈排放，或者是部分的奢侈排放而承担赔偿责任的问题。如果相关各方事实上并不知道它们所有的或部分的历史排放可能导致对环境的伤害，而且，除非能被证明它们应该已经预见到了这种伤害，那么，根据人们普遍接受的责任认定原则，它们历史排放的某些部分必定可以豁免其要承担的基于过错的赔偿责任。这样就提出了一个十分复杂的道德问题，即对与气候相关的伤害的“无知”是否能豁免一个人的过错并为这种豁免提供辩护呢？认知问题的复杂性还涉及在建立排放行为与可预期的气候变化危害之间的因果关联过程中“科学不确定性”的作用问题。鉴于在气候变化可能带来的影响以及在引起变化的原因的判断上确实存在一定程度的科学不确定性，那么，在这种情况下，一个国家能借口说，因为缺少关于引起气候变化以及其影响的充分证明，因而它不知道它的行为会引起气候问题，并要求豁免它的责任吗？或者换句话说，在气候变化的科学基础被完整地建立起来并广为人知之前，一个国家应该为其奢侈排放承担责任吗？如果不必承担责任，那么我们在什么情况下能准确界定对气候变化的原因及其影响的无知是合理的？关于气候科学的某些方面继续存在的科学不确定性是否能为过去或当前引起气候变化的行为辩护呢？

把根据历史排放（过错）来确定气候责任弄得非常复杂的第二个原因，是准确获知行动者的动机是一个相当困难的工作。这个问题通常与行动者对他们行为的可能后果的认知有关联，但也有区别。正如我们在上一章所阐述的关于道德运气的例子一样，一个人可能在并非故意的情况下造成了伤害，或者是他故意打算造成伤害，但实际上伤害并没有发生。这种动机和结果之间的分离使得对过错的指认变得更加复杂。在缺少动机的情况下建立因果联系，这对于气候变化的道德责任的指认而言提出了更为突出的问题，因为大部分温室气体排放行为很可能并不是在故意引起气候变化的情况之下进行的。更具争议的是，那些阻挠全球气候协议达成的人可能也不是蓄意引起全球性的气候灾难（这样做对他们也没有什么好处），他们只是真诚地相信所谓“气候变化”就是某些人制造出来的一场骗局，为了国家的利益，他们会主张应忽视气候变化的“事实”，不要理会国际社会的警告，继续按照自己的方式发展经济。在此，这些行动者能够获得把他们的行动与伤害性的后果联系起来的相关信息，但他们选择忽视这些信息，或者是公开质疑这些信息的准确性，因此，他们仍然会以可能造成伤害的方式行动，虽然他们并非故意。行动者能为既非故意又未预见到的伤害承担赔偿责任吗？尤其是如果这个伤害性的后果是出于想阻止另外的伤害（比如国家变得贫穷，因经济的下滑而出现大量失业）的目的而造成时。鉴于我们在识别一个人的“动机”上的困难，我们能否有把握地知道：公开表达的动机是不是真诚的呢？而且我们能通过他们相关的行动推断出相反的结论吗？如果我们不能有把握地知道一个行动者的意图，那么，一个人的动机和意图能被用来作为指认过错和评估责任的判决性因素吗？

把根据历史排放来确定气候责任弄得非常复杂的第三个原因是，关于在气候变化的原因和后果的知识和信念的形成中所存在的蓄意欺骗问题。[①]

---

① 比如，美国企业研究所在过去的十几年时间里，接受了来自埃克森美孚公司的大量资助。它拥有很高的公共地位，能够挑战人类行为引起气候变化的舆论意见，尽管世界上最优秀的科学家已经判断出我们的生存空间有90%的可能性会因气候变化而陷入困境，但美国企业研究所等机构及从这些机构获得金钱的“科学家”们，却建议我们依赖那不到10%的“无可避免的不确定因素”，继续原有的高排放生产与生活方式。再比如，20世纪50年代建立的美国烟草研究所（Tobacco Institute）和烟草业研究委员会（Council for Tobacco Research）都不遗余力地对任何质疑吸烟影响健康的研究提供资金并大力宣传。

虽然我们有时可以原谅出于对其后果的无知而从事的有害行为，或者并非故意想要造成有害后果的行为，但是，对豁免承担道德责任的行为的范围要有所限制。其中一种限制就是关于限制欺骗行为在责任认定中的作用。蓄意的欺骗行为是在道德上极端错误的，毫无疑问必须为其导致的后果承担赔偿责任。而且，我们也会因其没有保持审慎的怀疑态度而责备欺骗行为，并因此要求那些人为自己因疏忽所导致的过错（比如误导了别人）而承担赔偿责任。而在有些情况下，我们甚至会把过错和赔偿责任归咎于被欺骗者，因为如果被欺骗者是由于自己的轻信而被欺骗犯错，那么，他们也要在一定程度上承担责任。这种情形会出现在气候变化问题中。如果气候变化的事实已经非常清楚，气候科学也被广为接受，在此情形下，一个正常理性的人就应该保持审慎的态度，而不能轻信大众媒体和某些利益集团的虚假宣传。因此，这里的问题是：如果确实存在某些利益集团，甚至是国家政府蓄意欺骗公众，那么，我们是否要考虑应该免除被这些欺骗行为成功欺骗的人的责任？公众是否应该因为没有拆穿那些欺骗行为而被认为有错？以及是否那些蓄意伪造科学数据来隐瞒气候变化真相，或通过大众媒体传播气候变化怀疑论的人应该承担更大的赔偿责任？

以上的这些问题使得对气候责任的认定变得异常复杂，如果一个气候治理协议要变得在道德上具有说服力，如果我们试图把气候责任的分配变得更加符合正义的要求，我们就必须把这些问题理清楚。这一章我们就来讨论这些问题。

第一节 无知、过错与气候责任

我们这一章要讨论的问题不是“到底是什么引起了气候变化”，关于人类活动与气候变化之间存在极强的因果关系是本书所有讨论的一个前提，我们要问的是：在什么样的情况下，个人或集体要为他们所引起的气候问题承担道德责任。在国际社会努力应对气候变化的背景下，确实存在一些人和国家极力怀疑在人类的温室气体排放行为与它们所带来的影响之间的因果联系，[①] 这使得一些人和国家并未觉得应该为他们的排放行为承担道德和赔偿责任。人们的确通常因各种不同的日常行为引起气候变化，但他们在很大程度上对那些行为的后果却一无所知。这种无知减少了个人的过错吗？鉴于每个公民有可能并未意识到他们的行为后果是有害的，那么，这种无知能成为减少那些公民所在的国家或其他同样无知的国家的责任的理由吗？或者换一个角度说，鉴于在人的行为与气候变化之间存在关联的科学论据广为人知的情况下，这样的无知应该被当作不合理的理由而拒绝吗？在什么样的情况下，这样的无知可以影响我们在气候问题中对过错的认定和对责任的指派？

一般而言，因果责任与道德责任之间的区别取决于行动者的心理状态，包括行动者对自己行为的有害后果的认知和他的行动动机。一个人通常在一定的动机下行动，并通常能根据一般人都能知晓的常识预见自己行为的后果。那么，人们的这种心理状态可以成为指责他们的错误并指派责任的依据吗？有时候，人们应该为一个后果承担因果责任，并不一定意味着要承担道德责任。道德责任的指派关键取决于造成一个坏结果的行动本身是不是有过错的。我们可以从两种情形出发来对过错的归因进行考察。

承担因果责任并不意味着就要承担道德责任的第一种情形是：对于那些通常无法避免的行为或者后果，人们不必承担责任，正所谓"应当蕴含着能够"。因此，除非人们能被合理地期望限制呼出二氧化碳，否则我们不能说所有的温室气体排放行为都要承担道德责任。对于满足人的基本生理需要而不可避免的行为不可能被认为是在道德上有错的，因此，没有人应该为那种行为所造成的伤害承担赔偿责任。这个主张意味着：

---

① 2007 年 3 月 8 日，英国广播公司播出了纪录片《全球变暖大骗局》，以全然迥异于当前主流观点的态度，讨论了全球变暖的议题。这部影片不断提出"变暖现象并非人类活动所致"的说法，并访问了多名气候学家，最后结论认为太阳活动才可能是气候变暖的主因，而人类对气候变化的影响微不足道。2009 年 3 月，盖洛普更新了其年度调查，询问美国人民，对气候变化风险的报道是否合理，以及这些报道是否被夸大了。投票总人数中 41% 的人认为，在 2009 年初，全球变暖威胁的严重性被夸大了。这就意味着，虽然诺贝尔获奖团体的科学家发表报告声称能 90% 确定气候变化，并且气候变化的威胁是真实的和紧迫的，但是仍然有 40% 的美国人对此表示怀疑。——资料来源：史军《自然与道德：气候变化的伦理追问》，科学出版社，2014，第 16 页。

人们被要求不从事某个行为，其前提是在正常情况下，这样的要求对于他们来说是能做到的。既然某些排放是人的生存所不可避免要产生的，那么向大气中进行“生存排放”就不能意味着过错或者应承担赔偿责任，因此，这些行为只是产生了因果责任，而非道德责任。虽然因为呼出二氧化碳而责备一个人是荒谬的，但也不能因此说所有的个人排放都是无过错的。人们必须为由自己的奢侈排放而引起的伤害承担赔偿责任，因为这些排放是可以避免的，进行这样的排放完全是个人自主选择的结果，因此，它们不仅要为气候变化的产生承担因果责任，而且还要进一步为此承担道德责任。在这里，不同的排放水平需要承担不同的责任，做出这一区别就需要在这些排放之间设置某种门槛，在门槛之内的排放就被认为是没有过错的，一旦超出这个门槛就构成了一个道德上的过错，因此就要承担道德责任和赔偿责任。

个人不用为他所引起的坏结果承担道德责任的第二种情形是：如果人们引起的某种坏的后果是源于某种“合理的”无知，那么，他们也不应该被要求承担道德责任。尽管联合国政府间气候变化专门委员会的科学评估报告反复强调，化石燃料的燃烧、改变土地的使用模式与气候变化有密切的关联，这一点已广为人知，但还是有很多人并不认为他们每天的污染行为与全球气候变化存在因果关系。虽然这种普遍的“无知”不一定是真实的，但是，确实我们对“无知”这个事实的确认使得对道德责任的指认变得复杂起来。因为人们因这种普遍的“无知”所造成的有害影响在绝大多数情况下并非源自个人的恶意行为，而是源自人们遵守被广泛接受的社会规范的结果，而这些社会规范并没有禁止这些行为。我们可以让一个人或国家为他们并不认为是错误的行为或相信并没有违背已有的道德规范的行为而产生的有害后果承担道德责任吗？一个人能够因为一个常见的、法律上并未禁止的，或者甚至被鼓励的行为而被认为有错吗？虽然我们不能说，“无知”并非总是一个指认错误的决定性条件，但是，通常在日常道德实践中，人们确实把“无知”作为原谅一个人的错误，或者是豁免一个人的责任的理由。但在气候变化语境下，这一点还需要我们做进一步的考察。

通常人们并不会让一个人为某个意外事件所引起的坏结果承担道德责任。一个意外事件就是那些我们在做决定时不能合理地预见其后果的事件。意外事件不承担道德责任，并不意味着意外事件的创造者不用承担因果责任，因为事实上确实是他们引起了坏的结果，只不过他们不用为这种非故意的后果而被指责有过错。但是，“不能预见”又是什么意思呢？如果有些人说他们不能预见其行为可能会引起某些坏的结果，但是，一个理性和审慎的人能预见到这些后果，那么这些坏的结果就不再被认为是意外引起的，而只能被界定为由于“疏忽”而产生的结果。疏忽行为与意外行为就存在这种道德上的区别，虽然两者都应归入“无知”行为之列。然而在评估这两种行为时，一个相关的问题是：人们在做决定时“应该”知道或预见到什么，而不是事实上他们知道或预见到什么。因此，一个“无知”是不是合理的，就需要在纯粹的意外事件和疏忽行为之间做出区分。从法哲学的角度看，人们应该为他们的疏忽行为承担责任。所以，我们反对把无论什么样的“无知”行为都看作不受责备的。按这个标准，只要人们能合理地被认为能预见到他们的后果，而不管他们实际上是否已经预见到，行动者都要为他们的行为承担道德上的责任。

接下来的一个问题是，这里的“合理地”指的是什么意思？根据一个理性审慎的人应当能合理地预见到什么来界定一个行为是不是疏忽行为，实际上是根据一个特定社会所流行的社会规范来界定“合理地预见”的标准，从而进一步界定什么是疏忽行为。但是，流行的社会规范会随着文化价值观念以及人类的科学知识的更新而发生变化。比如，一个重视环保的国家的公民认为开大排量的 SUV 会对气候变化造成影响，但是一个“理性的”美国人可能并不认为这样的行为是错误的，这取决于他们不同的生活价值观念。美国人的生活一直以来就是建立在一种高碳的消费文化的理念之上的，他们的价值观是用大房子、豪车和海边度假来衡量的，他们的社会规范不仅不禁止这样的高碳行为，而且还鼓励这样的行为。在这样的情形下，我们能说美国人的行为是一种鲁莽的疏忽行为，从而要他们为引起气候变化承担道德责任吗？再比如说，我们会认为一旦越过某个门槛，那么继续向大气中排放温室气体就会开始造成伤害，因此这样的行为就是有过错的。因此，在某个特定的点上，“一旦有害”的行为就开始造成伤害了。可是，什么是“一旦有害”？这个界定取决于科学知识的状况。但往往我们的社会规范可能并不能与科学知识的进步保持同步，即我们的社会规范往往会滞后于我们应该因其要承担责任的事实基础。因此，依赖社会规范来界定合理的无知和评价过错和责任是一种存在风险的评价方式，因为在某种“无知”行为被科学知识认为会引起伤害之后，人们还会遵循已有的社会规范而故意地允许伤害行为不断发生。而等到限制高碳生活方式的社会规范赶上气候科学的减排要求时，太多的危害就已经发生了，并且补救起来将更加困难和昂贵。所以，与其把责任的评估建立在对行为有无过错（是出于合理的无知，还是疏忽）的界定上，我们更应该把这种评估建立在当前人类可获得的科学知识的基础之上。也就是说，不管人们或某些“审慎”的人是否应该理解他们行为的后果，只要科学知识界定了一个行为可能会造成有害的后果，我们就可以说，这样的行为就是有过错的，因而是要承担责任的。

当然，某些合理无知的概念对基于历史排放的国家责任的评估也具有指导意义。现在，致力于推动绝大多数国家进行减排的《里约环境与发展宣言》（简称《里约宣言》）已经签署有二十多年了，并且联合国政府间气候变化专门委员会已经先后发布了五个关于气候变化的科学评估报告，我们可以肯定地说，气候变化的事实已经被绝大多数人获知。在此情形下，还以“无知”为借口逃避减排义务将是完全不合理的。尽管现有的气候科学在某些方面确实存在不确定性，这可能会导致人们在某些方面的“无知”，但是，在面对全球变暖这样高风险、高概率的环境危机时，忽略由世界上绝大多数的科学家所做出的深思熟虑的判断则是严重的错误，并且，合理地讲是一种鲁莽的行为。既然每个国家的政府现在显然知道它们的政策会引起有害的后果，那么，任何继续说自己是无知的都只能是故意的，因而也不能豁免因其持续的奢侈排放行为或政策而应承担的道德责任和因造成伤害而应承担的赔偿责任。

到目前为止，我们已经讨论了“无知”在责任的指派中所起的作用，以及如何起作用。接下来我们讨论一下在气候协议的国际谈判中颇具争议的一个问题，即从什么时候起，我们要为自己的排放行为承担道德责任？在某种意义上讲，我们前面的讨论是把每个国家因引起气候变化并由此对他人造成伤害而应承担的责任与它们历史上的奢侈排放等同起来。但是，是不是历史上所有的奢侈排放都是错误的呢？既然我们对持续的奢侈排放的过错和赔偿责任的认定和评估是建立在“个人或政府应该知道他们的行为是有害的”这个主张之上的，那么，我们就不能一概而论地说每个国家在历史上的所有奢侈排放都是错误的，因而是应承担赔偿责任的。如果我们回溯得足够远，我们可以合理地得出这样的结论：一个国家的奢侈排放（虽然应该为引起气候变化承担因果责任）是没有过错的，因为无论是个体公民还是一国政府都不可能合理地被期望能知道他们的行为是错误的。根据以过错为基础来界定赔偿责任的标准，即合理的无知被认为是可以成为反对对过错进行归因的条件，那么，必定在过去的某个时间点之前，有关引起气候变化的原因以及随之而来的影响仍然是合理的。在那个时间点之前，国家或个人可以不为他们的排放行为承担道德上的责任。如果他们不必为在那一时刻之前产生或被允许排放的温室气体承担道德责任，那么，现在他们也就不应该为他们过去的行为所引起的伤害承担赔偿责任。

但是，什么时间点能被认为是合理的无知的历史终结点？有这样几种可能性，比如，如果我们把时间往回追溯，第一个时间点可能是1958年科学家发布“二氧化碳基本曲线”理论的时候，因为在此之前，没有科学证据能证明化石燃料的燃烧会对气候产生影响，因此，没有人能被合理地认为他们因没有承认气候问题的紧迫性而应受到指责。既然如此，那么，现在让那些在1958年这个时间点之前没有采取行动和制定政策的国家承担责任是公平的吗？第二个可能的时间点是1979年召开第一次世界气候大会的时候。这次气候大会明确提出，如果大气中的二氧化碳的浓度今后仍不断增加，那么，到21世纪中叶将会出现显著的增温现象。在此之前，“温室效应”对一般公众而言还是一个比较陌生的自然现象，即使科学家们已经收集了大量可信的证据来证明气候变暖的存在，以及对这种现象提出了合理的假设，但是，期望政府或个人改变他们的生活方式和经济政策可能仍然是不切实际的。此外，1990年是否可以作为一个时间节点？在那一年，联合国政府间气候变化专门委员会正式发布了第一份气候变化科学评估报告，第一次正式宣称人类活动是导致气候变化的主要原因。那么，在这份科学报告发布之前，期望各国政府制定和执行限制温室气体排放的政策是不是合理的？如果可以让他们承担责任，那么他们排放了多少就可算是这个国家犯了过错呢？总之，这里的问题是，在什么时间点（或排放水平）上，道德责任与因果责任可以开始被认为是一致的呢？

在考察各国温室气体的历史排放时，前面所描述的时间表都在一定程度上是合理的，但也都遭到不同程度的质疑，即认为在那个时间点之前，对气候变化的原因和可能的后果的无知将完全是合理的。我们的一个基本的主张是，对于评估历史排放的道德责任最能获得辩护的开始时间点应该是在1990年，即在那一年，联合国政府间气候变化专门委员会第一次在大量的科学数据的基础上公布了关于气候变化的科学评估报告，而且这份报告也得到绝大多数科学家的认同。在那时，我们有理由相信绝大多数国家都完全知道各种人类活动对全球气候所可能产生的影响，并且在随后的1992年，联合国绝大多数成员国都签署了《联合国气候变化框架公约》。所以，1990年后的奢侈排放，是在充分认识到过多的温室气体排放是会引起气候变化的情况下进行的。尽管许多国家承诺了要减少排放，但它们（仍在进行奢侈排放的国家）仍然应该承担相应的道德和赔偿责任。既然责任原则要求各国为它们的自主行为和选择所造成的伤害承担道德责任，那么，我们就可以得出这样一个合理的结论：1990年以后的奢侈排放是完全处于知晓其行为的有错性的情况下所进行的排放，因此，这种排放行为就是有过错的，并应承担道德责任和随之而来的赔偿责任。

第二节　科学不确定性、欺骗与气候责任

如果把“无知”是否合理的理由建立在相关科学知识的基础上，那么现在的问题是，如果我们并不能为过错的指认提供确定性的科学知识，那么，情况又将如何？或者是，如果这样的科学知识确实存在，但是被某些人蓄意隐瞒或篡改，以欺骗公众，那么，在这种情况下，一个国家或个人应该因自己的“无知”而免除责任吗？既然科学家都对气候变化的原因和结果不太确定，那么就没有哪个外行可以被合理地预期能知晓自己的行为与后果之间的因果关系。正因如此，有人可能会认为，在这样的情况下，对气候变化的原因和结果的无知的指责就不再是合理的。

在确定基于过错的赔偿责任时，科学不确定性问题确实会影响我们

对什么是合理的无知的评估。当某些后果仍不能被必要的确定性知识决定性地证明是源于他们的行为时，我们就不能合理地期望人们能预见他们的行为是有害的。因为我们不能期望外行能根据大众媒体对气候变化的报道来准确理解气候这种自然现象。尽管不支持“气候问题存在争议”的专家比支持的专家要多，但是，还是有某些气候怀疑主义者挑战关于气候变化的主流观点，并主张应该免除外行人的过错。鉴于专家们对气候变化的真实情况都持不同的意见，那么对外行人来说，把他们的温室气体排放行为看作完全无害的就有几分道理了。

气候科学确实是一个十分复杂的研究领域，它要借助于巨大的数据收集网络、先进的计算机模型以及精心组织和得到充足资金支持的研究人员持续的努力才能获得比较全面客观的数据。联合国政府间气候变化专门委员会的第一份科学评估报告是在花费了十多年的时间，收集全球几千名有声望的科学家已公开出版的科研成果，并对这些成果进行客观的分析和同行评议的基础上所形成的。这份报告代表了当今世界对气候变化问题的研究所取得的最高成就，并形成了广泛的科学共识。气候是一个高度复杂的过程的结果，并且，用于预测未来气候模式的数学模型依赖于大量的变量和可能的情形。因此，它实际上是一个在证据区间内以及在一定概率水平上对可能的原因和结果之间的关系的一种预测。虽然联合国政府间气候变化专门委员会试图努力得出基于共识的结论，但是，一些关键性的不确定仍然存在，有些分歧在评估报告中也有所体现。应该说，这种分歧和不确定性对于像气候科学这种长跨度的预测科学来说，是一种可接受的现象。

即便如此，我们认为，关于气候变化的几个基本事实并不存在合理的不确定性。大气中的二氧化碳的浓度已经从工业革命前的280ppm上升到现在的383ppm，而绝大多数的增加是发生在自1950年以来的这段时间中。数据观测表明，整个20世纪的平均地表温度是近一千年中升高最多的一个世纪，20世纪90年代则是20世纪最热的十年。这些事实是毫无争议的。科学不确定性只会影响到对全球气候变化的内容和影响程度的评估，而不会影响到对全球气候变化是不是存在的以及引起变化的基本原因的判断。科学家们预计全球地表平均温度在1990～2100年会升高1.4℃～5.8℃，而比较一致的看法是升高3℃，预计这个全球变暖的幅度在近1万年的时间里是史无前例的。虽然最糟糕的气候影响预计会在将来显现出来，但全球的气温和天气模式确实是已经被改变了。[①] 气候变化的后果包括越来越多的极端天气的出现，农作物产量的不断减少，日益严峻的水资源短缺以及随着日益严重的资源稀缺和生态环境的恶化而导致的军事冲突、政治动荡、经济衰退和社会矛盾等。

之所以在气候变化的基本事实确凿无疑的情况下，还会有人怀疑气候变化的存在，一个很重要的原因是有些人在人为“制造”不确定性，以此达到阻止或延迟实施对温室气体排放进行管控的目的。出于政治和经济利益的考虑，某些政客和利益集团利用大众媒体蓄意隐瞒一些科学事实，或是歪曲和放大气候科学中尚不确定的部分，甚至有些利益集团通过资金资助来操纵某些科学研究机构做出虚假的科学数据。正如有些学者所揭示的，“美国的大众媒体已经公开地给予那些气候科学共同体中的反对派以极大的支持”。[②] 通过怀疑行为与伤害之间的因果关系以达到延迟和取消政策管控的目的的最为人们所熟悉的例子就是烟草工业所进行的把戏。作为一种策略，烟草工业一直否认在吸烟与对健康的不利影响之间存在任何因果关系，尽管从内到外的所有知识都确认这种关系。正是因为烟草工业利益集团操纵某些研究机构得出并不存在结论性的证据能证明在吸烟与有害健康之间存在关联这样的结论，使得许多国家的政府对烟草进行管控的政策因为缺乏“足够”的科学依据而迟迟未能推行，这其中也不乏政府本身也涉足隐瞒科学事实的可能。在美国，许多被烟草伤害的人所提请的赔偿诉讼也因为这样的一些理由被驳回：一是因为吸烟并不十分确定对健康是有危害的，所以因果责任不能成立；二是吸烟者应该知道那些被广泛传播的关于吸烟会对健康造成影响的信息，

---

① 最近1000年和最近100年的大气温度曲线表明，最近100年是过去1000年中最温暖的，而最近20年又是过去100年中最温暖的。而且，这种变暖趋势与大气中二氧化碳浓度的上升是同步的。因此，人类活动所排放的二氧化碳在全球气候变化中起着重要作用。人类已经如此强烈地影响了气候，以至于“自然的气候”时期已经一去不复返。从工业化出现开始，人类所制造的微量气体（尤其是二氧化碳）就在很大程度上改变了地球的大气，人类的“入侵”已经打乱了“自然的”节奏，我们目前正迈向一个会继续变暖而不是变冷的“人造气候”时期。

② Richard Wolfson and Stephen Schneider, “Understanding Climate Science,” in Stephen H. Schneider, Armin Rosencranz and John O. Niles eds., *Climate Change Policy: A Survey*, Washington, DC: Island Press, 2002, p. 41.

并且因此他们会自我决定是吸烟还是戒烟，因此，即使受到伤害，那也是吸烟者自己自愿选择的结果；三是吸烟者已死去，因此，缺乏合法的依据起诉烟草的生产者。在这种情况下，科学知识的“不确定性”就成为烟草利益集团阻止进行烟草管控的第一道防线。

在当前的气候变化讨论中，如同在烟草管控的例子中一样，极力强调科学不确定性往往也是为了“管控”大众媒体和公众对气候变化问题的关注，以达到延迟或阻止温室气体排放管控政策的实施的目的。烟草工业不断地呼吁要对吸烟及由此造成的对健康的不利影响之间的因果关系进行研究，这在表面上看，似乎烟草工业摆出了一副积极关心公众健康的姿态，殊不知，他们暗地里会让这种研究无限期地进行下去，并积极向公众和政府游说，并声称，在确定的科学依据被找到之前，最好是对烟草管控持谨慎态度。美国政府及其石油利益集团在气候变化问题上也是玩的这一手法。比如，在 2002 年美国总统的政府经济年度报告中就指出：“我们不确定自然波动对全球变暖的影响，我们不知道未来的气候会有多大的变化。我们不知道气候变化发生的速度有多快，甚至不知道我们的某些行动会如何影响它。最后，很难确定地说为了避免危险，全球变暖的水平到底必须控制在什么样的水平上。”[①] 同样的，一份由共和党政治顾问向前美国总统小布什提交的关于赢得“环境对话战役”的备忘录就建议：“即使公众应该相信科学问题已经被解决了，但他们对全球变暖的看法也会发生相应的变化。因此你需要使科学确定性问题成为辩论中的首要问题。”[②]

总之，“制造不确定性”的最终目标就是要尽可能地阻止实施对温室气体排放的管控政策，而阻止这一管控政策得以实施的最为隐秘的办法就是诋毁支持全球变暖这一结论的科学依据。提议进一步研究像吸烟和气候变化这样的问题本身并无不当之处，而且审慎地对待重大问题的决策也应该是政府的一种美德。但如果它的目的完全是阻止或延缓对那些基于合理的科学事实而被证明存在严重危险的问题采取有意义的政策

---

① Andrew Gumbel, “U. S. Says CO2 Is Not a Pollutant”, *Independent*, online edition, August 31, 2003.

② Chris Mooney, “Blinded by Science”, *Columbia Journalism Review* 6 (2004), available at www. cjr. org/issues/2004/6/mooneyscience. asp.

措施时，那么，这样的提议就在某种意义上变成了一个阴险的欺骗行为了。无论出于什么目的，欺骗行为都是一种错误的行为，实施欺骗的人因而要承担道德责任，如果对他人造成伤害，那么，还要承担赔偿责任。但有时候，在一个欺骗行为中，被欺骗者也会部分地承担责任。因为，如果他们不轻易地相信一个骗子的虚假的和误导性的宣传，那么他们也不会上当受骗。没有保持警惕而轻信别人的人以及由此而容易被别人操纵的人有时也被要求承担部分被骗的责任。

现在我们回到要讨论的主题，我们关心的是哪些人或国家要为他们的温室气体排放行为承担过错责任，当这些行为可能部分源于欺骗行为“制造”的科学不确定性而导致的“无知”时。既然在欺骗行为中，过错的指认要从被欺骗者那里部分地或全部地转移给欺骗者，那么，这种过错的转移是否能减少被欺骗者应为他们的排放行为而承担责任的程度呢？也就是说，由于被欺骗而相信“确实”存在科学不确定性时，一个人或国家能否合理地说他们不应该为气候变化的出现承担道德和赔偿责任？如果是这样的话，那么这又对各国基于气候变化而应承担的责任的评估意味着什么呢？前两个问题不可能被很容易地回答，因为它们在很大程度上取决于在这些问题中的某些环节的特定事实。人们当然可以想象一些情形，在这些情形中，被欺骗而去做有害的事的人应该为他所做之事完全免于承担任何形式的道德责任，但人们也可以同样地想象另外的情形，即把相当大部分的过错都归咎于被欺骗者。但是，对第三个问题的回答，我们可以非常确定地说，对温室气体排放的国家责任的评估不可能会因为源于欺骗的无知而被减少。大多数国家都有足够的力量和研究机构来帮助政府正确地辨认事实的真相，以及核查其在公共政策中所使用的知识的真伪，如果我们很容易地就豁免一个国家因“无知”或被“欺骗”而需承担的道德和赔偿责任，那么，这样做会产生严重的道德风险，它会鼓励各国政府采取消极的态度来应对气候变化，甚至会鼓励它们“乐意于”保持被欺骗的心态而故意装成无辜者，从而逃避责任。如果某些国家的政府既积极参与到欺骗活动中，同时又没能恰当地应对由它们所操纵的欺骗活动而引起的后果时，那么，就可以名正言顺地把因这种伤害而应承担的过错施加给它们。

第三节 信念、动机与气候责任

前面我们已经讨论了因为与气候相关的科学的不确定性，以及人为制造的不确定性在一个人或国家的责任指认过程中应该扮演什么样的角色。但有一个问题是，通常人们认为一个人的“自主性”在道德责任指派中应该扮演重要角色，所以，当人们应该能预见到他们的行为会引起气候变化时，如果他们在拥有相关的知识的情况下还这样做，但实际上他们在行动中并非真实地知道会产生那样的后果，而且他们也不是故意引起那样的问题时，那么，他们是否仍然要为他们的行为而承担过错责任呢？因为可能会出现这样的情形，即一个坏的后果既是能被预见到的但又不是故意而为之的。我们可以把这种情形称为疏忽大意的行为。还有可能出现一种情形，即人们已经预见到他们可能要采取的行动是会产生有害后果的，却故意忽视或者不理会那种行动所可能造成的后果，我们可以称这样的行为是轻率鲁莽的行为。这样我们就可以说，一个人必须为他有害的行为承担道德责任，不管他们是否已经预见到其后果是有害的，如果他们未能预见到他们的行为的有害后果，那么他们的行为就是疏忽大意的行为；如果他们预见到了却不理会那些可能出现的后果，那么他们的行为则是轻率鲁莽的行为。这两种行为在道德过错的程度上是有区别的。然而，在气候变化的背景下，这种结论似乎会存在一个问题，即它会把许多人并非故意要去引起气候变化的行为指责为错误的，并进而让其承担赔偿责任。也就是说，一个人的动机在对他们的有害行为进行过错指认时到底能扮演什么样的角色。结合我们上面所讨论的人为制造的科学不确定性问题，我们接下来要追问的是：气候怀疑论者在什么样的情形下要为他们反对气候科学的行为而受到指责呢？

义务论伦理学认为，一个行动者的动机或意图在道德责任的评估中起着重要的甚至是决定性的作用。比如，康德就声称：在道德上唯一好的行为是那些源自具有道德动机或遵守道德律令的行为，因此，需要在自主的行为与非自主的行为之间做出区分，并仅仅给予自主的行为以道德评价的地位。而另一些伦理学流派则认为，动机在道德评价中并非起着决定性的作用。比如，功利主义就把对行为对错的判断建立在行为的后果的基础之上，而不是在行动者做决定时的某种心理状态之上。通常功利主义者会这样来评估一个行为的好坏：即使行动者的动机是好的，但在无意中（或者因为自己的“无知”，或者因为自己所不能控制的外在的原因）造成了伤害，那么这个行为就是有过错的，行动者的动机并不影响人们对道德评估的判断。然而，即使功利主义者在行动的对错判断前考虑到了动机和目标，也就是说，在行动前，我们需要预测这个行动是否会产生好的结果，可是等到结果出现，对选择的回溯性评价所产生的实际价值并不大。前瞻性的道德判断要求在做出决定之前评估各种行为的可能结果，而功利主义者则要求在行动之前就要合理地预测产生最佳的整体效果，从而在做决定时能确定道德上正确的行为，即使它后来被证明产生了不利的结果，而这个结果又是行动者所不可能合理预测到的。在气候伦理的讨论中，人们往往容易用行动的结果来决定气候责任的归属，但是正如我们在上一章道德运气理论中所阐述的，对过错的一个纯粹的结果主义的评估往往可能会被指责为是任意的，它往往容易把过错和责任的认定建立在行动者无法控制的因素上，因而就忽视了责任认定原则所强调的自主性在责任认定中的重要作用。为确保全球气候协议能让国家或个人公正地分担责任，就必须要求鉴别出什么是道德上错误的行为，什么是道德上可原谅的行为。而且，为了这样做，我们也必须考虑那些被用来区分过错与无错的行为的标准本身是不是可辩护的。

与纯粹的无知不同，人们往往会在某些方面明知他们的行为可能会引起更大的问题，但又不是故意想引起那些问题的情况下行动，知道与动机之间的分离往往使得我们对道德过错的认定变得十分复杂。在气候问题的讨论中，人们可能会认识到温室气体会引起气候变化，而气候变化也被预计为有害的，但虽然如此，他们仍然不会把自己的行为看作本身有害的。在绝大多数情况下，引起气候变化的大多数个人行为都是无意中做出的，而且有时甚至是出于善良的动机而做出的。比如，众所周知，开私人汽车会引起一系列污染问题，但是，基本上很少有人是要故意引起气候变化而去开车的。相反，在现有的社会规范和技术条件下，人们需要借助汽车来上下班和旅行。当我们把这样的行为描述为轻率鲁莽的行为（它被定义为有意识地忽视它有可能引起的伤害的行为）时，这看起来似乎有点不太合理，因为毕竟个人在引起气候变化上的“责献”是极其微小的，况且替代性的交通工具在短时间内也无法被提供。如何在这种具有悖论性的情形中解决气候责任的认定，确实是一个艰难的问题。

我们认识到，许多行为在细小的方面都会造成气候变化，因为那些行为都向大气层中排放了温室气体。我们不能把所有的那些行为都看作在道德上有过错的，因为个人行为的危害性不足以引起被道德要求的强大的社会非难，而且，如果我们把大量极其微小的伤害行为和真正错误的行为混为一谈，这样会造成削弱道德规范力量的风险，因为如果我们认为那些人们必不可少的排放行为是有过错的，那么，这样的道德标准将会无法得到人们的认可。但是，我们也要记住，讨论气候问题的最终目的在很大程度上并非纯粹要追究哪个人的道德责任，它更重要的是要通过责任的认定来解决谁应该来承担减缓气候变化的成本以及赔偿因气候变化而引起的伤害。在某种意义上讲，在气候问题中，过错的指认和责任的评估并不是纯粹的道德问责，它们应该被看作把减缓责任和补救责任分配给可能引起伤害的那些人的一种方式。我们在这里说的意思是，在气候问题的讨论中，责任的认定比纯粹的道德问责更加重要。如果这个说法能被接受的话，那么，责任的指定并非一定是建立在道德过错的基础之上的，有时候，人们也可以被要求为他并非在道德上有过错的行为而承担赔偿责任，不管那些行为在某些方面是有过错的，还是即使没有过错，但也有能力承担这样的责任的。

在这里，动机在责任的指定中的作用就发生了转变。在法律实践中，并非故意造成的伤害并不总是能成为人们免于承担责任的理由。但是它往往是在对有害行为进行过错评估时减轻罪恶程度以及所要求的惩罚或赔偿程度的一个考虑因素。但是，有人会认为，一个人如果出于要实现另外一些更好的结果的动机而做一些单独来看并不是危害很大的事，那么，在某种意义上讲，做这样的事可以看作在道德上无过错的。并且这些人会认为，这个标准相较于“无伤害原则”而言，在实践中更可取一些，因为无伤害原则会禁止所有故意造成的伤害行为，有时候人们在进行道德抉择时还是要在两害之中取其轻，毕竟在我们当代人类的道德实践中，有太多的道德困境需要面对。比如，在正义战争理论中，这个标准常常被用来为有可能造成非战争人员伤亡的空袭进行辩护，认为这些行动是合法的军事行动（在这些行动中死亡或毁灭是不可避免的）的“附带的伤害”。根据这个标准，我们可以把一个打算取得好的结果的行为与一个并非故意但预期会产生坏的后果的行为合在一起作为一个反对过错和责任归咎的条件吗？如果可以，那么任何对补救性的全球气候协议的限制都将是意义深远的。比如，假设一个国家的政府打算基于它并非故意地造成气候变化的理由来为允许它的公民和工业企业无限制地排放温室气体政策进行辩护，虽然它知道，或者应该知道这样做可能会造成的后果，但是它宁愿试图最大限度地促进其经济增长，因为对温室气体排放的管控将会阻碍这种增长。那么我们可以原谅这种在已经知道会带来有害的后果，但又并不是恶意所为的政策吗？很显然，我们不能原谅。为了看到这样的辩护是失败的，我们必须把上面所讲的两个被糅合在一起的主张分开。第一个主张是关于总体功利主义的主张，即允许一些人变得更糟，只要相应的对其他人的利益能超过这些人的损失。这个主张通常不考虑行动的动机。第二个主张坚持动机在道德评价中的决定性作用，并建议对人的行为的道德判断仅仅建立在动机，而不是他们的行为结果的基础上，由于结果往往不受行动者的控制，我们可以让人们只为他们打算做的，而不是实际所做的行为承担道德责任。

这两个主张是不相容的。根据第一个主张，正确的行为仅仅取决于行动的后果，行动者的动机和意图是与行为的道德评价毫无关系的。根据第二个主张，结果被认为是无关紧要的，动机和意图才是具有决定意义的。如果我们接受第一种主张，那么，行动者排放温室气体的行为就是可以得到辩护的，只要他们的行为利大于弊。因此，必须对日常的污染行为（某些但不是所有的行为都可以根据他们的净收益得到辩护）通过效用的比较来进行辩护。另一方面，如果我们接受第二个主张，我们就必须拒绝第一个主张，因为不管所意欲的好的结果实际上是否比无意的但预期有害的结果更重要，这些都无关紧要，因为做出判断的依据是动机而不是结果。正如我们在上一章所建议的，一个纯粹的基于内在心理状态的道德领域与一个基于外在结果的法律领域相比，仅仅根据动机就可以建立起一个法律责任体系是不可能的。因为缺少获知一个人的真正动机的可靠的法律机构，更不用说对象是一个国家了。如果允许用意欲实现的某些好的后果而不是实际产生的后果为有害的行为进行辩护，那么没有人愿意被发现是有罪的，因为借助人们无法准确确认的某种心理状态进行这种辩护是很难做到的。在无知或者轻率鲁莽的情形下，要认定一个无意但又会产生坏的后果的行为的意图时，就必然会使得内在的动机问题转变成为一个外在的认识问题，但是，与获知一个人的动机一样，想获知一个人的认识状态在实践中也是受到限制的。因为外在的行为标准（在刑事诉讼时，一个人内在的恶意的动机是通过外在的行为标准推测出来的）只能接近于被告的动机，然而仅仅完全通过一个烦琐的外在的推理过程，就想在评估与气候相关的伤害的责任的过程中获知人们的动机，既在实践中是不可靠的，也是没有必要的。显然，因为实践上的原因，试图评估每一个温室气体排放行为的动机，这是不可能做到的，而且只要相关的问题并不是人们已知道的或实际上预期能知道的，那么这种评估也是不必要的，无论是不是他们的行为引起了伤害，也无论是否人们已经预见到这种后果。

正是出于这些原因，我们在分配道德责任时，可以把故意欺骗的行为和非故意对真相的歪曲的行为区分开来，但我们在对过错和赔偿责任的分配中却不太容易将两者区分开来。鉴于欺骗的本质，我们很难从人们的行为中推测出任何可靠的欺骗的证据，因为一个成功的欺骗行为取决于它能在多大程度上把真实动机隐藏起来，欺骗往往表现得与非故意地传播错误信息如出一辙。比如，气候“阴谋论者”就认为，有一些气候科学家、大众媒体、经济学家，甚至是一些政治家“制造”所谓的“全球气候变暖”事实，目的就在于进行“气候寻租”。比如他们说，某些气候科学家可能为了获得政府和企业的科研投入，或成为媒体与公众关注的焦点而说谎或夸大事实，以获取“气候租金”。气候科学研究的“学术成果”可以使一些科学家名利双收，[1] 并且，如果能展示有迫近的气候灾难的证据，就会更容易得到资助。其他大多数的气候学家也普遍承认并相信，资助会直接或间接地影响到研究本身及研究结果。一位麻省理工学院的气候学者，甚至因为对大多数的模型预测提出异议，结果他的资助被削减。[2] 鉴于此，“气候阴谋论者”的结论是，无论是支持气

---

① 〔捷克〕克劳斯：《环保的暴力》，宋凤云译，世界图书出版公司，2012。

② 〔英〕佩珀：《现代环境主义导论》，宋玉波、朱丹琼译，上海人民出版社，2011。

候变暖论还是反对气候变暖论，似乎都能获得资金：支持的人说反对者从化石能源企业等利益集团获得了资金，而反对者则说支持者通过“气候变化威胁论”获得了巨大的科研经费等利益。由于“人类活动引起的气候变暖”成为竞争研究资金的有力武器，因此，一些气候学家的危言耸听让我们觉得半信半疑。另外，大批持不同看法的气候科学家选择了“不站出来”和“不站进来”，因为担心“站出来”和“站进来”会损害其职业前景，或是危及他们获得研究津贴的机会。[①] “气候阴谋论者”还认为，媒体也成了利益集团之一，他们通过无休止的炒作和耸人听闻的新闻吸引读者和听众。他们就像那些因扶贫事业而致富的“扶贫贵族”一样，因为掌握巨额援助资金分配权的扶贫机构并不愿意看到贫困人数下降，那会使它们变得无事可做，无利可图。政客们也试图通过宣传气候变化，而从中受益，“低碳发展”和“防止全球变暖”等口号成了政客们获取关注或骗取选票的工具。一些国家虽然签订了《京都议定书》，但是它们也并不积极减排，排放量甚至还有所增加。一些国家打着“防止全球变暖”的旗号，开征各种税收，加重了国民负担，使原本处于贫困线以下的人口更加贫困。这些国家并不着眼于改进技术减少碳排放，而是只顾着收税，使人们怀疑“全球变暖”是政府为了从人民身上多收税而被故意夸大了。许多商家也把“低碳”作为一种宣传手段，而低碳产品往往比其他产品更贵，如新型混合动力汽车，如果强制放弃普通产品而改用低碳产品会加重贫困人口的生活负担。有些学者甚至质疑政府间气候变化专门委员会的评估报告在“伪造”数据，“政府间气候变化专门委员会和世界各国政府采取温室气体排放正在推动全球变暖的一致立场，其原因是政治的而非科学的……采用这种假设的人是想制造一种恐惧气氛以加强国家对企业和个人的监管权力，同时阻止第三世界国家享受矿物燃料带来的发展，而在西方这些发展延长了寿命并改善了个人健康”。[②]

对于“气候阴谋论者”的说辞，我们有多大把握推测出他们的真实

① 〔英〕劳森：《呼唤理性：全球变暖的冷思考》，戴黍、李振亮译，社会科学文献出版社，2011。

② 〔英〕诺斯科特：《气候伦理：气候变暖的伦理学》，左高山、唐艳枚等译，社会科学文献出版社，2010。

动机到底是在诋毁气候科学的真实性，还是在真诚地为当代人类的命运着想？即使我们假设他们的判断是真诚的，他们并没有故意参与欺骗，因而他们的行为就不应该受到道德谴责，但这不能豁免他们的过错责任，因为他们诋毁科学家和政治家们的行为的目的就在于让人们相信，气候变化根本就是一个“骗局”，没有必要相信，更没有必要采取昂贵的行动来减少温室气体的排放。他们的这种论调会严重误导公众，使得本已非常艰难的减排行动变得更加困难。所以，在气候问题的讨论中，我们很难去推断各种论调背后的意图与动机，以此来进行道德责任和赔偿责任的评估。相反，我们仅仅需要知道一个人的行动对他人的影响以及由这些行动所实际造成的伤害，就可以来评估他们的过错和分配赔偿责任。因此，我们在这里的主张是，虽然动机在责任的认定中是一个重要的判断基础，但是，鉴于在气候问题中，鉴别动机、欺骗等心理状态的复杂性，所以，在紧迫的气候危机下，对气候责任的认定更多地应该把行动的后果作为判断的依据。

第四节　科学不确定性、预防原则与气候治理

不确定性会继续在气候科学中存在，但是面对紧迫的环境问题，我们不能就此止步不前。这就需要我们有一个正确的态度来回应这种不确定性。在此，我们主张应该把预防原则作为应对像气候变化这样存在不确定性的问题的一个基本原则。

预防原则作为一种伦理规范主张，即使在没有充分的科学把握的情况下，巨大的环境风险也可以成为采取预防性或补救性行动的辩护理由。虽然这个原则并没有一个普遍性的构想，但是我们可以在1992年发布的《里约宣言》的第15原则中找到构成预防原则的主要因素：“为了保护环境，预防措施应根据各自的能力在各国中被广泛地应用，当存在严重的或不可逆转的危害时，科学缺乏充分的确定性不应该成为推迟采取有效的但昂贵的措施去阻止环境恶化的理由。”《里约宣言》所描述的原则断言：在预防性措施被实施之前，充分的科学确定性的证据标准是不需要的。也就是说，为了采取预防性的措施，要求那些倡导环境保护政策的人提供一个无懈可击的证据，或建立充分完备的证据，是不必要的。

已经有越来越多的人开始支持这个原则，这部分是因为，我们很难在环境伤害事件中建立起因果关系。所以，鉴于在大多数环境伤害事件中包括极其复杂的因果链条，我们应该把举证责任指派给反对在气候问题中采取预防原则的人，也就是说，反对的人必须拿出足够的证据来证明，气候变化为什么不会产生灾难性的后果，否则，即使是在缺乏完备的气候科学证据的情况下，为了人类未来的命运，国际社会也应该采取积极的措施来应对气候变化。

从某种意义上讲，预防原则只是对规避社会风险的一种承诺，在一个风险社会中，要求社会采取必要措施去避免让其成员遭受严重的且不可逆转的伤害。但是，个人的风险规避往往仅仅被看作一种不同的人所持有的不同偏好，有一些人为了更大的收益而下赌注去冒险承担潜在的巨大的损失，而另一些人为了保证最小的损失则宁愿获得较小的收益。这个原则可以被看作在制定公共政策时，要求社会最大限度地规避风险。但是，在更广泛的意义上讲，它也呈现更多的规范性含义，它会反对某些规范而支持另一些规范，正如蒂姆·海沃德所描述的："这个原则包含这样的一个假设，即支持普通公民拥有保护自己免受环境伤害行动伤害的权利，并且把举证的责任推到新技术、新的活动、过程的倡导者身上，要他们证明这些活动不会构成严重的威胁。"[①] 预防原则强化了这样的一种观念，即公众有权使自己免受环境恶化所带来的伤害，并且拒绝为了获得眼前的经济利益而牺牲环境稳定的长期利益的做法，同时也阻止了把科学不确定性当作推迟或规避对像温室气体排放这样的危害环境的行为进行管制的借口的可能性。

预防原则在某种意义上讲是对科学不确定性的一个伦理回应，它在容忍风险的存在以保护污染者的利益与将风险降低到最小以保护污染受害者的权利这两者之间进行道德权衡。比如，在缺少完全的科学确定性的情况下，一个能容忍风险的社会可能会允许其安全性存在问题的农药的使用，而支持污染者；而一个规避风险的社会，或者认同预防原则的社会将禁止这种农药的使用，直到它被证明是安全的为止。这就提出了

---

① Tim Hayward, *Constitutional Environmental Rights*, New York: Oxford University Press, 2005, p. 168.

这样一个问题：拒绝使用预测会有伤害但实际上安全的农药（可能会导致农作物大面积减产）与使用某些对农作物的高产有帮助但不安全的农药（可能对环境和公众造成一定程度的污染和伤害），这两者之间谁的风险更大呢？人们该支持哪种选择呢？科学家们往往倾向于支持前者（预防原则）。因为在面临不确定性的情况下，如果一些人在没有得到他人同意，且也没有让他人获得潜在的回报的情况下使用了农药，这可能会将他人置于风险之中，而这些由风险带来的回报主要被污染者获得，而不是为社会所获得，那么，我们就应该采取预防原则。为了保护污染者的利益而让无辜者受到伤害，这将侵犯无辜者的权利。在决定由谁来承担举证责任时，预防原则旨在保护人们的不受环境伤害的消极权利，在不确定的情况下，我们应该把举证的负担丢给污染者。在这个意义上讲，预防原则要保护的是潜在的污染受害者的安全权，而且也通过不允许污染者（他们通常是更富有的人，以及在利益的冲突中利益更少受损的人）把外部性成本转嫁给潜在的污染受害者（他们通常处于社会的最不利地位上）而促进了公平。因此这个原则是建立在基本权利优先于非基本权利的伦理原则的基础上的。从以上的理解出发，我们认为在气候变化对人类的生存和发展存在极大风险的情况下，我们应该把预防原则作为每个国家以及每个人的行动和价值判断的最基本的考量因素之一。只有这样，我们才不会在将来为我们的行为而感到后悔，而且，如果我们认真地对待我们的后代的利益的话，那么，我就不应该借口科学不确定性的存在而延缓我们的减排行动。

第五章　全球气候治理、平等与差别原则

气候变化已经成为21世纪人类面临的严峻挑战之一。同时，如何应对气候变化也成为我们这个时代最富有争议的话题。在目前人类无法根本性地改变其生产方式的情况下，拥有足够多的温室气体排放空间是关乎每一个人乃至每一个国家根本利益的头等大事。因此，如何分配这种稀缺资源就成为目前气候问题关注的焦点。既然气候问题在很大程度上是一个分配问题，那么，它所关注的核心是：在温室气体排放空间有限且每个人和每个国家对“应得”多少有不同诉求的环境下，找出一组合理的道德原则，界定人们的权利和义务，并决定各自应得多少排放份额和承担多少减排成本。《联合国气候变化框架公约》确定的“共同但有区别的责任原则”[①] 应该是人类共同应对气候变化的政治基础和基本原则。“平等待人”是这一原则所追求的道德理想，而要实现这一理想就必须根据不同人的不同境况区别对待每个人，以至实施某种程度的“再分配”政策。这是一个极具争议的主张。如果要使这一主张得到有效落实，我们就必须首先在道德上为之辩护。这样我们就必须回答这样的问题：如果每个人在道德上是平等的，那么，我们有什么理由在分配气候资源时应该接受差别对待的原则？又是什么因素应该成为我们区别对待每个人的依据？我们又该如何贯彻差别对待的原则？之所以我们强调在气候问题上道德辩护的优先性，是因为，我们认识到，气候正义分配对象的特殊性使得在没有一个具有约束力的全球政治机构的条件下，一种分配方案如果要得以实施，关键在于支撑这个方案的伦理原则能否得到

---

① 《联合国气候变化框架公约》在其“原则”这一条款中指出：“各缔约方应当在公平的基础上，并根据它们共同但有区别的责任和各自的能力，为人类当代和后代的利益保护气候系统。因此，发达国家缔约方应当率先对付气候变化及其不利影响。应当充分考虑到发展中国家缔约方尤其是特别易受气候变化不利影响的那些发展中国家缔约方的具体需要和特殊情况，也应当充分考虑到那些按本公约必须承担不成比例或不正常负担的缔约方特别是发展中国家缔约方的具体需要和特殊情况。”

利益各方的一致同意。因此，气候伦理要做的一个主要工作是：论证支撑各种分配方案的道德合理性。因为一个能够充分证成道德优先性的行动方案会较其他的政治策略更加稳定持久，它能激发人们的道德动机去服从正义原则的要求，并抗衡那些非正义的行为。

第一节　气候正义需要差别原则

每个人应该在道德上得到平等的关心和尊重无疑是人类所追求的最重要的道德理想之一。尤其是涉及每个人的生存和发展时，对基本物品的分配更应贯彻平等原则。不能因为某个人的自然禀赋和社会禀赋这些在道德上任意的因素的不同，而对其进行不同对待。在气候语境下，温室气体排放空间无疑是关乎每个人生存和发展的最为重要的物品，无论是发达国家还是发展中国家，也无论是富人还是穷人，都有不可剥夺的享有平等份额的权利。这应该是我们追求的一种道德理想。所以，任何一个在道德上能够得到辩护的气候分配方案都必须建立在对每个人的平等关心和尊重的基础之上。也就是说，“平等原则”应该是整个气候问题能够最终得以解决的一个最为基本的原则，因为国际气候制度只有建立在公平的基础上，才能促成广泛的国际合作。[①] 但我们该如何理解气候问题中的“平等原则”？或者说，我们应该怎样分配才能称得上是对“每个人的平等关心和尊重”？如果是由于历史上的不正义的原因导致了彼此之间的不平等，我们是否应该通过某种“再分配”方式矫正这种不平等，从而实现实质性的平等？如果某种不平等不是由于某种历史的原因而导致的，比如说，对于那些个人禀赋较好而且通过自身努力而获得了更多的分配份额的人；或者对于那些在没有外在强制以及拥有充分信息的条件下，自己选择了某种不合理的生活方式而导致贫穷的人；再或者对于那些天生就有某种身体或精神残障而处于极度生活困境的人，我们是否也应该通过某种“再分配”方式矫正这种不平等？这里实际上涉及一个非常复杂的道德哲学问题，即涉及个人的哪些因素应该成为他或

---

① 当然，我们在这里并不是把“平等”作为去实现其他价值（比如，我们这里所说的“气候合作得以实现”这一目标）的手段，事实上，我们主张，“平等”就其自身而言就是值得我们去追求的价值目标。

她得到“平等对待”的考量因素？对于气候问题而言，历史的累积排放量、人口数量、已有的资源禀赋、地理位置、现有的发展水平、人均排放量、个人自身的禀赋甚至各自的生活方式和个人偏好等这些因素都有可能成为我们在气候资源分配时要考虑的权衡因素。

当我们把这些复杂的因素纳入气候问题的现实思考（我们应认识到，人类的道德实践本来就是一个极度复杂的事情，任何试图把道德实践简单化的做法都有可能使得问题更加糟糕）时，对“每个人的平等关心和尊重”是否就意味着每个人，无论其处于何种状态，都平等地获得一份相同的份额？如果是这样的话，比如那些生活在极度寒冷或极度干旱地区的人，或者那些生活在由于政治动荡以及经济政策失败而导致极度贫困的国家的人，为了抵御这种糟糕的自然气候或社会环境所带来的不利，他们是否能够获得比平等份额较多一些的份额，以体现平等关心和尊重？或者，我们换一个角度讲，虽然从道德上讲每个人是同等重要的，但我们能否得出这样的结论：考量平等的最佳方式就是赋予每个人的每种偏好以同等的分量，而不管偏好的内容或个人的实际福利如何？这意味着，对“每个人的平等关心和尊重”似乎应该容纳对不同情况的差别对待。

我们认为，对“每个人的平等关心和尊重”应该承认并贯彻某种“差别原则”。在这里，所谓“平等的关心”就是要平等地分配各种资源和机会，而不能根据某些人在某方面的禀赋或资格而进行不平等的分配。所谓“平等的尊重”就是不能根据某人的种族、信仰和文化传统等这些塑造自己良善生活因素的不同而对其进行不平等的对待。德沃金曾基于“资源平等”对“每个人的平等关心和尊重”做过精辟的论述[①]，他的观点得到很多人的认同。他认为，在一个平等的社会中，理性的道德人应当对所有人表达平等的关心和尊重，同样每个人也应该享有被平等地关心和尊重的权利，但是，这并不意味着每个人在资源和机会等价值的分配中应该获得相同的份额。对“每个人的平等关心和尊重”首先意味着：把“所有公民当作平等的人来对待，亦即给予其所有公民以平等的关切和尊重”。其次意味着：“在分配某些机会资源或者至少是工作资源

① R. Dworkin, *Sovereign Virtue: The Theory and Practice of Equality*, Cambridge, MA: Harvard University Press, 2000.

的过程中，平等地对待其所有公民，以保障这样一些态势：在那个方面他们是平等的或比较接近平等的。”[①] 一般而言，平等地对待每个人最好的办法似乎就是把每个人，无论他的境况如何，视作平等的，从而用相同的尺度和标准对机会资源一视同仁地进行平均分配。但从道德直觉上看有时又并非如此。比如，“假定一个有限额度的紧急救援对于受到洪水袭击的两个人口相同的地区都是适用的；对两个地区的公民给予平等对待要求向受灾更严重的地区提供更多的援助，而不是平分可以使用的救援基金”。[②] 因此，在许多情况下，平等地对待每个人的最合适的办法就是不把他们当作平等的人来对待。对平等的这样一种理解预设了某种值得追求的价值理想，即每个人在道德上是绝对平等的，不能用某些非道德的标准和尺度来界定人的道德身份，从而决定他们应得的份额。比如，在教育资源严重不均衡的情况下，要求不同地区的考生按照同样的分数线（把他们看作平等的）来决定能否上名牌大学就显得不合理，这对于那些处于教育资源落后地区的考生而言就是没有得到平等的关心和尊重。因此，在温室气体排放空间的分配上，如果我们要平等地关心和尊重生活在发达国家的人和贫穷国家的人的话，则要求向贫穷国家的人分配更多的份额，而不仅仅是简单的平等分配。所以，作为平等的个人受到对待的权利有时要求区别对待。

如果我们是理性的道德人，那么，这种“区别对待”的原则应该成为解决气候问题的一个基本的正义原则。全球气候正义主要涉及两个方面的问题：减缓气候变化的公平问题和适应气候变化的公平问题。就“区别对待”而言，减缓气候变化的公平问题主要关注的是，不同缔约方进行减排义务的分担或温室气体排放权的分配时，应如何具体体现“共同但有区别的责任原则”。这里“共同但有区别的责任原则”应该包括两层含义。一方面，由于人类只有一个地球，避免全球变暖、保护地球的环境安全是全球所有国家和个人的共同责任。因此，世界上所有国家和地区，包括发达国家和发展中国家，都应承担共同维护地球环境安全的责任。另一方面，由于历史和现实的原因，各国自然资源、人口增

① Ronald Dworkin, *A Matter of Principle*, Cambridge, MA: Harvard University Press, 1985, p. 190.

② Ronald Dworkin, *A Matter of Principle*, Cambridge, MA: Harvard University Press, 1985, p. 190.

长、经济结构和发展水平等自然和社会禀赋的不同，在责任和义务的分担上应该体现差别原则。因此，减缓气候变化的公平问题主要就是解决如何根据各国具体禀赋的差异，在排放权的分配中合理地体现国家之间的差别。它所涉及的核心问题是：我们在确定分配份额时，什么因素应该影响各自所得？历史的累积排放量、人口数量、已有的资源禀赋、地理位置、现有的发展水平、人均排放量甚至各自的生活方式等都可以成为影响各自所得的因素。而适应气候变化的公平问题的最终目标则是明确如何进行适应成本的公平分担，促进发达国家对发展中国家做出合理的经济补偿。它涉及的问题是：发达国家有无义务以及如何来帮助适应能力弱的国家，以及如何确定哪些国家应该得到帮助。

第二节 我们有什么理由接受差别原则

《联合国气候变化框架公约》（以下简称《公约》）提出在应对气候变化的过程中，各国应根据历史和现实因素的不同，承担不同的减排义务。应该说，《公约》中的“差别原则”所体现的价值追求是对“每个人的平等关心和尊重”，而落实该项原则的政策则是在全球范围内实施某种程度的气候资源“再分配”。因此，气候正义的“差别原则”有两个方面。一是基于历史原因的“矫正正义”，它所解决的问题是让所有人在开始分配之前，都有一个公平的起点。由于历史的原因，发达国家侵占了过多的排放空间，事实上是造成了现有的气候问题的主要责任者，而许多贫穷国家现在正在遭受由此而带来的气候灾难和损失。[1] 这些

---

① 2005年，在爱丁堡召开的气候变化会议上，坦桑尼亚的大主教唐纳德·姆特勒梅纳阐述了气候变化对其同胞造成的可怕后果。由于发达国家不断向全球排放温室气体（比如，仅仅在约克郡的一个英国发电站排放到大气中的二氧化碳就比肯尼亚、马拉维、莫桑比克、坦桑尼亚、乌干达和赞比亚这几个国家共同的排放量还要多。这些国家在过去十年遭遇了干旱，某些地区甚至经常闹饥荒。IPCC最新排放数据显示，非洲整个大陆每年排放的二氧化碳量只占美国排放量的1/16），导致气候变化，使得降雨越来越不规律；以往旱灾是每十年才爆发一次，而今三四年就会有一次旱灾。最近的这些改变使乡村社会崩溃，因为饥饿和当地食物缺乏，迫使许多父母背井离乡竭力找寻食物来源。有时，父母外出寻找食物了，家中年老亲属尚且可以照看小孩，但仍有许多孩子无人看管，导致营养不良，也没有上学的机会。资料来源：〔英〕迈克尔·S. 诺斯科特：《气候伦理》，中央编译出版社，2010，第66～69页。

“环境负担”严重影响了生活在由气候变化造成环境恶化的地区（往往是经济贫困的国家）的人们的健康和过上有尊严的生活的能力。但基本能力方面的这种欠缺却不是他们“应得的”，因而是不合理的。对于那些因气候变化所造成的灾难而失去最基本生存能力的人们，气候正义要求必须对他们提供有差别的分配份额。对于这一点，发达国家理应首先承认并补偿贫穷国家，帮助它们提高应对气候变化的能力。也就是说，发达国家应该承担更多的减排义务，从而留下足够的空间帮助贫穷国家实现经济和社会的发展。① 二是基于现实条件的“分配正义”，它所要解决的问题是如何在气候资源的分配上体现对每个人的平等关心和尊重。对每个人的平等关心和尊重并非意味着简单的平等分配，而是意味着针对自然和社会禀赋的不同而区别对待每个人。这同样需要在资源的分配上实施某种“再分配”。

那么，问题在于，基于“差别原则”的“再分配”在多大程度上可以得到道义上的辩护？或者换一句话说，贫困国家有什么理由应该得到比富裕国家更多的份额呢？现实告诉我们，富裕国家确实因为自己的富裕而拥有更强的控制气候资源和适应气候变化的能力，这种能力的不平等也确实产生了不正义和不公平的后果，但如果不平等本身不是由任何不正义或者不公平的原因产生的，我们仍然不能认为对富人的要求是一项正义的要求。如果贫穷者没有正当的理由拥有某个东西，那么他在那个东西上的丧失就说不上是对他不公平。反过来说，要是 A 有权或者有正当的理由得到某个东西，而 B 以某种方式剥夺了 A 获得那个东西的机会，或者削弱了 A 拥有那个东西的途径，那么，我们的制度安排在分配资源时就必须区别对待 A 和 B。这里的关键在于，是什么原因使得贫穷

① 一个不可否认的事实是，不仅在历史上，而且在当前，发达国家都占有绝大多数的温室气体排放份额。以英国为例，如果把与伦敦股票交易相联系的银行和公司的碳足迹都计算在内，英国就占全球温室气体排放量的 15%，而不是政府所宣称的 2%。在美国，以相同方式计算的话，消费者、公司、银行家要为全球一半以上的温室气体排放量负责。美国普遍存在这样一个观点：工业国家没有就限制温室气体排放的国际协议达成共识，是因为印度和中国的温室气体排放量一直在增加，这些协议却没要求印度和中国减少其排放量。这是没有道理的，它们视而不见的是，世界上大部分已排放的温室气体都是老牌工业国家排放的；这也是让它们带头减排的一个道德原因。因此，直到富裕的工业国家从根本上减少排放量，并在经济上补偿其他地区，提供资源使那里的人适应全球变暖的环境，这种气候变化上的全球不公平问题才会得到解决。

者“应得”比富裕者更多的份额。

贫穷者“应得”比富裕者更多的份额，其原因在于，当前国际社会对排放权的占用更多时候是先占先得或依靠各国实力获取的结果。当前发达国家所占用温室气体排放空间正是发达国家先占先得的结果，发达国家或富人应该为现在出现的气候问题负主要责任。而且，一个国家对气候资源的控制能力以及所形成的经济实力在很大程度上是建立在不合理的国际经济和政治秩序的基础上的，而这种不合理的秩序渗透着奴役、殖民统治乃至种族屠杀的过程。正是这种历史的原因，导致了大多数发展中国家的贫穷。当贫穷国家为了发展经济而试图跻身于全球经济市场时，由于历史上遗留下来的严重不平等，又使得它们在国际谈判中总是处于受支配的地位，而富裕国家则在很多问题上结成联盟，为了维护自己的利益继续限制和压制贫穷国家。所以，贫穷国家的落后在很大程度上讲是与不合理的国际政治经济秩序相关联的。[①] 在这里我们不打算就“历史的原因”做进一步的分析。我们在这里更为关心的是，如果我们接受应该“平等地关心和尊重每一个人”这一道德理想，并且如果气候问题本质上是一个“分配正义”的问题的话，那么，就平等分配“气候资源”而言，我们有什么理由接受“差别原则”以及由这种“差别原则”而导致的“再分配”。

首先让我们对“平等”这一概念做一基本认识。一般而言，“平等”是一个比较性概念。当 A 和 B 被视为平等时，即表示相对于某一特性 P (property)，两者是等价的。例如当我们说两个人同样聪明，有同样高度，又或表现同样出色时，都隐含了这种关系。而当平等应用于规范性的正义问题时，则表示，当 A 和 B 相对于某一规范性的特性 P 而彼此平等时，A 和 B 应该受到某种平等的对待 T（treatment），又或得到相同分量的义务。当然，这个概念本身是纯粹形式化的，我们必须先清楚 P 及 T 的实质内容，才能判断该规范原则是否合理。就“特性 P”而言，可以是自然因素（如个人才能、智力、体力以及生活于其中的自然环境等），也可以是社会因素（如国籍、家庭出身、种族、信仰、性别、社

---

① 关于这一问题的更为详细的论述参见陈俊《我们彼此亏欠什么：论全球气候正义》，《哲学研究》2012 年第 7 期。

会关系以及生活于其中的政治环境等)。这两个因素又可以根据“个人自主选择”为标准，分为偶然的因素和非偶然的因素。对于偶然因素而言，因为它不是个人自主选择的结果，因而是道德上任意的，对此个人不应该对此因素而产生的任何结果负有道德责任。而对于非偶然因素而言，因为它是个人自主选择的结果，因此个人就要为自己的选择而产生的后果承担道德责任。当然，我们还可以对“特性P”做更抽象的理解，比如，P是指“理性和道德能力”。就“对待T”而言，可以是赋予机会的平等、福利的平等、收入和财富的平等、权利的平等以及仅仅是抽象的平等尊重等。如果把P和T的各种要素进行不同的组合，就会衍生出形态各异的“平等观”。

如果我们宣称由于所有人生而具有同样的理性和道德能力（P），那么，我们就可以得出每个人在道德上是平等的这一结论，所以每个人就应该在道德上得到“平等关心和尊重”（T)。因为我们假定“理性和道德能力”对于任何一个生理正常的人都是应该具有的，不会因为自然的因素和社会的因素而使得某个人丧失这个特征，除非是自己在没有外在强制的情况下选择主动放弃。如果我们接受道德上人人平等这一假设，并同意以此作为正义原则的证成基础，那么它会从一开始便限制了权利、机会以及财富等各种“基本善”的分配方式。例如，在气候语境下，温室气体排放空间这一基本善必须以平等的方式分配，而不可以因一个人的国籍、阶级、财富及权力的差异而有所分别，因为这些因素相对于人人具有的基本特征（P）——理性和道德能力——而言都是道德上任意的因素，人的基本道德特性较之这些个人身份特征而言具有绝对的优先性，所以，在分配温室气体排放空间时，我们应该排除那些具有偶然因素的身份特征而平等对待每个人，这才符合道德平等的理念。

因此，在考虑气候正义原则时，我们只需从“理性和道德能力”这一人类普遍具有的特征来看待彼此的关系，视所有人具有同样价值，享有平等的道德地位。“平等关心和尊重每一个人”的唯一决定性因素是一个人是否具有“理性和道德能力”。正如查尔斯·泰勒所说：“平等尊严的政治，是基于所有人都值得平等尊重这种理念。支持这种理念的理由，是基于由于人的某些内在特质，从而值得尊重的说法——无论我们想如何努力回避这种形而上学背景。康德对于尊严这个词的用法，是对这个极具影响力的理念的最早的召唤。他认为，内在于人从而值得尊重的，是我们作为理性的主体的身份，亦即我们具有通过原则来指导生活的能力。……因此，在这里所谓有价值的，是一种普遍的人类潜能，一种全人类分享的能力。正是这种潜能，而不是其他可能构成人的东西，保证每个人都应受到尊重。"[1]

所以，一个正义的分配原则，必须尊重和体现人人平等这个理想。但单从道德平等的理念，并不能直接推导出实质的社会正义原则，更推导不出"差别原则"。因为什么样的正义原则才最能够将"平等关心和尊重每个人"的内涵表现出来，可以有不同演绎。不同的"平等观"之间的主要分歧在于，对自然禀赋及社会环境在分配正义中应该扮演什么样的角色有不同看法。

比如像诺齐克这样的自由至上主义者，他们对"平等"的理解就是一种被罗尔斯称为"自然的自由体系"的平等观[2]。"自然的自由体系"在基本善的分配上向所有有才能者开放，收入和财富将以一种有效率的方式分配，该分配方式是由收入、财产、自然资产和能力的最初分配决定的。也就是说，只要一个制度保障了形式的机会平等，亦即在法律上确保各种职位对所有人开放，每个人便可自由运用各自的天赋能力及社会优势，在分配竞争中争取最大的份额，如果强行将他们的所得以任何形式进行再分配，就会侵犯他们的权利，所以，自由至上主义者坚决反对任何形式的"再分配"。自由至上主义者强调的是在分配中要"敏于选择"，只要人们合理地持有自己的财产（不论这些财产是基于道德上偶然因素的所得，比如由自身所具有的才能、智力和体力以及家庭出身、种族、性别和社会关系等特征所获得的，还是基于自身的选择所得）就能够凭借这些财产有资格在自由交换中获得任何由竞争而获得的份额。这里的"资格"意味着，我"有绝对的权利按自己认为恰当的方式自由地处置财产，只要这种处置不涉及暴力和欺诈"。[3] 由此可以看出，自由

① Charles Taylor, "The Politics of Recognition", in Amy Gutmann ed., *Multiculturalism*, Princeton: Princeton University Press, 1994, p. 41.

② John Rawls, *A Theory of Justice*, Cambridge, MA: Harvard University Press, 1971, pp. 65 – 67.

③ Robert Nozick, *Anarchy, State, and Utopia*, New York: Basic Books Inc., 1974, pp. 265 – 268.

至上主义者不仅强调在分配中要“敏于选择”，而且还要“敏于禀赋”，也就是说，那些道德上偶然的因素也是可以允许影响分配的。对于那些出生并生活在地理位置优越（比如温带），或是自然资源丰富的地方，并且凭借这些优势条件而享有富裕生活的人们而言，能过上富裕的生活没有什么不正义的。而对于那些由于自然禀赋较差而生活贫困的人们，我们也没有道义上的义务分配更多的资源给他们。尤其是对那些凭借自己的“努力”而获得更多分配份额的人，我们更不应该要求他们把自己的份额拿出来救济那些忍饥挨饿的人，除非他乐善好施。这种平等观“最明显的不正义之处在于它允许分配的份额受到这些从道德观点上看非常任意的因素的不恰当的影响”。[①] 这些任意的偶然因素包括社会偶然因素（如家庭出身、种族、性别和社会关系等）和自然偶然因素（如才能、智力和体力等），而这些因素无论人们怎么努力都无法影响它们的优劣。

“自由主义的平等”则尝试纠正“自然的自由体系”的弊端，主张尽可能排除由家庭及阶级等社会因素所造成的差异对分配的影响。对于那些才能和能力处于同一水平上、有着使用它们的同样愿望的人，应当有同样的成功前景，不论他们在社会体系中的最初地位是什么。它的目标是创造一个“公平的平等机会”，让所有人都有实质的平等起步点。“自由主义的平等”试图减少社会偶然因素对分配的影响，这就需要在资源的分配上采取矫正措施。比如，通过税收转移财富提供平等的受教育机会，防止财富过度集中，并将基于阶级、种族、性别、文化的身份特征而阻碍流动的樊篱降到最低。但是，社会偶然因素并不是影响人们生活前景的唯一因素，人们的生活前景还受到自然偶然因素的影响，因此自由主义的平等仍存在缺陷，“一方面，即使它完善地消除了社会偶然因素的影响，它仍然允许财富和收入的分配受到能力和才能的自然分配的影响。在背景制度允许的限度之内，分配的份额是由自然博彩的结果所决定的，而这一分配结果从道德观点上看是任意的。正像没有理由允许由历史和社会的机会来决定收入和财富的分配一样，也没有理由让自然资产的分配来决定这种分配”。[②] 就气候问题而言，气候正义所涉及的

---

① John Rawls, *A Theory of Justice*, Cambridge, MA: Harvard University Press, 1971, p. 72.

② John Rawls, *A Theory of Justice*, Cambridge, MA: Harvard University Press, 1971, pp. 73 - 74.

是公平分配温室气体排放空间这一公共财产资源。那么，对于那些拥有先进的技术、参与到效率更高的经济组织模式中以及具有较高工作效率的富人（富有的人通常是那些拥有较高个人禀赋，或是出生于较为富裕的家庭的那些人），他们是否有权得到较多的排放空间，以实现其较高品质的但同时也是具有较高碳排放量的生活？因为毕竟在现有的技术条件下，任何人类活动都会在某种意义上与温室气体的排放相关联。同时，对于那些生活在不同地理位置（比如生活在寒冷地区的人，他们需要更多的排放空间来获得足够的热量以应对令人无法忍受的寒冷气候），或者对于那些由于不同的个人偏好而持有不同生活理想的人（比如，对于那些酷爱旅行或者赛车的人，他们需要更多的能源消耗）来说，他们是否也有权获得更多的排放份额？再比如，对于那些由于种种原因（或者是自身的原因，或者是社会的原因）而处于贫困状态的人，他们是否就该获得比富裕者更少的排放份额（因为，毕竟他们的贫困生活所耗费的能源要少得多）。如果不是，那么，他们有什么理由要求富裕者减少他们的排放量而给予贫困者相等甚至更多的分配份额呢？因为，温室气体排放空间这一稀缺资源的一个非常重要的特征是使用的非排他性和竞争性，一个人过多地使用就意味着另一个人的更少的使用。

通过对以上几种“平等观”的初步考察，我们可以得出这样一个初步的结论：对“平等”的诉求，关键在于我们将哪些“人的特质”（P）作为衡量平等的标准，以及这些“特质”在平等对待的考量中占到多大的分量。或者是说，平等诉求与道德运气之间到底应该是一个什么样的关系？在气候问题的解决上我们确实遇到了一个十分复杂的道德难题，这个道德难题是：对气候资源的任意占有与一个人对自己禀赋的占有在道德上是等价的吗？根据罗尔斯的理解，对那些由于偶然的因素而成为不利者的人而言，当与最初的平等地位相比不能证明他们的牺牲提高了他们的地位时，就不能让他们承受不平等的待遇。[①] 也就是说，如果我们同意应该“平等关心和尊重每个人”，那么，就要求没有人应得他在自然禀赋分配中的地位。这包含两个方面的含义：一方面，平等的根本

---

① John Rawls, *A Theory of Justice*, Cambridge, MA: Harvard University Press, 1971, pp. 64 - 65.

目标在于对不应得的坏运气进行补偿，这个补偿应该仅仅来自其他人从不应得的好运气中所获得的那部分利益，也就是说，一个在道德上获得辩护的“平等”要求把根本的不正义视为运气分配的自然不平等，我们应该排除运气因素对分配的影响；另一方面，由个人选择所带来的不平等不在平等理论调节的范畴之内，个人应该对自己的选择承担责任。根据类似的推理，国际社会对自然资源的占有也是道德上任意的。有些国家由于自然禀赋甚至是不正义的手段而处于占有自然资源的有利位置，从而获得了比其他不利者更多的份额，而许多贫穷国家却由于自身种种因素而处于占有的不利地位。那么，出于“对每个人的平等关心和尊重”，前者就应该对后者的“坏运气”进行补偿。当然，这里要对所谓的“运气”进行细致的分析，看看哪些是属于应该予以补偿的，而哪些是不应该予以补偿的。

罗尔斯曾经提出了一种“反应得”的“差异原则”，以实现他的“民主的平等”理想。罗尔斯认为，基于对所有人的平等关心和尊重的考虑，当我们在决定正义原则时，个人自然禀赋和社会阶级及家庭背景导致的不平等，必须被排除出去。因为从道德的观点看，这些差异都是任意偶然的结果，没有人应得由这些差异所导致的不平等分配。“一旦我们决定寻找这样一种正义观，它防止人们在追求政治和经济利益时把自然禀赋和社会环境中的偶然因素用作筹码，那么我们就被引导到这些原则（即罗尔斯的“自由平等原则”和“差异原则”——引者注）。它们体现了把那些从道德观点看是任意专横的社会因素排除到一边的思想。”[①] 因此，如果我们接受这种道德信念，那么，区别对待不同的人将是诠释“对所有人的平等关心和尊重”这一理想的最合理的选择。

不仅如此，罗尔斯还认为要将“个人努力和贡献”也从对分配正义的考量中排除。“直觉上，最接近奖励道德上的应得的准则的，似乎是按努力来分配，或更恰当地说，按全心全意的努力来分配。不过，我们仍一再清楚地看到，一个人愿意付出的努力，仍然受到他的天赋能力和技巧，以及其他可能性的影响。在其他条件相同的情况下，天赋较好的人更可能努力奋斗，而且似乎用不着怀疑他们较为幸运。因此奖励应得的

---

① John Rawls, *A Theory of Justice*, Cambridge, MA: Harvard University Press, 1971, p. 15.

想法不切实际。"[1] "认为一个人应得能够使他努力培养他的能力的优越个性的断言，同样大有问题。因为他的个性培养，在很大程度上依赖于幸运的家庭和环境，而对此他不能声称有任何功劳。应得的观念看来不适用于这些情况。"[2] 可见，对罗尔斯来说，根本没有完全独立于环境之外的努力或纯粹的选择。那些表面看来是由个人努力或品格所产生的表现，归根溯源，总和我们的自然能力及家庭环境分不开。既然后者是不应得的，前者自然也不应得。从某种意义上说，罗尔斯的"民主的平等"理论是更为平等主义的，因为它对能够合逻辑地出现在个人的生活境况中的差别施加了更大的限制。这是一个非常激进的观点，会让那些权利至上主义者感到更为不安。因为这意味着，要实施这样的"平等"就必须采取更为激进的"再分配"措施。所以，罗尔斯需要回答的是，为什么从道德的观点看，自然禀赋及社会背景优势，甚至个人努力都不是人们所应得的？"应得"（deserve）的基础到底是什么呢？

罗尔斯通常所说的"应得"是狭义的道德上的应得，而不是我们平时常用的广义的应得的概念，例如应得的基础在于一个人的贡献或努力等。一个人的行为在道德上应得某些奖惩，当且仅当它能够表现行动者的德性或道德品格，彰显出其内在的道德价值。正如涛慕斯·博格指出："就罗尔斯的意思而言，你仍然是不应得的——除非你的努力在某种意义上确证了你的优越的道德价值。"[3] 也就是说，之所以我们彼此之间是平等的道德基础是：每个人在道德价值上是同价的。因为，每一个理性的人都能理解并有能力实践自己所看重的生活计划，因此承诺尊重其他每一个人的身份，视他们为计划的创始人：将我们自己视为自然人，视为计划的制订者，与其他和我们一样的人生活在一个世界上，我们就发展了一种视我们自己为道德人的观念，这使得我们能够对其他任何理性的人保持一定程度的宽容，因为他们在概念上也能够理解并分享这种自我认知。我们基于我们的自然人格而要求尊重，即要求承认我们的道德人格，这样我们就承诺了要将尊重延伸到满足同样条件的其他任何人身上。

就此而言，所谓从道德的观点看，个人禀赋的分配是任意偶然的，

---

① John Rawls, *A Theory of Justice*, Cambridge, MA: Harvard University Press, 1971, p. 312.

② John Rawls, *A Theory of Justice*, Cambridge, MA: Harvard University Press, 1971, p. 104.

③ Thomas Pogge, *Realizing Rawls*, Ithaca: Cornell University Press, 1989, p. 77.

从而是不应得的，所指的是这些禀赋的高低，和一个人的道德价值没有任何关系。也就是说，只有一个人的道德价值才是“应得”的基础。而每个人在道德价值上应该是平等的，所以，在考虑社会正义原则时，所有在道德上任意的因素都应该被排除出去，只有这样才算是真正的平等关心和尊重每一个人。总之，罗尔斯的“民主的平等”意味着我们要平等地把每一个人作为一个道德人来看待，绝不可根据人们的自然运气来衡量他们在社会合作中利益和负担的份额，应该排除道德上偶然的因素对分配份额的影响。如果我们希望建构一个使人们不受自然偶然因素和社会偶然因素影响的平等社会，那么我们就必然接受这种“差别原则”。

因此，我们在气候问题上实现“平等待人”的理想，并由此实施“差别原则”的道德基础是：每个人，无论其自然禀赋还是社会禀赋如何不同，但是作为一个理性的道德人而言，他们在道德上是绝对平等的。人们的道德价值相对于其自身的其他特质的价值而言，具有绝对的优先性。因此，在气候资源的分配上，将那些道德上任意的因素排除出去，并且实施某种程度的“再分配”以使得每个人在基本的资源分配中达到大致的平等，就能够在道德上获得辩护。

第三节　气候正义：钝于禀赋，敏于抱负

实际上，对于气候问题而言，发达国家和发展中国家有着共同的平等主义共识，比如，即使像美国这样不惜以退出《京都议定书》为威胁而极力阻挠国际气候谈判的国家，也主张在气候问题上应该“一视同仁”。当然，清楚的是，它们所主张的“平等”不是“结果平等”，而是应当将每个人“作为平等的人”来对待，也就是说，它们主张的“平等”是自由权的平等。它们理论的出发点是，无论现在每个人的自然禀赋和社会禀赋如何，我们都应该视他们为平等的，应该同等地承担减排义务。可以看出，以美国为首的发达国家是想极力回避由于历史的原因和自然禀赋的差异而导致的不同国家事实上的不平等。这种论调背后的理论支持者恰恰就是那些自由至上主义者。我们业已指出，这种平等观“最明显的不正义之处在于它允许分配的份额受到这些从道德观点上看非

常任意的因素的不恰当的影响”。[1] 美国的论调实际上是违背“平等地关心和尊重每个人”这一道德理想的。

现在，一个颇为流行的分配方案是国际限额与交易制度。根据这一办法，国际社会将设立一个温室气体排放的“上限”，将指定的排放权分配到各个国家，而这种排放权可以以现金返还的方式进行交易。但一个关键性的问题是：该如何分配排放权？很多西方学者主张以各个国家现有的排放基准作为分配量的参考标准来分配份额。也就是说，排放量应该被“冻结”在现有水平，从而使得每一个国家都有权将排放量保持在目前的水平上。从公平的角度看，这实际上产生了严重的问题。为什么排放空间的分配方案应该以各国的现有排放量以及相应的现有国家能源消费这些非道德的偶然因素作为前提？一个拥有 3 亿人口的国家和一个拥有 10 亿人口或者 4000 万人口的国家是否仅仅因为它们目前的排放量大致相等从而就应该拥有相同的排放权？为什么要求一个人口众多的贫穷国家必须保持当前的排放水平，而拥有相同人口的富国则被允许排放更多？因此这一方案遭到质疑。

一个替代性的方案是，在国际协议中，排放权应参照人口数量平均分配，而不是按照现有各国实际的排放量来分配（这一分配方式可称为“人均模式”）。人均模式产生的问题是，即使把碳排放权平均分给每个人，那么由此所带来的福利结果对每个人而言也并不是均等的。虽然从一般意义上讲，温室气体排放与所获得收益是紧密相关的，但这并不意味着相同的排放份额会获得相同的收益。收益会基于很多因素而不断变化，如经济模式、技术水平、管理效率、自然条件甚至政治环境、生活方式等都可能影响到把碳排放转化为收益的实际水平。例如，泰国、罗马尼亚和牙买加人均排放量大体相同，但是这些国家所受到的气候变化的影响以及由此而获得的收益可能会有很大的不同。牙买加可能会暴露在大西洋飓风之中，泰国可能会面临农业格局的变化，这两国都将受到海平面变化的影响，而罗马尼亚则不会。人均模式的分配方案对这些国家的直接影响将是完全不同的。在这个意义上说，温室气体排放的人均分配本应该体现了平等的要求，但实际上将无法达到“平等地关心和尊重每个人”这个道德目标。

---

① John Rawls, *A Theory of Justice*, Cambridge, MA: Harvard University Press, 1971, p. 72.

人均模式还需面对一个问题就是，对于那些采用“碳集中”生产模式的人（也就是历史上碳排放最多因而也是最为富有的人）而言，他们已经形成了自己的生活方式和个人偏好，这种生活方式显然需要比穷人更多的排放额度才能得以维持。显然，人均模式无法满足这样的要求，那么，这些人是否有权要求一个更多的排放额度？相反的情形是这样的：也许有某些生活得并不富裕，历史排放并不是很多的人们，因为他们生活在极度寒冷的地区，比如格陵兰岛，为了基本的生存（需要比一般地区更多的热量）是否有权要求一个更多的排放额度？这两种情形虽然都有特殊的原因要求特殊的对待，但哪一个的要求更为合理呢？这里的问题在于，如果我们把人均模式理解为要求给予每个人以相同的待遇，那么，对于那些由于不同原因而提出特殊要求的人而言，我们要区分这些原因中哪些是在道德上“应得”，哪些则不是。比如，排放了很少温室气体的节俭者同排放较多的挥霍者如果得到同样多的排放份额，这看起来是不公平的。受到气候变化伤害最大的人和那些受到气候变化伤害最小（甚至获益）的人所获得的待遇一样，这也是不公平的。最后，我们也许还会认为，那些为应对气候变化而付出代价因而处于贫困状态的人们应该获得某种补偿，例如，那些因工作上下班必须支付高额汽车费和燃料价格的低收入工人。公平的要求是否就意味着这些人能获得特殊补贴，因此他们就不必承担这个协议机制所规定的不成比例的成本。

还有人提出异议说，人均模式的一个实际效果是使一些人口较多但发展缓慢的贫穷国家获得较多收益，而那些合理施政、推动经济发展的人口较少的国家却将受到处罚。这种分配方案是不是正当的？很多国家富有是因为它们拥有较高的生产效率和合理的经济体制，或许还加上公民较高的受教育程度，而不是因为它们非常幸运地拥有丰富的资源。事实上，有时候，自然资源丰富的国家经常比自然资源稀缺的国家做得更差。所以，一个国家的公民努力创建并维护好的体制是因为好的体制可以带来财富和其他好处。但人均模式这种再分配的原则似乎会隐性地惩罚那些做得好的国家，奖励那些做得不好的国家。因此，一个理想的分配原则应当激励各个国家去提前发现全球性问题并且商讨制定协议以解决这个问题，与此同时，又不影响它们控制人口以及对各种机构进行投资的积极性。这样，各国才不会因为觉得此原则下的法律解决方案很糟糕而不愿意加入条约谈判。

那么，我们现在要问的是，在气候资源的分配上，到底哪些因素是我们必须考虑的？基于这些因素的考虑，我们要实现怎样的道德理想？在上一节，我们考察了罗尔斯的“差别原则”，我们同意，一个正义的分配应该“钝于禀赋”。因此，在气候资源分配时，我们不仅要将历史的因素排除出对“应得”的考虑，也就是说，由于历史上的某些不正义而导致的发达国家与贫穷国家之间的不平等应该首先得到矫正，基于历史的“矫正正义”优先于基于现实的“分配正义”。同时，我们还要消除那些因为自然偶然因素导致的不平等。但是，像罗尔斯那样，一个正义的气候分配也应该“钝于选择”，这在道德上能否得到辩护？一个“驾驶SUV的超级驴友”是否该获得更多的碳排放份额？一个凭借自身的努力而获得成功的人，是否应该减少他的排放份额，以达到一般人的平均值？

在气候资源的分配上，大多数人的直觉认为，气候正义的一个目标就是达到某种程度的“福利平等”。“福利平等”就是在人们中间分配或转移资源，直到进一步的转移资源再也无法使他们在福利方面更加平等，此时这种方案就算是把人作为平等的人来对待了。但我们认为，“福利平等”的观念难以应用到气候问题上。其中一个非常重要的原因在于，“福利”是一个非常抽象和模糊的概念，可以对其做出诸种不同的解释。比如说，我们可以用个人的偏好、目标、抱负以及主观感受来对其进行定义。这样福利平等就主张，为了实现个人的偏好、目标和抱负，人们应该进行人际资源的再分配。由于个人偏好是一个相当宽泛的概念，以此作为要求平等对待的理由，在当前严峻的气候背景下，就显得极为不合理。比如，A、B两个人，A希望整天驾驶大排量SUV到全世界去旅游，而B则希望在自己的农场里过一种平静的生活，除非A能获得一个很大的碳排放份额周游世界，否则他将会非常失望。根据福利平等，我们应该给予A更多的资源以使其能满足他的偏好，显然，这是非常荒谬的。要求或期望他人为了补贴我的奢侈的选择而放弃他们的资源份额是不公平的和自私的！我们不能仅仅因为一个人有此偏好就对其进行资源转移，人类所拥有的气候资源本来就非常稀缺，不可能牺牲别人的资源份额来满足这种不合理的个人偏好。因此，我们应将基于个人选择的不合理个人偏好从平等分配中排除掉。事实上，联系到气候问题，目前富有的人普遍过着一种“高碳”生活，在碳排放空间一定的情况下，富人为了满足“高碳”生活的个人偏好，就必然会挤占贫困者的排放份额，从而使得富者更富，穷者更穷。发达国家借口为了维持本国公民的生活方式而要求更多的碳排放权是不合理的，这是严重违背“平等地关心和尊重每个人”的道德理想的。

可见，福利平等面临的最大问题是，对于那些持有“昂贵嗜好”的人，他们是否应该得到平等的关心和尊重。或者是说，他们是否有权获得更多的资源以满足其个人偏好。如果一个人已经选择了“昂贵嗜好”，如果社会由于资源的稀缺和公平待人的考虑，不给予他特殊的对待，那么，他是否就该为此承担“不平等”对待的责任。所以，我们应该将“责任”（个人选择）纳入对公平分配的考量中。如果这是可以接受的，那么，我们认为，在气候资源的分配上，我们应该“敏于志向，钝于禀赋”。

德沃金曾提出一个“资源平等”的理论[①]。关于资源平等的理论目标，德沃金曾这样表述：一方面，我们必须承受背离平等的痛苦，允许任何特定时刻的资源分配（我们也许可以说）敏于抱负。也就是说，它必反映人们做出的选择给别人带来的成本或收益，例如，那些选择了投资而不是消费的人，或更加节俭而不是消费较高的人，或以收益较高而不是较低的方式工作的人，必须允许他们保留在自由交易条件下拍卖后做出的这些决定中得到的收益。另一方面，我们不能允许资源分配在任何时候敏于禀赋，也就是说，有相同抱负的人在自由放任经济中受到造成收入差别的那一类能力差异的影响。[②]

对德沃金来说，我们应该对自己的选择承担责任，而不应该为环境因素所带来的结果承担责任，换言之，人们的命运应该取决于自己的抱负，不应该取决于自己的禀赋。虽然德沃金并不主张消除一切不平等，而是承认一些不平等的存在是合理的，但是他主张要仔细辨别是何种因素导致了不平等，要仔细辨别不平等的根源。只要这些不平等是源于人们应当承担道德责任的自主性选择，那就是正当的，同时我们必须纠正

---

① Ronald Dworkin, *Sovereign Virtue*: *The Theory and Practice of Equality*, Cambridge, Massachusetts: Harvard University Press, 2000, pp. 65 – 119.

② Ronald Dworkin, *Sovereign Virtue*: *The Theory and Practice of Equality*, Cambridge, Massachusetts: Harvard University Press, 2000, p. 89.

源于人们不能为之负责的环境因素所带来不平等。因此，我们必须在“禀赋”和“抱负”之间做区分，并基于这种区分来界定各自能否获得或能获得多少气候资源的依据。在这里，“禀赋”主要指人的生理和精神特质以及健康、力量和才能等人格资源以及他生活于其中并凭自身无法抗拒的自然和社会环境资源。“抱负”则主要指基于个人偏好和志向而自主选择的信念、生活计划和生活方式。

基于这种理解，我们认为，在温室气体排放空间的分配或减排义务的分担上，我们应该将国籍、宗教信仰、种族、自然资源条件、地理位置、国家人口规模和结构、政治和经济发展模式①、经济发展水平②、个人身体素质、受教育程度以及适应气候变化的能力等这些道德上非应得

① 一般而言，当前的气候问题是在国家层面来加以解决的。但我们在考虑气候正义的“平等原则”时，最终必须落实到个人的平等上。如果我们这样来理解气候问题中的平等，那么，基于国家政治的许多考量就不太符合在气候问题上的道德诉求。比如，某些国家基于谋求世界霸权的政治考量而强行要求获得更多的气候资源，就违背了气候正义的要求。因此，我们在这里列出的非应得因素包括了政治和经济发展模式。如果我们把一个国家的政治和经济体制（无论是通过民主或非民主的程序产生出来的）作为分配的考量因素，那么，很有可能气候问题就成为国际政治斗争的一个工具，而且个人也就会不可避免地被卷入国际政治斗争的漩涡中去。生活在一个专制的、人权记录非常糟糕的或是经济模式不成功的国家（当然这三者往往是联系在一起的）的人们，他们是无辜的，他们在谋求自身的生存时，是不应该为此承担责任的。借口这些因素而对这个国家及人民进行制裁，或是将他们在气候资源的分配上置于不利地位，在道德上就没有遵循“每个人都应该得到平等的关心和尊重”的原则。

② 一些西方学者反对把“经济发展水平（或现有的排放量）”排除出对“应得”的考量。他们认为，“各国的差别待遇事实上不是基于各自国家集团对特定环境形势恶化的不同影响；相反，它是基于经济发展水平方面存在的差别”。因此，“有区别的责任”原则没有体现“污染者付费（负担）原则”。也就是说，把“经济发展水平（或现有的排放量）”作为“有区别的责任”原则的依据没有体现“敏于抱负”的道德要求。因此，他们主张，不得让一些国家因其经济水平低而不承担减排责任。而且，从历史影响来说，发达国家因为它们“原始取得”并有效使用气候资源也给人类社会带来了诸多福利，所以，那些最先利用和开发自然资源者就应该得到更多的份额。（Mathias Risse, “Who Should Shoulder the Burden? Global Climate Change and Common Ownership of the Earth”, Faculty Research Working Papers Series, John F. Kennedy School of Government Harvard University, December 2008.）这种观点显然是有失偏颇的。首先，发达国家的“先占先得”并不符合洛克在关于每个人占用共同财产的权利的“附文”中提出，只有当占用者留出“足够多并好的东西给其他人或后来者”才存在这种权利的要求。[Simon Caney, “Cosmopolitan Justice, Responsibility and Global Climate Change”, *Leiden* 18 (2005).] 事实上，发达国家并没有利用先占的资源给全人类带来普遍的福利，否则为什么当今世界会有如此悬殊的贫富差距？再者，正是发达国家的历史累计排放才导致现在严重的气候问题，这怎么能说是给后来者留下了足够多且好的东西呢？

的因素从对“应得”的考量中排除掉。如果由于某些原因导致某些人在以上的某个或某些方面处于劣势，那么，在道德上我们就应该通过“再分配”措施来补偿这种劣势，使得每个人在这些方面尽可能地达到大体平等，从而使得每个人获得大致相当的生活水准。比如生活在气候条件恶劣地区的人就允许获得较多的气候资源。当然，基于气候资源的有限性，这种平等也只能是大体上的平等，而不可能是绝对的平等。之所以如此，就是因为有些“禀赋”无论我们采取怎样的资源转移，也是不可能完全消除的。

同时，我们应该将基于个人偏好和志向而自主选择的信念、生活计划和生活方式这些道德上应得的因素纳入对气候资源的考量中去。这有两层含义，其一，如果一个人选择了“昂贵”的生活方式和生活目标，气候正义是不支持他们的选择的。如果由此而导致他们因无法实现自己的生活理想而感到没有受到公平对待，那么，他们是没有道德理由的。每个人的正当要求只限于对资源的一个公平的份额，并预先决定于他们关于自己抱负和生活目标的选择之前。每个人对他们的生活方式的追求必须适应于他们能够正当地期望的东西。如果人们选择了需要比所获得的公平份额还要多的资源的生活计划和目标，则并不因此就存在满足那些偏好的正义的要求。也就是说，每个人必须认识到他们对资源的要求的合理性并不是由他们的欲求和欲望的密度或强度给予的。不是任何欲望的满足其本身就是有正当性要求的，我们必须调整我们的抱负和生活目标以便适应对资源平等分配的要求。比如，一些发达国家或富有的人将自己的生活建立在“高排放”的基础上，或者利用不合理的世界贸易体制将他们的“高碳”需求转移到贫穷国家，又反过来指责后者排放过高，[①] 这些行为都是不道德的。正如亨利·舒所称，道德方面的问题并不是源于大众的气体排放：为了成长、煮饭、保暖、建造住所或庆祝节日，每个人都需要排放适量温室气体。这些都是维持生计所必需的气体

① 现在一个基本的事实是，发达国家出售的大部分产品都并非自己制造的，相反，厂家将生产设施千里迢迢转移到其他经济落后的国家，那些国家通常为了追求经济快速增长不惜污染空气、森林和河流。但是，具有讽刺意味的是，西方的政治家们指出中国、巴西等国家的工厂排放的二氧化碳大大增加，他们以此为由拒绝减少本国的二氧化碳排放，却无视那些国家的工厂都是在为西方国家进行生产。

排放。不太发达地区的人们维持生计所必需的气体排放与富人的过度排放形成鲜明对比，后者以空前绝后的方式占有和消耗一切以满足自己昂贵的生活方式，包括占有财产和汽车，去国外度假和使用娱乐设施。[①]基于这样的理解，我们认为，发达国家或富有的人必须为他们所选择的“昂贵的生活方式”为全球环境所带来的负面影响负责。这正是“污染者付费（承担义务）”原则的体现。所以，让发达国家带头减排，以便留下足够的排放空间给予贫穷国家和人民是符合我们倡导的“敏于抱负”的道德要求的。这并不像有些西方学者认为的：在气候问题上贯彻“差别原则”，实施“矫正正义”纯属贫穷国家的一种政治阴谋，其真实目的就是想借助气候问题达到遏制发达国家发展的目的。[②]

其二，如果其他禀赋相当，但由于个人的努力获得成功而由此要求获得比一般人更多的资源份额，那么这样的要求就可以获得道德上的支持。比如，一个国家积极参与减排行动并努力发展“低碳技术”、节能减排、保护自然环境以增加“碳汇”，由此为人类应对气候变化做出贡献，那么，我们应该允许它获得更多的气候资源。虽然在定义“贡献”时会出现分歧，比如，自由至上主义者会反驳说，在多元文化背景下何为“贡献”是未知的事情，如果我们单方面认定某种行为及其结果就是为社会做出了贡献，这与自由主义的中立原则相违背，而且武断地确定一个标准并实施资源的“再分配”会侵犯到个人的自由权。但是我们认为，在当前的气候语境下，人类生存和繁衍的整体利益是明确的，是能够获得广泛共识的。个人权利固然是人类的一个重要的价值追求，但不是唯一的价值追求，权利自身也需要以某种方式得到证成。而除了诉诸承认这些权利所促进和保护的人类利益之外，还能有其他证成方式吗？因此，我们也必须诉诸某些得到广泛共识的后果的价值考量，来确定权利的界限与范围。也就是说，相对于权利而言，对某些生死攸关的重大事项的价值考量应该得到更优先的考虑。如果我们的这种认识能够成立，那么，在当今的气候问题上，人类共同的生存问题就应该得到在道德上

---

① Herry Shue, “Subsistence Emissions and Luxury Emissions”, *Law & Policy* 15 (1993), pp. 39 - 60.

② 〔美〕埃里克·波斯纳、〔美〕戴维·韦斯巴赫，《气候变化的正义》，李智、张建译，社会科学文献出版社，2011。

更优先的考虑，而不是每个人的个人权利都应该得到优先考虑，当然，这一观点并不能使得这一说法到得辩护，即为了人类的共同善，我们可以任意剥夺人们的权利。在这里我们应该在权利和善之间保持必要的张力。这样，如果我们把“贡献”指向这一对人类生死攸关的重大事项时，它就可能被合理地定义。

第六章　排放权分配、全球正义与国界

气候变化已然成为21世纪人类面临的严峻挑战之一。联合国政府间气候变化专门委员会在其第四次科学报告中指出，为了避免危险的气候灾难的出现，国际社会必须采取一切必要的措施来确保未来全球升温相对于工业革命前不超过2℃，大气温室气体浓度必须稳定在450ppm的水平以下。这也就是意味着，地球大气层容纳温室气体的容量是有一个上限的，这就使得温室气体排放空间成为一种稀缺的公共资源。在人类无法在短时间内改变现有的生产和生活方式的情况下，获得足够的排放空间将决定着各国的生存和发展空间，由此，如何分配这种稀缺资源就成为目前所要解决的关键问题。正因如此，气候问题在很大程度上讲，就成为一个如何分配有限的温室气体排放空间的全球分配正义问题。既然气候问题是一个分配问题，那么，诸如“我们所要分配的对象到底具有什么性质”，“我们该遵循怎样的分配正义原则”以及“我们有什么理由相信这些分配原则是正义的”等问题就成为构建全球气候正义时所必须说清楚的问题。这一章我们主要讨论这些问题。

第一节　全球分配正义：是什么以及为什么

分配正义在全球层面来讲是一个充满争议的概念。它可以有很多不同的用法，比如，在国际关系中，人们经常讨论对某一种共享的自然资源（如一条跨国界的河流、海洋资源、大气中的臭氧层以及温室气体排放空间等）的分配是否正义，再比如，当我们观察到我们这个世界在许多方面（如收入水平、教育水平、医疗水平以及人均碳排放水平等）还存在着巨大的不平等时，许多人就会认为这个世界存在着某种意义上的不正义，或者说这种不平等具有正义的相关性。对这些问题的思考就构成了全球分配正义问题。一般而言，分配正义所关注的问题是在人们的生活中所产生的利益或负担应该如何分配（既在一国范围内，也在全球范围内）的问题。人们有时把分配正义的对象限定在广义的经济范围之内。比如，拉蒙特就认为，分配正义原则就是被设计用来指导我们分配由经济活动所产生的利益和负担的规范性原则。① 这种观点是有争议的，因为它可能会把某些对我们来说很重要的，但又通常不被认为是属于经济生活中一部分的“善物”（比如本书所要讨论的温室气体排放空间）排除在外。因此，从利益与负担的视角来讨论分配正义将是一个比较合适的方法，因为它让我们能关注到分配正义的两个相互关联的方面。一方面分配正义理论通常要回答，我们到底有权利获得什么（这一方面对应的是利益）。通常一个分配正义理论可能会挑出一些我们所必须享有的关键利益和需要，比如对食物的需要、对水和住房的需要、对自然资源的需要等，并且主张，我们有正义的权利得到那些东西。这也就是说，在正常的情况下，我们应该得到那些东西，如果没有得到，那将是不正义的。但那并没有告诉我们，谁实际上应该为我们提供食物、水或住房。正因如此，我们就需要关注分配正义的另一个方面，即正义的义务理论（这对应的是负担）。我们可能会说，正是因为我们生活在一起并共享一种文化，或者正是我们共同遵守一套制度规则这个具有关联性的事实将某种义务或责任强加给了我们，以使得我们必须以某种平等的方式对待周围的人，或者是说，如果我们周围的人不能确保他们自己获得那些东西，我们就有义务或责任提供给他们那些东西。

在对分配正义的讨论中，各种理论在对权利和义务的适用范围以及在履行程度的界定上产生了分歧，由此，对权利和义务的适用范围和履行程度的界定就构成了一个分配正义理论讨论的核心，或者说它构成了对分配正义理论进行讨论的一个基本分析框架。一方面，任何分配正义理论都旨在告诉我们应该怎么分配我们共有的利益和负担。但是，我们正在谈论的那个“我们”究竟是“谁”呢？是仅仅指与我们具有某种特殊关系的人，比如我所在的国家的同胞，还是指更为广泛意义上的人。如果是后者，那么，这就意味着，分配正义范围必须跨越国界，从我们的同胞扩展到遥远的其他国家的人，或者是整个世界。这就是全球分配

---

① Julian Lamont and Christi Favor, “Distributive Justice”, *Stanford Encyclopedia of Philosophy*, available at www. plato. stanford. edu/entries/justice-distributive/.

正义理论分析框架的第一个维度：正义的适用范围问题。从这个问题出发，人们则会进一步认为，在某个单一社会可以运用一些特殊的分配正义原则；而对于全世界而言，则需要一些不同于在一国之内所适合的另一些原则。比如说，在一国之内，我们可以平等地分配应对气候变化所产生的减排成本（负担），但是为什么我们也必须基于平等的要求去承担其他国家无力承担的成本（负担）？如果我们确实需要承担的话，那么，究竟是什么原因，使得一些人可以将某些负担和义务强加给另外一些人呢？

另一方面，人们会认为，即使我们承认正义的要求可以将负担和义务强加给自己的同胞，甚至是世界上其他国家的人们，但我们仍然会问，承担这些负担和义务应该到什么程度呢？一些理论家，比如涛慕思·博格①，就认为我们应该把关注点聚焦到基本人权的实现和对严重贫困的缓解上。他并不认为，不平等本身在任何意义上都是道德上错误的，一个国家比较富裕，或者是它占有更多的自然资源，只要全球所有其他人都实现了自己的基本需求，那么，国家之间的不平等就不具有正义的相关性。在他看来，实现全球正义的途径不在于运用某种再分配机制去实质性地拉近人们之间的差距，而是主要通过制定并贯彻一个更加公平的全球制度背景来实现每个人的机会平等。另外一些理论家，比如西蒙·凯利②，则把正义的要求设定得更高。他认为，即使我们缓解了严重贫困和保护了基本的人权，但我们仍然有正义的理由去反对任何已然存在的财富分配和生活水平上的不平等。也就是说，全球不平等本身就在道德上是错误的，无论这种不平等是源于什么样的原因。显然，即使在那些都同意全球分配正义是必需的和重要的理论中，也存在着对履行负担和义务的不同标准，这就意味着，当某些人主张一个全球正义理论，或者追求一个更加公平的世界时，我们仍然需要搞清楚：他所主张的全球正义理论到底要实现到什么程度？这就是全球分配正义分析框架的另一个维度：正义的实现程度问题。下面我们首先来回答第一个问题：究竟

---

① Thomas Pogge, *World Poverty and Human Rights*, Cambridge UK: Polity, 2002.

② Simon Caney, *Justice beyond Borders*, Oxford: Oxford University Press, 2005.

是什么原因，使得一些人可以将某些负担和义务强加给另外一些人，尤其是另外的国家的人。

一　正义何以跨越国界

通常全球分配正义会把一些具有强制性的义务强加给某些人，同时也会赋予这些人某些重要的权利。如果这就是全球分配正义的一般性特征，那么，我们需要论证的就是：为什么一个国家的公民生活在贫困线之下，我就必须履行正义的义务来帮助他们摆脱贫困？为什么一个国家的人均温室气体排放量高，它就必须承担更多的全球气候治理的负担？也就是说，为什么在全球范围内，分配正义是必需的？是什么使得全球正义问题变得与我们相关，对我们而言重要呢？一般而言，回答这些问题有两种不同的理论进路[①]。一种理论进路是试图通过指出“这个世界的某种特征和状况”这样的事实来为全球分配正义的存在提供理由，也就是说，正是我们这个世界如此紧密地联系在一起（比如我们共同分享一个全球性的贸易制度体系，或者我们共同生活在一个封闭的生态环境体系之中等）这一事实就足以激发出全球分配正义。我们可以将之称为“关系主义的进路”。另外一种理论进路不是强调人与人之间具有某种特殊紧密的关系，而是强调“人之为人的本性”这一事实，即人人生而平等，没有人天然地就应该生活得比其他人差，因此，当这个世界实际上存在不平等时，就需要一个全球分配正义来矫正这种不平等。也就是说，正因你是一个“人”，无论你生活在什么地方，只要你的基本需要没有得到满足，就可以把满足你的需求的义务强加给这个世界其他的人。我们称这种理论为“非关系主义的进路”。

关系主义的进路认为，当我们彼此之间存在着某种关系时，比如，我和他人共享某种公民身份和民族文化，或者是共同遵守一套制度体系等，分配正义就在我们之间变得具有相关性。分配正义之所以在我们之间变得相关，是因为我们的某些行为会通过我们之间的特定关系而潜在

① Andrea Sangiovanni, “Global Justice, Reciprocity and the State”, *Philosophy and Public Affairs* 35 (2007), pp. 3 – 39.

地相互影响各自的生活。当我们做出自己的决定时，我们就会影响另外的人的行动，我们实际上就处于某种能激发出分配正义的关系之中。比如，我们彼此处于一个全球的经济体系之中，这是一个每个个体的行动都会潜在地对其他人（包括外国人）产生不可避免的影响的大系统。正如2009年发生的全球金融危机，当时各国之间由于存在着实质性的相互关联，所以，起初一个国家小规模的危机会演变成全球性的危机。事实上，当代世界正处于一个经济贸易联系十分密切的全球体系中，正是这种关系的存在，使得全球分配正义变得必要。但是，有人可能会反对说，如果只是这样来看待全球分配正义问题，那么，一种可能的情形是，有一些人群或者地域（假设有一个与世界经济体系隔绝的小岛）基本上没有被融入世界经济体系当中，在这种情形下，我们可以说，别人既不亏欠他们任何分配正义的义务，他们也不亏欠别人分配正义的义务，因此，全球分配正义并非必要的。我们暂且不说这种反对意见是否能够成立，毕竟在当今世界上，事实上并不存在没有融入到世界经济体系中的人。而且，我们考虑一个比经济关系更为密切和重要的关系，即世界上所有人都共享单一的全球生态系统，比如全球气候系统。在这样的一个共享系统中，我们的行为将会潜在地对我们社会之外的所有人产生影响。因此，即使我们的岛民不是世界经济体系的一部分，他们也可能会被我们的污染行动影响。如果足够多的人使用汽车，或者足够多的人从化石燃料的燃烧中获得能源，那么，这将会对岛民所处的生态环境产生影响。因为，在极端情况下，海平面的上升会彻底摧毁他们赖以生存的土地。这将意味着，至少根据生态问题，世界上所有人就被包括在一个全球分配正义框架体系之中了。

事实上，大多数关系主义进路的全球分配正义理论都强调"制度性关系"在激发分配正义上的作用。正义理论的制度主义者认为，正是因为某种制度（社会的、政治的或经济的）会通过对自然资源以及相互合作所获得的利益的分配实质性地影响服从这个制度的所有人的生活，所以我们共享某种制度体系这个事实把我们彼此关联起来，这就足以激发分配正义。而且，制度体系的适用范围有多大也就决定了分配正义的适用范围有多大。正是因为存在全球性的制度性关系，所以，分配正义就必定会跨越国界。也就是说，我们的世界需要一个全球分配正义。涛慕思·博格所提出的“全球制度秩序的理论”① 就是一个较为典型的制度关系主义进路的全球分配正义理论。博格认为，在全球水平上，当代世界存在一个“共享的制度秩序”。这个秩序在很大程度上是由诸如世界银行、国际货币基金组织、世界贸易组织、联合国等正式的组织机构以及某些较不正式的组织机构，比如，国际贸易条款以及管理自然资源销售的国际公约等非正式的组织机构所组成的。而且，事实上现有的这些秩序在某种意义上讲是强加给人们的。尤其是，“这个共享的制度秩序……是被富人所构建起来，而且是强加给穷人的”。② 富人通过制定全球经济贸易的条款而享有更大的权力，他们会凭借在世界贸易组织内更强的谈判能力而制定出最大限度符合他们自身利益的协议。他们向自己国家的农业提供大量的补贴，而同时对贫穷国家所生产的商品征收关税，这种做法很容易把贫穷国家置于持续的不利状态。③ 因此，从道德上讲，我们不应该只关注从这样的制度体系中获得的好处，同样也要关注这种强加的制度给人们的，尤其是不利者所带来的后果。特别是从分配正义的观点看，我们有义务确保不断发展的制度秩序至少满足所有人的某种最低的生活需求。也就是说，当某些人把一个秩序强加给他人，从而妨碍了他人实现他们的最低生活标准时，这些人就是在不正义地行动。全球分配正义的一个主要要求就是要在全球范围内发展出更为公平的贸易条款和制度环境，同时，要求发达国家必须停止导致其他国家受损的政策措施（比如停止给本国农民补贴），或者限制发达国家在世界贸易组织内具有优势的谈判能力等。如果事实上缓解世界贫困的政策措施是可以被国际社会选择的，并且如果有能力的国家拒绝这样的选择，那么，它们就是在故意侵犯那些贫穷的人的人权。所以，发达国家，或者那些富人就有正义的义务通过推动全球制度的改革，来缓解世界的贫困。

与关系主义的进路相反，典型的非关系主义进路认为：每个人仅仅因为是“人”就具有某些基本的权利（比如安全权和生存权），而不会因为我们碰巧处于某个不同的国家或民族就失去这些权利。如果基本的道德要求我们尊重人性或人的尊严，那么，人之为人的这个基本事实就

---

① Thomas Pogge, *World Poverty and Human Rights*, Cambridge: Polity, 2002.

② Thomas Pogge, *World Poverty and Human Rights*, Cambridge: Polity, 2002, p. 199.

③ Thomas Pogge, *World Poverty and Human Rights*, Cambridge: Polity, 2002, p. 18.

蕴含着再分配的意味。非关系主义进路的理论家大多倾向于提出这样的要求：不管是否存在一个全球性的制度秩序，所有人都应拥有作为人而应有的某种权利，分配正义之所以变得相关并不取决于某种关系的存在。但是，一些人会反对说[①]，非关系主义进路的理论有点不切实际，至少当要求某些人为了实现全球分配正义而必须履行某些积极义务时是这样的。他们会想象这样的情形：有两个彼此分开的社会，它们彼此都不知道对方的存在，而且这两个社会的人们的生活状况十分不同。在第一个社会，人们拥有丰富的资源，他们很容易就可以获得食物和饮用水，因而生活得很富裕；而第二个社会的人们生活就艰难得多，他们因食物缺乏，气候变化莫测，很难获得干净的饮用水而处于十分贫穷的境地。在这种情形下，我们能否说这两个社会的不平等是不正义的呢？富裕社会的公民应该承担积极的义务去减少这种不平等吗？而非关系主义的全球分配正义理论恰恰主张，在这种情形下，虽然这两者之间并不存在某种特定的关系，也不共享某种制度体系，但正是这种不平等的事实本身就足以激发出全球分配正义。

非关系主义者之所以如此主张，是因为他们认为：不能因为某些道德上的运气，比如无论你的性别、种族、国籍或阶级是怎样的，每个人都应该被平等地对待，因为他们都共有一个“人性”，他们都是在道德上平等的人。正如西蒙·凯利所指出的：“标准的分配正义原则的辩护意味着，存在分配正义的全球原则。因为如果我们认为公民应得平等的机会，而不应该因为其出生时的种族、阶级或性别如何而遭受痛苦，那么，我们就该承认这些显而易见的事实：所有人都是人，因此，没有人应该因为不是他的选择而享有更多的机会。”[②] 凯利进一步认为，大多数分配正义理论通常会认为，人们拥有某种在规范意义上的根本的特征或属性——比如民族身份、自主的潜能、平等的尊严等，但是，如果仅仅把分配正义限定在国内水平，那么就没有多大意义。因为一个基本的事实是，我们每个人，只要他是“人”就该拥有这些特征或属性（至少潜在地拥有），而不会只有一国的居民才拥有这些特征。“我们很难相信从分

① Thomas Nagel, “The Problem of Global Justice”, *Philosophy and Public Affairs* 33 (2005), pp. 113 - 47.

② Simon Caney, *Justice beyond Borders*, Oxford: Oxford University Press, 2005, p. 107.

配正义的观点来看，为什么经济上的相互交往就具有道德上的相关性。”[1] 针对上面关系主义者所想象的例子，凯利反驳道：仅仅因为残酷的运气，一个国家比另一个国家更加富裕，这是不公平的，并不存在好的道德上的理由来说明富裕的社会能有资格过富裕的生活。正因如此，我们应该拒绝这样的观念：在我们的世界中，如果一个人出生在一个与其他社会并无关联的贫穷的社会，我们就没有道德上的理由向他们承担正义的义务。如果我们接受全球分配正义的非关系主义的进路的辩护理由，那么，我们就会认为，适用于一国之内的分配正义标准也应该适用于全球范围。

由此可见，非关系主义理论往往在两个意义上强调“连续性”。第一，他们倾向于强调国内与全球之间的连续性。如果我们有好的理由在一国之内接受正义原则，那么，我们也有同样的理由在全球层面接受这样的原则。国内与全球的范围并没有根本性的不同，毕竟在每个范围内我们都面对同样的人类。这就为正义跨越国界进行了有力的辩护。但这并不是说，这两个领域并没有经验上的差别。我们观察到，不同国家之内的公民之间可能拥有某些更为特殊的关系，比如他们有共同的信仰、共同的价值观，他们的祖先为他们创造了更多的财富积累等。还有可能是这样的：一个国家的公民之间更加团结，他们共同创造合适的政治经济制度，使得这个国家变得更加富裕和强大。那么，生活在富裕国家的人是否有正义的义务去拿出自己国家的资源以缓解世界上的不平等，毕竟他们的富裕是他们自己共同创造的，如果他们没有对其他国家行不义之事的话。尽管有这样的经验事实，但是，非关系主义者并不在规范性上看重这些经验性的事实。这些经验事实可能会使得全球正义的实现变得更难，但这并没有告诉我们不应该努力去实现。也就是说，这些经验事实并没有给我们提供任何在规范性上令人信服的理由，也没有要我们去限制分配正义的范围。第二，与此相关的是，我们生活在一个能及时交流的世界中，在这个世界中，媒体使我们每天都能感受到他人的痛苦。全球化以及先进的信息传播手段所造成的这种“连续性”意味着：我们现在更有可能反思我们正义的义务，而且，鉴于政治与经济日益一体化

---

① Simon Caney, *Justice beyond Borders*, Oxford: Oxford University Press, 2005, p. 107.

的事实，我们可能较之以前更有能力影响他人。但是，全球化的事实并没有真正改变我们的道德情景，我们作为人所拥有的正义的权利并没有从根本上受到当代全球体系的改变的影响，相反，这些事实反而使得全球分配正义变得更具可能性。

总之，关系主义进路和非关系主义进路都承诺了一个全球分配正义，但相比较而言，关系主义进路对分配正义的承诺要有限得多，也就是说，全球分配正义的存在取决于是否存在某种全球性的关系，而且这种关系的紧密程度也会在一定程度上影响正义实现的程度。而非关系主义进路则是一个看似十分激进的主张，这一进路并没有为全球分配正义的实现设置任何先决性条件，因而受到更多的质疑。但是，假设我们都或多或少地接受全球分配正义的存在，那么，全球不平等固然在道德上是不可取的，但是我们到底应该把平等实现到什么程度？毕竟正义的实现会向某些人施加某种义务，这会在一定程度上侵犯这些人的权利和自由。下面我们来讨论这个问题。

二 我们需要什么样的全球分配正义

以上我们概述了在全球分配正义理论中存在的两种关于分配正义适用范围的不同理论。但是还有一个问题是，即使我们同意，确实存在一个全球分配正义，但在这种正义到底要达到什么程度这个问题上还是会产生极大的分歧。一些理论家，比如涛慕思·博格、戴维·米勒等，就认为全球正义的关注点应该仅仅聚焦到基本人权的实现和对严重贫困的缓解上；而另外一些理论家，比如西蒙·凯利则把他的正义理论的要求设定得更高，认为即使我们缓解了贫困和保护了基本人权，但我们仍然有正义的理由去反对已存在的许多不平等。显然，即使在那些都同意全球分配正义是必需的和重要的理论中，也存在着不同的标准，这就意味着：即使大多数人会同意全球分配正义，或同意我们应该去实现一个更加平等的世界，但我们仍然需要知道他们所主张的“平等”到底要达到什么程度。在这个问题上，全球分配正义理论就出现了所谓的“平等主义”的全球分配正义理论和“底限主义”的全球分配正义理论的区别。

分配正义的平等主义进路更加重视平等的价值，平等主义者会认为：一些重要的资源，比如温室气体排放空间，应该在所有人之间平等分配，或者说，至少只要人们能尽可能努力地工作，每个人都应拥有平等的机会去获得这些对自己而言重要的资源。之所以如此，是因为每个人在道德上是平等的，他们的生活都同等重要。如果我们接受这一点，那么一个全球制度就应该努力让每个人尽可能地享受同等的福利。一般而言，平等主义的分配正义理论旨在实质性地减少全球的不平等。平等主义者往往会把不平等本身看作不正义的。对于平等主义者而言，他们之所以关注“平等”，不仅仅是因为当今世界存在的绝对贫困问题，缓解绝对贫困只是他们目标的一部分，不像底限主义者那样，他们并没有把自己的注意力集中到某些基本的生活标准的实现上。他们关注“平等”更重要的原因是基于这样的经验现实：在这个世界上有一些人占有如此之多的资源，过着如此富裕的生活，而同样生活在这个地球上的另外一些人却占有更少的资源，过着不如前者的生活，即使这些人的生活水平达到绝对贫困线之上。也就是说，这种相对的生活水平上的不平等就足以激发全球分配正义。但是，这样一种较强的对“平等”的诉求的理由是什么呢？平等主义者既可以诉诸关系主义的进路来为这种“平等”的要求进行辩护，也可以诉诸非关系主义的进路来进行辩护。

非关系主义的进路会主张，全球自然资源是这个地球上所有人共有的，既然大家都生活在这个地球上，就有同等的权利和资格享有相同的资源。而现有的资源占有在很大意义上讲是历史上任意占有的结果。正如查尔斯·贝茨所说：“国际原初状态中各方也会认为资源的自然分配是道德上任意的。有些人碰巧处于自然资源有利的位置，这个事实并未给下面的问题提供一个理由，即为什么他或她就应有资格排除其他人获得也许来自自然资源的好处。因此，各方会认为资源（或者来自它们的好处）需要在一条资源再分配的原则下再次分配。”因此，“在无人对碰巧位于其足下的资源拥有一种天然的显见要求权的意义上，各方会认为资源的自然分配是任意的。在面对其他人的竞争性要求权和后代人的需要时，一些人对稀缺资源的占有需要一个正当理由”。[1] 正因为每个人在道

① Charles Beitz, “Justice and International Relations”, *Philosophy & Public Affairs* 4 (1975), pp. 360 - 389.

德上具有同等的地位，从而也赋予他们同等的资格去获得共有的资源，而现在的占有又如此不平等，所以，全球需要一个平等主义的分配正义制度来矫正这种不平等。而关系主义者则会诉诸国际社会事实上存在着一个对每个人的生活都会产生重要影响的全球性的政治经济制度体系来为平等主义进行辩护。正是这种制度体系的存在把整个世界整合成一个全球合作体系。“现在世界并不是由自足国家组成的。国家对复杂的国际经济、政治和文化关系的参与表明存在一个全球社会合作系统。国际经济合作为国际道德创造了新的基础。”[①] 既然全球是一个合作的体系，那么，每个人彼此之间就负有正义的义务来保证这个合作是公平正义的。因此，“如果全球经济和政治相互依赖的证据证明了一种全球性社会合作企划的存在，那么，我们就不能将国家的边界看作拥有基本的道德重要性的东西”。[②] 因此，平等主义的全球分配正义是必需的。

底限主义理论则十分不同。一般而言，底限主义者的期望值更低。一个底限主义者会认为：当一个人没有获得足够多的资源以至于过上一种基本的体面而又有尊严的生活时，就出现了全球不平等。尤其是，当导致这些不平等的原因并不是这个人自己造成的时，那么，这些不平等就具有道德的相关性。底限主义理论通常会在对于“一个体面的，或者最低可接受的生活是怎么样的情形”与“满足那种生活要求之后什么是剩余的”之间画一条界线。也就是说，全球正义关注的是：是否每个人都达到了一个体面的，或者最低可接受的生活标准，如果每个人都达到这个标准，那么，全球正义就算实现了，虽然在那个标准之上人们之间还存在着普遍的不平等。因此，从根本上讲，一旦确保了一个最低限度的体面生活，那么，在各种资源的全球分配上存在的不平等将不会被认为是不正义的。比如，一个底限主义者将会说：一个出生在莫桑比克的儿童不能获得适当的教育甚至是足够的营养，这将是不正义的，但是，如果他不能像一个瑞士银行家的孩子一样获得一个瑞士银行的工作机会

① Charles Beitz, “Justice and International Relations”, *Philosophy & Public Affairs* 4 (1975), pp. 360 - 389.

② Charles Beitz, “Justice and International Relations”, *Philosophy & Public Affairs* 4 (1975), pp. 360 - 389.

则并不是不正义的。[1] 底限主义之所以会反对前面一种情况的不平等，是因为在这样的国家，许多人并不能获得最低的生活标准，但是，有许多国家却能确保所有的公民过上一种体面的生活。这表明，我们这个世界有足够的、本来可以满足所有人的基本生活标准的资源，但是，由于某种原因，使得一些人处于绝对贫困线之下，这样的不平等就是不正义的。但如果每个人都能过上最基本的体面生活，但一些人比另一些人生活得更加富裕一些，那就不存在什么不正义的地方了。

所以，底限主义者认为，我们不应该只把眼睛盯着这样的情形：丹麦的每个人的国民收入比在葡萄牙的高。我们之所以不应该关注这样的不平等是因为：我们能合理地相信，在葡萄牙，每个人都获得了足够多的资源去过一种体面的生活。这种对某种“基本生活标准”的关注就界定了一种我们应用全球分配正义的较为严格的标准。如果我们仍然只是关注全球不平等，那么我们并不只是关注它本身，因为这种不平等自身并不会有什么道德上的异议，而是因为这种不平等妨碍了我们去实现我们认为有价值的另外的东西。比如，过度的全球不平等会阻碍国家之间的政治平等，或者是允许一些国家非常容易地剥削另外的国家。因此，我们需要一种矫正的机制来消除或者削弱导致国家之间的政治不平等的因素。底限主义者可以基于间接的或者工具性的理由关注不平等，但他们并不认为不平等自身是不正义的。所以，像罗尔斯、戴维·米勒以及内格尔等全球分配正义的底限主义者通常都不会公开反对平等的理想。[2] 他们往往承认在单个国家之中平等的重要性，但这种对平等的关切并不能扩展到全球层面。底限主义理论通常使用关系主义的解释来同时支持国内的平等以及反对在全球层面实现这种平等。也就是说，他们强调，公民之间的特殊关系使得公平在国内是适用的，但超出一国之内则是不适用的。

---

① Darrel Moellendorf, *Cosmopolitan Justice*, Boulder: Westview Press, 2002, p. 79.

② John Rawls, *The Law of Peoples: With "The Idea of Public Reason Revisited"*, Cambridge: Harvard University Press, 1999; David Miller, *Citizenship and National Identity*, Cambridge: Polity, 2000; Thomas Nagel, "The problem of global justice", *Philosophy and Public Affairs* 33 (2005), pp. 113 - 147.

第二节　一般自然资源的分配正义

上一节我们概括性地回答了，我们为什么需要全球分配正义理论，以及需要什么样的全球分配正义理论。这种概述为我们思考全球气候正义问题提供了一个讨论的框架。我们在本书的其他地方业已指出，气候问题讨论的核心问题就是减排成本和负担该如何在各国之间分担。国际社会已经就到21世纪末把全球气温的升高幅度控制在工业革命前的2℃以内的目标达成共识，这就意味着，全球温室气体的排放空间是一个有限的公共资源。2℃的温控目标已经给人类规定了一个全世界排放的上限，而且，从历史上看，这个有限的公共资源的大部分已然被发达国家占用，而发展中国家则占用了很少的一部分。由于人类现有的生产方式和能源使用方式在相当长的一段时间内无法根本得到改变，所以，占用更多的排放空间也就意味着能够获得更多的发展空间。因此，当前全球气候问题的讨论在很大程度上是一个全球资源的分配正义问题。在具体讨论温室气体这种全球资源的分配正义之前，让我们先讨论一下一般的自然资源分配正义问题，以期为我们对温室气体排放空间这种较为特殊的自然资源的讨论提供一些可资借鉴的理论资源。

自然资源，比如水、石油、森林以及各种矿物质等，在全世界的分配是不均匀的。在一些国家的边界之内拥有丰富的矿产资源，这些自然资源能为该国人民过上优越的生活提供较好的条件，虽然有时候一些拥有丰富资源的国家并没有实现这样的目标。但是，我们有理由相信，丰富的自然资源与一个国家的繁荣和富强是具有极大的相关性的。比如，英国之所以能第一个完成工业革命，至少部分原因在于它能较为容易地获得煤、铁以及便利的河道运输。相反，有些国家资源贫乏，因而不能确保自己的国民的基本生活。比如，世界上许多地方的人们面临水资源的匮乏问题等。许多人认为：资源的差异分布具有全球正义的相关性。毕竟，凭借国家边界以及随之而来的武力保卫而占用资源从规范的角度看是难以得到道德上的辩护的，因为这个过程往往包含着许多在道德上任意的因素以及军事征服、殖民主义、暴力剥夺甚至是种族灭绝等不正义行为。鉴于此，一个国家能够被认为应得，或者能正义地要求拥有碰巧在它的国界之内发现的资源吗？或者资源应该被看作某种集体资产吗？从分配正义的角度看，我们能纠正或补偿当代这种资源的不平均分配吗？如果可以，我们该如何做呢？

自然资源在地球表面的不均匀分布是否具有道德的相关性，全球分配正义的平等主义者和底限主义者就此问题展开了激烈的讨论。全球分配正义的平等主义者查尔斯·贝茨就认为："没有人是初始性地被置于一种与资源的自然的优先关系之中，……资源的分布从道德的观点来看是任意的。"[1] 也就是说，自然资源的分布纯属运气问题，从这个意义上讲，没有人应该为这种状况担负道德责任。但是，这种任意的分布对不同国家的人们的生活机会产生巨大的影响。事实上，一些国家控制着大量的自然资源，这个事实将使得其他国家处于非常不利的地位。"在一个资源稀缺的世界中，一些人对有价值资源的占有将会把其他人置于相对的，或许是致命的劣势之中。那些未经正当性证明而被剥夺了稀缺资源的人，需要维持和提高他们的生活，他们或许有理由提出平等分享的要求权。"[2] 基于这样的认识，贝茨提出了"资源再分配原则"。[3] 根据这一原则，每个国家应该拥有必要的资源以便满足国民的基本生存需要和正常的国家发展。如果我们接受这样的原则，那么，这就要求在国家之间进行主要资源的转移，以至于所有国家都能满足其公民的基本需要。布莱恩·巴利也提出了一个相同的看法：仅仅因为好的运气，一个国家碰巧拥有丰富的资源，而使得资源的分配不适当地有利于某些国家，而且在很多时候，国家的边界往往是用不正当的方式划定的，因此，征收一种国际资源税是必要的，它可以把资源从富裕国家转移到贫穷国家。如果所得的税款能得到合理分配，那么，这将部分纠正基于不正义的不利，

---

① Charles Beitz, "Justice and International Relations", *Philosophy & Public Affairs* 4 (1975), pp. 360 – 389.

② Charles Beitz, "Justice and International Relations", *Philosophy & Public Affairs* 4 (1975), pp. 360 – 389.

③ C. Beitz, *Political Theory and International Relations*, Princeton University Press, 1979, p. 141.

而这种不利就源于资源的不平均分配。①

但是，针对以上对自然资源较强的平等主义的主张，一些底限主义者则认为：自然资源的分配不应该激发人们对正义与不正义的关切。比如，罗尔斯就在《万民法》一书中拒绝任何这样的平等主义主张。他认为，如果我们环顾世界，我们将发现人们所拥有的相关的财富和财产与资源的分配关系不大。“世界上绝无这样的社会——除去一些罕见的情形以外——资源稀缺到如此程度，以至于无法组织良好，即便其组织与管理都堪称合理而又理性。”② 相反，一个国家的繁荣是与其国民努力工作和创新能力、其制度以及不同的政治文化传统的偏好相关的。除去少数例外，资源的贫乏并没有妨碍经济的发展，正如他所指出的：“历史的经验似乎告诉我们，资源贫乏的国家可能发展得很好，比如日本，而资源丰富的国家可能出现严重的困难，比如阿根廷。导致这一差别的关键因素是政治文化、政治价值观以及公民社会的建立、国家成员的正直与勤劳、改革创新的能力以及其他的因素。”③ 因此，罗尔斯认为，贝茨所提出的资源再分配原则是完全没有必要的。另外一些底限主义理论家也往往持有相似的理论，比如内格尔就认为，自然资源的分配的确可以被看作一个运气问题，在某种意义上讲，没有人使之如此，但是它也不是靠强制性的制度建立起来的。根据内格尔的理论，我们需要分配正义原则来纠正由制度造成的不平等，而不是“自然”形成的不平等。自然事实无所谓正当与不正当，正义问题只有在涉及制度处理这些自然事实的方式问题时才会出现④。比如，允许有钱人优先获得上大学的机会是不正义的，是因为它是根据一种依赖于道德上任意的因素的规则来分配社会公共资源的。正因如此，被设计来纠正自然资源任意分布的分配原则是

① Brian Barry, “Humanity and Justice in Global Perspective”, in J. Pennock and J. Chapman eds., *NOMOS XXIV*: *Ethics*, *Economics and the Law*, New York: New York University Press, 1982, pp. 219 -52.

② John Rawls, *The Law of Peoples*: *With “The Idea of Public Reason Revisited”*, Cambridge: Harvard University Press, 1999, p. 108.

③ John Rawls, *The Law of Peoples*: *With “The Idea of Public Reason Revisited”*, Cambridge: Harvard University Press, 1999, p. 108.

④ Thomas Nagel, “Justice and Nature”, *Oxford Journal of Legal Studies* 17 (1997), pp. 303 -21.

没有根据的，自然资源的分布并不会引起分配正义的问题。可见，在全球分配正义的平等主义和底限主义之间的根本分歧在于：自然资源的任意分布这个事实是否具有道德相关性，从而引起了全球正义问题。对于底限主义者罗尔斯而言，一个社会是有能力获得经济上的成功的，而不管占用多少资源。因此，在自然资源的占有上，正义问题不会出现。而对于平等主义者贝茨而言，资源的任意分配会使某些国家处于不利地位，而这样的结果又不是这些国家的过错，它们完全不用为此承担道德上的责任，因此，正义问题出现了。这个分歧的关键在于：不平等的资源分配是否真的能解释不同社会的不同命运。这的确是一个十分难以回答的问题。

不平等的资源分配是否真的能解释不同社会的不同命运，涛慕思·博格和莱夫·温纳提供了两个回答该问题的思路[①]。他们都主张：在全球市场上买卖资源的协议和规则本身可能就是不正义的，在此意义上，虽然自然资源的分配可能并不必然引起贫困，但资源所有权和资源销售的规则则可能会加剧随后的不平等。也就是说，不管不正义是否包含在初始的分配中，但在随后的资源交易中肯定存在着不正义。因此，在全球范围内以某种方式（比如征收资源税）实施的再分配在道德上是可以得到辩护的。虽然经验告诉我们，世界上确实存在如罗尔斯所说的那样的国家，即它们占用大量自然资源，但由于其政府糟糕的管理或贪腐，它们并没有很好地把这些资源转变成增进国民的福利的因素。但是，博格和温纳相信：全球贫困的主要原因并不是某些国家的糟糕的决策问题，而是一些全球性的制度因素在维持着全球不正义的状况，尤其是发达国家中的个人、企业、政府通过持续购买那些贫穷国家的自然资源，在维持那些贫穷国家的不正义的政府的统治上扮演了重要的角色。

在博格看来，内在的和外在的因素都在造成发展中国家的贫困问题上起到了作用，但是外在的因素是造成贫困的一个主要原因，博格把这个因素称为“国际资源特权”。[②] 根据这个概念，在当前的全球市场中，

① Thomas Pogge, “Why Inequality Matters”, in D. Held and A. Kaya eds., *Global Inequality*, Cambridge: Polity, 2007, pp. 132 - 147; Leif Wenar, “Property Rights and the Resource Curse”, *Philosophy and Public Affairs* 36 (2008), pp. 2 - 32.

② Thomas Pogge, *World Poverty and Human Rights*, Cambridge: Polity, 2002.

作为一个国家资源的合法所有者，任何人都能在一定的领土之内诉诸武力并占有该国的资源，这种特权并不必然被任何特殊的国际法所尊重和认可，但国际政治却默认了这种占有的合法性。因此，那些通过非法的手段占有该国资源的统治者和政权也仍然能把这些资源卖给出价最高的买主。这种特权“允许发展中国家的任何个人或集团持有强大的权力去出卖这个国家的资源……而不管那些人或集团是否具有任何民主合法性……这些特权对于富裕的国家来说是非常方便的……但是它们对于发展中国家的人民来说则是灾难性的，因为它们使那些不是由选举产生的、残暴的统治者能用从国外借来的钱或者是出卖资源的钱来雇用军队和士兵来巩固自己的统治变得可能”。[①] 正因如此，资源特权最有利于独裁统治者，但是，这些政变政权的代理人或独裁者并不是唯一该为此负责的人。事实上，跨国公司以及富裕国家的个体公民和消费者也一起造成了全世界的贫困问题，因为他们定期向那些独裁政权购买资源。根据博格的想法：发达国家的公民和政府正是违背了正义的消极义务。当他们与贫穷国家的统治精英合作，这实际上是强制性地剥夺了穷人享有他们通过自己财产所获得的收益的权利。[②] 由此，一些发展中国家的公民被剥夺了他们所享有的资源的公平份额，从而导致了极端贫困的状况。所以，博格认为，纠正这种剥夺的最好的方式是对自然资源进行征税，并用获得的钱来努力提高世界穷人的生活状况。

像博格一样，温纳认为，发达国家的政府、企业和个人与发展中国家的非法独裁者在国际贸易中的共谋是维持发展中国家的不正义的贫困的关键因素。如果他们不从独裁政权那里购买商品，那么导致政变和国内战争的风险就要小得多。温纳认为，未经一个国家公民的同意而购买那个国家的商品就好像是故意接受赃物一样，发达国家的政府、企业和个人从独裁者手中购买那些资源，那简直就是在盗窃。所以，一个合法的交易应该是能得到该国公民普遍同意的交易。为了实现正义，资源的所有者（公民）应该对交易有知情权，应该能安全地表达自己的反对意见以及阻止交易，同时又不受到恐吓或害怕暴力。但在实践中，这些基

---

① Thomas Pogge, “Interview with Professor Thomas Pogge”, *Ethics and Economics* 5 (2007), p. 7.

② Thomas Pogge, *World Poverty and Human Rights*, Cambridge: Polity, 2002, p165.

本的条款都没有得到满足。现有的许多资源的销售是不合法的，这些销售过程都违背了国家共同所有权的原则，而这些原则得到富裕国家的政府和国际法的默认。[①] 所以，发达国家的政府、企业和个人在造成当前发展中国家的贫困和世界的不平等上是要担负道德上的责任的。由此，我们不难看出，正是这种特殊的、不正义的全球贸易关系导致了全球的不正义。因而，在讨论全球问题时诉诸全球分配正义是可以得到道德上的辩护的。

博格为平等主义的全球分配正义辩护的理论似乎隐含了这样一个假定：国家没有资格获得从它们的资源销售中所得到的全部利益。这就提出了一个重要的问题，即到底一个国家是否有资格拥有它们的自然资源。比如，戴维·米勒就主张，国家有资格拥有其在边界内的自然资源。他的理由是：一国的人民通过劳动以不同的方式作用于他们国家领土之内的自然资源，而且增加了这些资源的价值，那么，他们就有资格得到这些增加的价值。并且，既然确保他们能获得这些增加的价值的唯一方式实际上就是赋予他们对这些资源的所有权，那么，那就是我们应该做的。如果我们再分配自然资源以实现某种程度的全球平等，那么，我们实际上是在剥夺一些人的劳动果实并且奖励那些并没有保存或提升他们的资源的价值的人。[②] 但是，米勒的说法如何解释：一个国家如何才能使得自己可以说它已经提升了这些资源的价值呢？毕竟，一些资源仅仅是被一些国家发现并卖给外国，我们不清楚，它们到底为这些资源增加了什么。如果是这样，那么，赋予这些国家对这些资源的所有权不是一件很奇怪的事吗？所以，自然资源的国家所有权是难以得到道德上的辩护的。

基于平等主义的全球正义，在自然资源的分配问题上，我们主张全球所有人应该平等地拥有地球上的自然资源。既然自然资源是供人类使用的，那么就没有任何人实际上创造了它们，也没有任何人能对它们有任何特殊的要求。"既然地球本就在此，那么就没有任何人应得由此而来的利益，一个关于初始所有权的合理的观点是：所有人都同等地能对此

---

① Leif Wenar, "Property Rights and the Resource Curse", *Philosophy and Public Affairs* 36 (2008), pp. 2－32.

② David Miller, "Property and Territory, Kant, Locke and Steiner", *Journal of Political Philosophy* 19 (2011), pp. 90－109.

提出要求。"[1] 也就是说，除非任何不平等的分配能被每个人接受，否则，自然资源应该被看作公共的或共有的财产。一般而言，共同所有权是指：人们有权非排他性地使用自然资源，也就是说，他自己的使用并不会剥夺他人使用这些资源的能力。一个城市的所有居民应该共同拥有流经这个城市的河流里的水资源，因而他们有权每天从河中打一定数量的水，同时，也被禁止污染和滥用这些水资源，或者阻止他人的使用。共同所有权的观念在当代全球正义理论中形成了某些共识。[2] 一些国际法虽然会认为，自然资源是属于发现了它的国家的财产，但也把某些资源当作"公共物品"的一部分，即不能被个人或国家所独有的人类共同遗产的一部分，这些遗产包括空气、阳光、公海和外太空。同样，我们也可以把像热带雨林这样的重要资源看作"公共物品"，而这些资源现在并未得到很好的保护。当然，这样的主张也是有争议的，因为像巴西这样的国家就倾向于把这样的观点看作它们自己经济发展的障碍。但是，我们应该认识到，全球所有的森林除了具有某种经济价值（而这部分价值正是拥有它们的国家所看重的）以外，更重要的是，它们还有吸收二氧化碳这种温室气体的重要功能。在当前人类应对气候变化的过程中，热带雨林能发挥重要作用。从这个意义上讲，热带雨林就如同大气吸纳温室气体的空间（能力）一样，是一种全球公共资源，而不应该只是属于拥有它的国家。

第三节　作为自然资源的温室气体排放空间

在上一节我们讨论了，虽然把所有在这个地球上的自然资源看作全人类共同所有的"公共物品"这个观点会存在极大的争议，但确实有一些资源是可以这么看待的，比如空气、阳光、公海、外太空以及热带雨林等。而且在全球气候变化的背景下，我们有充足的理由把大气吸收温室气体的空间（能力）看作人类所共同拥有的公共资源。而且，在人类

---

① M. Blake, and M. Risse, "Immigration and Original Ownership of the Earth", *Notre Dame Journal of Law, Ethics and Public Policy* 23 (2009), pp. 133 – 166.

② M. Blake, and M. Risse, "Immigration and Original Ownership of the Earth", *Notre Dame Journal of Law, Ethics and Public Policy* 23 (2009), pp. 133 – 166.

现有技术条件下，燃烧化石燃料以获取能源仍然是相当长的时间里不可改变的事实，虽然燃烧化石燃料从而向大气中排放温室气体会给人类带来危害，但同时它又是目前人类生存和发展必不可少的条件。也就是说，在目前人类无法根本性地改变其生产方式和能源使用方式的情况下，拥有足够多的温室气体排放空间是关乎每一个人乃至每一个国家根本利益的头等大事。因此，一旦人们认识到温室气体不可能无限制地排放，温室气体排放空间就成为一种稀缺资源。可见，温室气体排放空间这种全球公共资源显然是具有极强的正义相关性的。那么，温室气体排放空间到底是一种什么样的自然资源，以至于它的存在变得具有极强的正义相关性呢？

首先让我们看一看所要分配的对象到底有什么样的特殊性，以及这种特殊性引发了怎样的道德难题。温室气体排放空间是一种全球公共物品，但又不同于一般的公共物品。根据奥兰·杨[①]的理论，任何物品或资源可以根据排他性和竞争性这两大标准划分为四类物品：私人物品、俱乐部物品、公共财产资源（共有资源）和纯粹公共物品。纯粹公共物品是既具有非排他性又具有非竞争性的物品。所谓非排他性，是指这一物品一旦提供给集体中的任一成员，就不可能排斥其他所有成员的消费和使用。所谓非竞争性，是指任一成员对这一物品的消费不会减少其他任何成员对这一物品的消费量。严格来讲，在我们所居住的地球上，基本上没有纯粹意义上的公共物品。兼具排他性和竞争性的物品为私人物品。具有排他性和非竞争性的为俱乐部物品，这种公共物品在大多数情况下是契约各方通过合作共同创造的物品，其使用范围是有限的，具有排他性，但在契约内部则不具有竞争性。公共财产资源则介于私人物品和纯粹公共物品之间。一方面它和公共物品一样具有非排他性，想要享用共有资源的任何一个人都可以免费使用；另一方面它与私人物品一样具有竞用性，一个人使用了共有资源就会减少他人对共有资源的享用。显然，温室气体的排放空间是属于具有非排他性和竞争性的公共财产资源。

---

① Oran R. Young, *The Institutional Dimensions of Environmental Change*, Cambridge: The MIT Press, 2002, p. 141.

现在的一个基本事实是温室气体排放所产生的好处（如经济的繁荣）由各国排他性地独占，但产生的危害却由地球上所有同代及后代人共同承担。由于温室气体的排放空间属于公共资源，各国的排放权并未明确界定，所以每个国家的最优选择就是排放得“越多越好”，这必将导致加勒特·哈丁所称的“公地悲剧”[1]。哈丁设想了一个能被许多牧民共同使用的牧场，牧场虽是有限的资源，但能够给那些牧民们赖以维持生计的牲畜提供足够的食物。假设某一位牧民想增收，他可以将牧群的数量增加一倍来达到目的。毫无疑问，这是他所拥有的个人权利，并且他并没有直接地攻击任何其他人，他的额外收入是在不伤害原则下努力挣得的。既然这是一个公共牧场，那么其他想增收的人也可以将他们的羊群、牛群增加到两倍或三倍。然而，随着在公共牧场上放牧的牲畜愈来愈多，牧场内的植被会因为过度放牧而彻底毁坏。结果就是，所有人都赖以为生的牧场这一公共资源以毁坏而告终。这个故事告诉我们，当每个人只关心自己的个人利益时，他们就摧毁了那个“利益”的基础。当前的气候问题就是如此，如果每个国家都不顾及温室气体排放空间的有限性而执意满足自己的利益，那么地球很快将耗尽有限的资源，温室气体浓度也将很快达到排放空间所能提供的极限。

同时，由于温室气体的产生是个人行为，一旦产生就会在全球流动，所以单个国家的减排成本要由自己独自承担，但产生的好处却为全球所共享。这样，为了实现各自成本的最小化，每个国家就都会选择“不减排”或“搭便车”，全球合作进行减排的理性行为就难以自发达成。如果减排国能将减排的全部好处排他性地占有，则各国的最优策略就会从“不减排”变为“减排”。然而，在各方的排放权没有界定的情况下，这一点很难做到。所以国际减排行动就出现了所谓的“集体行动的困境”。奥尔森在《集体行动的逻辑》[2] 中指出，如果由于某个个人的活动使整个集团状况有所改善，由此我们可以假定个人付出的成本与集团获得的收益是等价的，但付出成本的个人却只能获得其行动收益的一个极小的份额。在一个集团范围内，集团收益是公共性的，即集团中的每一个成

---

① Garrett Hardin, “The Tragedy of the Commons”, *Science*, Vol. 168, December 1968.

② 〔美〕曼瑟尔·奥尔森：《集体行动的逻辑》，陈郁等译，上海三联书店，2003。

员都能共同且均等地分享收益，而不管他是否为此付出了成本，集团收益的这种性质促使集团中的每个成员都想“搭便车”而坐享其成。所以，在严格的理性经济人的假定下，每个人都不会为集团的共同利益采取行动。况且，即使我们就全球温室气体的排放达成某种协议，但在义务的履行上也会出现“行动的困境”。因为，对于每一个理性的集体成员而言，承诺并履行协议并不是绝对无条件的，相反，它具有康德“假言命令”的性质，即只有当（假如）所有其他人也同样履行义务时，我才会自愿地遵守协议。这就是说，所有他人同样如此这般行为是我愿意并如此这般行为的前提条件。这也就是为什么在没有建立有约束力的减排协议之前，国际社会没有任何一个国家敢于冒险而自愿带头减排的原因。

全球气候正义所分配的对象的特殊性还产生了另一个道德难题。作为一种分配对象的公共财产资源，温室气体排放空间的非排他性特征会使得有些人认为，那些拥有先进的技术、经济组织模式以及较高工作效率的个人（或国家）自然应该得到较多的温室气体排放空间，因为毕竟温室气体的排放是与这些因素紧密相关的。这就提出来一个十分复杂的道德问题：究竟我们应该在何种程度上承认个人（或国家）的能力能够成为公共财产资源分配的考虑因素。也就是说，在气候语境下，发达国家由于拥有先进的技术、高效的组织管理能力就应该比贫穷国家得到更多的排放空间，这在道德上是可接受的吗？这个道德难题所涉及的是：对公共资源的任意占有与一个人（或国家）对自己能力的占有在道德上是等价的吗？诚然，发达国家具有较好的禀赋，发达国家对温室气体排放空间的先占先得在某种意义上讲是由于这些国家的文化中很早就塑造了所谓“现代性”的某种东西（如科学技术），但是，凭借科学技术发达的独特禀赋而宣称自己有正当理由占有更多公共资源在道德上是站不住脚的。因为，一个无法回避的事实是，西方近代科学的兴起并不是如同纯粹的个人能力那样的东西，近代西方科学的兴起一个重要的因素是吸收了其他民族（埃及以及伊斯兰世界）的某些要素。[①] 从这个意义上

① 〔美〕戴维·林德伯格：《西方科学的起源》，王珺等译，中国对外翻译出版公司，2001。

讲，发达国家所拥有的先进科学技术应该为全人类所共享。即使我们姑且承认，发达国家的这种禀赋是它们应得的，但我们也不能这样来看待自然资源的分配。根据罗尔斯对正义的理解，对那些由于偶然的因素而成为不利者的人而言，当与最初的平等地位相比不能证明他们的牺牲提高了他们的地位时，就不能让他们承受不平等的待遇。根据类似的推理，国际社会对自然资源的占有也是道德上任意的。有些人（或国家）由于自然禀赋而处于占有自然资源有利的位置，这个事实并不能推出他有资格排除其他人获得利用自然资源的好处。占有总是需要一个正当理由的。如果取得的自然资源只有有限的价值，或者对它们的占有能为其他每一个人留下“充足而又同样好”的资源，那么，对自然资源的任意占有也许就不会成为一个正义问题。但是，在一个资源相对匮乏的世界中，一些人（或国家）对资源的过多占有将会把其他人置于不利地位。那些未经正当性证明而被剥夺了稀缺资源的人们，需要维持和提高他们的生活水平，他们有理由提出平等分享的要求权。因此，就正义的分配而言，对自然资源（或者来自它们的好处）就有必要在一个资源再分配的原则下再次分配。那么，全球范围内的再分配在道德上能得到辩护吗?

气候正义分配对象的特殊性导致了“公地悲剧”、“集体行动的困境”以及“再分配的道德质疑”，这些必将使得国际气候合作变得异常艰难。从理想的角度看，解决气候问题的最根本的方式是彻底改变人们现有的生产、生活方式。但这个解决问题的方式不是在短时间内就能实现的，而且它还关乎现代人类一个根本的价值观念问题，即现有的人类生活方式在很大程度上是建立在对个人权利的尊重的基础之上的，选择怎样的生活方式完全是个人的权利，在不伤害他人的前提下，任何人都不得干涉。因此我把我的生活建立在高能耗的基础之上，只要不直接伤害到他人，就完全是合理的。但是，如果每个人，尤其是有能力占有大量资源的富人将自己的生活建立在高能耗的基础上，实际上就是直接剥夺了穷人生存的权利。富人占用太多的排放空间相当于没有为穷人留下足够的空间，这实际上是对穷人的一种严重的伤害。因此，对个人权利的捍卫必须以这种权利所追求的对象是否合理为条件。那么，在气候语境中，满足个人偏好的道德理由必须以共同维护我们所赖以生存的地球安全为依据。所以，气候伦理的核心理念是“善必须先于正当”。也就是说，对个人权利的适当限制是解决气候问题的一个必然要求。

但从当前的政治现实来讲，国际社会合作减排是目前解决气候问题的紧迫任务。而合作一定是基于各方对合作基础的认同。所以，构建一种合理的国际正义原则显得尤为重要。但是各方到底是基于什么动机接受某种正义原则，并愿意服从它的要求也是一个必须说明的问题。比如说，自由主义契约论强调每一个人都有权利排放同等数量的温室气体，因而，每一个人不管国籍、性别、年龄、能力如何，都有权利获得同等数量的排放份额。正如罗尔斯所说，“在背景制度允许的限度之内，分配的份额是由自然博彩的结果所决定的，而这一分配结果从道德观点上看是任意的。正像没有理由允许由历史和社会的机会来决定收入和财富的分配一样，也没有理由让自然资产的分配来决定这种分配”。[①]其实，诉诸权利平等原则隐含的前提是，认可并追求当下人类现有的工业文明模式和浪费型消费文化。诚然，贫穷国家的人民有正当权利过上现在富人所拥有的“现代化”生活，但有限的排放空间能容纳全世界所有人都过上所谓的“好”的生活吗？这显然是值得反思的问题。当然我们在此并不是要剥夺贫穷国家的发展权。我们赞同平等主义的原则，但我们绝不赞同每个人都有平等地追求所谓“奢华”的现代生活方式从而大面积污染大气的权利。问题的根本不在于公平分配污染权，而在于首先我们要审视我们追求的目标是否合理。所有人都有追求不合理的生活理想的权利显然不能在道德上得到辩护。而功利主义则要求人们行动时应以整体利益为先，必要时甚至要牺牲个人的权利和部分利益。在紧迫的气候问题上，这个原则似乎可以得到某种辩护。因为，在构建应对全球气候变化的政策或原则时，原则的合理性不应该立基于利益的相互妥协，而应该立基于去实现某种理想的价值，也就是立基于人类整体的生存需要。这正是“善优先于正当”的真正意义所在。

所以，当前的全球气候正义构建优先考虑的问题是：能否证明各方所提出的各种应对原则的道德合理性，而不是完全基于自身利益提出分配方案并要求其他各方去接受他所提出的方案，基于利益的博弈的分配方案是气候政治所应完成的任务，这一任务的完成可以诉诸道德的论证，

① John Rawls, *A Theory of Justice*, Cambridge, MA: Harvard University Press, 1971, p. 74.

当然也可以诉诸政治策略，比如利益的均衡、政治胁迫甚至是武力威胁等方式。这正是目前气候谈判陷入僵局的原因，因为仅仅诉诸政治策略很难满足利益相互冲突的各方的要求。而如果诉诸道德的论证，那么理性的各方应该无条件接受。因为一个能够充分证成道德优先性的行动方案会较其他政治策略稳定持久，它能激发人们的道德动机并使人们服从正义原则的要求，进而抗衡那些非正义的行为。

第四节　全球气候正义的平等主义主张

全球应共同致力于减少二氧化碳的排放以稳定大气空间中的温室气体浓度，从而创造一个安全的地球生态环境，这种安全的生态环境属于典型的公共财产资源，具有非排他性和享用的竞争性，它不会因为某一个国家没有参与国际减排行动而减少对保护成果的享用，也不会因为某一个国家严格控制了本国温室气体的排放而增加它对气候稳定成果的占有。相反，在国际现实中，现有的分配更多时候是先占先得或依靠各国实力博弈的结果，这造成了在全球公共资源分配上的极端不平等。全球气候合作之所以陷入困境，非常重要的原因在于发达国家对发展中国家平等发展权的漠视。某些发达国家强调无论是发达国家还是发展中国家都应同时按照现有的“发展水平”来“平等”地承担减排义务，这实质上是在剥夺贫穷国家合理的发展权，使得本已贫穷的国家变得更为贫穷。更何况，当前人类所面临的气候问题在很大程度上是发达国家历史累积排放的结果，发达国家应该对这一状况负主要责任。发达国家应该认识到，带头减缓温室气体的排放，从而留下足够的空间帮助贫穷国家实现经济和社会的发展是他们应当承担的道德义务，而并不是像有些西方学者所宣称的那样至多是一种人道主义的义务。[1] 因此，国际气候正义所面临的核心问题是：有什么理由说发达国家承担主要的减排义务，从而给予贫穷国家更多的排放空间以帮助它们摆脱贫困是一项国际道德义务。因为从根本上来讲，气候变化问题既是一个环境治理问题，也是一个平等发展问题，但归根

---

① David Miller, “Reasonably Partiality towards Compatriots”, *Ethical Theory and Moral Practice* 8 (2005) vol. 1 -2, pp. 63 -81.

到底是平等发展的问题。而我们如果承认它是一个平等发展问题的话，那么，气候正义问题就可以转换成如何缓解和消除全球贫困的问题。

那么，我们到底有什么理由认为，全球的平等发展是一个正义的要求呢？我们认为，基本的理由是这样的：财富和收入（在某种意义上讲，财富的获取与排放空间的占有是相关联的）上的严重不平等会严重削弱人作为人的尊严，同时也严重影响人们对社会资源控制和利用的能力。在这里我们并不是说道德上可接受的社会必须让每个人在任何方面都是平等的。各方面都要求平等的社会不仅是不现实的，而且是在道德上难以得到辩护的。因为如果人类社会是一个相互合作的共同体，那么，为了让这种合作产生更多的效益，我们必须在分配上采取某种程度的“差异原则”。[①] 但是，为了让有效的社会合作变得可能，在维护人的基本权利方面应该是平等的。因为在这个意义上的平等不仅是一个人的自尊的基础，也是人们互相尊重的基础。如果一个人因为贫困而丧失了自己的独立性，在任何时候都不得不依赖于他人来生活，那么他就处于被支配的地位，从而也就谈不上具有自我尊重的能力。在这里，实际上涉及的是分配的平等与效率的关系问题。我们主张，在温室气体排放空间的分配上，应兼顾平等与效率，但平等优先。因为从现实上讲，人类的碳排放的需求大体上有两种：一种是基本需求的排放，即满足某个人基本生存需要的排放；另一种是在基本需求之上的满足发展和自我完善的排放。这两层意义上的排放都能得到某种程度上的道德辩护，但是基本需求的排放应该优先于发展和自我完善的排放。当某些国家过多地占用了排放空间而对其他贫穷国家的基本发展权造成了伤害时，前者有道德义务补偿后者，以保证后者平等的发展权。

然而，即使不平等确实产生了这些违背了正义和公正的后果，但如果不平等本身不是由任何不正义或者不公正的过程产生出来的，我们仍

---

① 罗尔斯在论及“差异原则”的道德基础时强调了对合作效率的考虑。正如他所说：“明显的出发点就是假设所有的社会基本善物，尤其是收入与财富，应当是平等的：人人应当分到平等的一份。但是社会必须考虑组织化的要求和经济效益。所以，坚持平等划分是不合情理的。基本结构应当允许不平等，只要它们有助于所有人境遇的改进，包括最不利群体的境遇；当然这些不平等必须与平等的自由权与公平的机会平等一致。”—— Rawls，“A Kantian Conception of Person”，in Collected Papers，ed. Samuel Freeman，Cambridge，Mass：Harvard University Press，1999，p. 262.

然不能认为对发达国家的要求是一项正义的要求。当前的国际政治理论普遍认为，每个国家被认为只应对自己公民的生存和福利负责，而没有维护他国人民基本权利和缓解他国人民贫困状况的国际义务。这样，在全球层面上，对财富进行再分配以达到平等发展的要求就变成了一个备受争议的问题。如果某个国家的政府和人民并没有做任何事情来剥夺另一国家的人民的发展权，那么，即使后者的发展权没有得到充分落实，那也不是前者的责任。全球分配正义的底限主义者罗尔斯就曾经把贫困国家的落后归结为它们自身的原因，而反对在全球范围内进行再分配。他说："一个民族富裕的原因及其所采取的形式，就在于他们的政治文化以及他们用来支持其政治制度和社会制度的宗教、哲学和道德传统，就在于其成员的辛勤劳动和才能，而所有这一切都得到了他们的政治美德的支持……一个负担沉重的社会之所以负担沉重，政治文化的因素非常重要，[此外] 这个国家的人口政策也至关重要。"①

但是这个颇为流行的观点其实是很成问题的。当前国际社会对排放权的占用更多时候是先占先得或依靠各国实力获取的结果，但一个国家经济实力的形成在很大程度上是建立在不合理的国际经济和政治秩序的基础上的，而这种不合理的秩序渗透着奴役、殖民统治乃至种族屠杀的过程。尽管这些罪行现在已成历史，但它们却留下了严重不平等的遗产。即使现在绝大多数贫穷国家已经摆脱了殖民奴役而成为它们自己发展的主人，这种不平等仍然是不可接受的。诚然，许多贫穷国家的贫困有自身的原因，但是，现有的国际政治经济秩序完全是在发达国家的主导下精心设计出来的，而这些规则在很大程度上影响了贫穷国家的发展。当贫穷国家为了发展经济而试图跻身于全球经济市场时，由于历史上遗留下来的严重不平等，使得它们在国际谈判中总是处于受支配的地位，而富裕国家则在很多问题上结成联盟，为了维护自己的利益继续限制和压制贫穷国家。国际气候谈判就是一个比较典型的例子。有些发达国家声称，贫困国家先前已经对施加那样的秩序表示同意，那么那个秩序就算不上是在伤害贫困者。但不应忽视的是，现有的国际秩序从过去到现在并不是通过一个民主程序制定出来的。就此而论，当这种同意是被迫做

① John Rawls, *The Law of Peoples*, Cambridge: Harvard University Press, 1999, p. 108.

出的时候，它的道德力量就被削弱了。如果一个贫困国家不进入这个世界秩序就无法发展时，同意这个不平等的国际秩序就是必然的了，毕竟一贫如洗总比死去要好。[①] 所以，贫困国家的落后在很大程度上讲是与不合理的国际政治经济秩序相关联的。

如果上述观点是合理的，那么国际气候正义所要求的富裕国家承担更多的减排义务就是一种道德义务。富裕国家的繁荣并非与贫穷国家的贫穷无关，在某种意义上讲，富裕国家的繁荣是建立在对贫穷国家的剥夺之上的。而现在，富裕国家仍然利用不合理的国际政治经济秩序试图继续剥夺本该属于贫穷国家的排放权。事实上，在富裕国家与全球的贫穷国家之间至少有这几个方面的道德关联。第一，在社会和经济发展的起点上，贫困国家与富裕国家的差异是在同一个历史过程中产生出来的，而那个历史过程渗透着太多的道德伤害。第二，贫困国家和富裕国家都依赖于地球上的自然资源，但贫困国家本来应该从中享有的利益，不仅在很大程度上被剥夺了，而且没有得到任何补偿。少数富裕国家抢先占用了大量的排放空间，但它们并没有为多数人留下“足够多的和同样好的”资源。当没有人在道德上有资格宣称对公共资源拥有自然优先的权利时，一些人对稀缺资源的占有是需要向另一些有竞争性要求的人和未来世代有需要的人给出理由的。第三，贫困国家与富裕国家共同生活在一个单一的全球经济秩序中，但这个经济秩序正在不断延续甚至加剧全球的经济和发展能力不平等。因此，从这种不平等中享受到巨大好处的富裕国家也就不能推卸它们的道德责任。试想，如果我偷了本来属于别人的财物，或者如果我从那个人那里借了财物却拒绝归还，结果导致了他一贫如洗，我却捐出一点本来就属于他的钱，然后把这当作一种高尚的人道主义善举，这在道德上是令人不齿的，而这恰恰是当今某些发达国家的真实写照。

还有一个问题就是，贫穷国家有什么理由认为自己有权利获得与富裕国家一样的经济状况，从而有权利获得多于富裕国家的排放权（或者说较少承担或暂不承担减排义务）？这个问题之所以重要，是因为如果贫穷国家没有正当的理由拥有某个东西，那么它在那个东西上的丧失就说

① 参见〔美〕涛慕思·博格《国际法对全球贫困者人权的承认与违反》，载〔美〕涛慕思·博格：《康德、罗尔斯与全球正义》，刘莘译，上海译文出版社，2010。

不上是对它的伤害。反过来说，要是 A 有权或者有正当的理由拥有某个东西，而 B 以某种方式剥夺了 A 对那个东西的拥有，或者削弱了 A 拥有那个东西的途径，那么 B 至少就必须对 A 做出某些形式的补偿。之所以贫穷国家获得平等的排放权的理由就在于任何一个人天生都具有不可剥夺的平等人权，而不论他是出生在富裕国家还是贫穷国家。也就是说，一个人的国籍不能成为他“应得”的理由，因为，一个人的国籍是道德上任意的。这意味着，如果人们对于自己所拥有的某些特征并不负有道德上的责任，那么基于那个特征而给予的不平等对待就是在道德上不可辩护的。但跨越国界的再分配遇到这样一个常识的质疑：我们之所以服从正义的分配要求，关键在于分配者之间具有某种特殊关系，比如遵守共同的分配规则，承担共同的义务，共享某些价值原则等。正是这些东西使得同胞之间创造并共享了利益，那么，当然彼此之间就担负了正义的义务。而当前的国际社会，不同国籍的人却并不像自己的同胞那样具有这种关系。但不可忽视的是，当今世界无论是穷人还是富人，都已经被卷入一个全球市场体系中。不平等的国际分工往往使得贫穷国家创造的价值被富裕国家占有，比如，在目前的世界价格结构下，贫穷国家经常因为受贸易逆差的驱使而将资源贱卖给富裕国家，而这些资源本来能够更有效地促进贫穷国家自己国内经济发展。这样，那些全球规则的制定者和获利者都对规则的牺牲者负有道德上的责任。换句话说，富裕国家有责任承担更多的减排义务，以便让全球贫困者的基本人权能够得到有效落实。

在此，我们在全球气候问题上提出了一个基于平等主义的全球气候正义的主张，并为这种主张进行了初步的辩护。下面我们做进一步的论证。作为全球平等主义者，我们不仅要关注气候变化对人们基本利益的影响，而且也要关注不同国家的人民在利用全球公共资源上所存在的明显不平等。一个普通美国人所排放的温室气体比一百个塞拉利昂人都要多。而且，在排放空间一定的情况下，一些人的大量排放必定会限制其他人的排放能力。从理论上讲，美国人的排放规模并没有直接阻止塞拉利昂人更多地排放，但是，如果每个人都像美国人那样排放温室气体的话，那么，毫无疑问，我们将很快导致环境灾难。所以，美国人之所以能以现在的水平排放，而全球现在还没有出现大的环境灾难，是因为其他国家的人没有以美国人的排放水平排放温室气体。面对这样的不平等，全球平等主义者通常会主张一种“人均平等排放权”的原则。因为，这里的问题不仅仅是一些国家的基本需要没有得到满足，而一些国家却正在消耗太多的资源，而且，发达国家的许多排放并不是为了满足其基本需要。它们所进行的是一种“奢侈排放”，也就是说，它们所进行的消费远远超出了那些能被合理地称为“必需”的范围。比如，它们的排放许多都用来消费来自全世界的冷冻食物，或者环球旅行等。正如世界银行所做的《世界发展报告》（2010）所指出的：在发展中国家产生满足1.6亿人基本需要所需的电能的排放量相当于把美国人所使用的4000万辆SUV改换成在欧盟普遍使用的经济型汽车所省下来的排放量。①

人均平等排放原则的基本主张是：无论人们生活在什么地方，每个人每年都应该能够排放相同数量的二氧化碳，虽然现在确实很难规定这个排放量到底是多少。因为，对这个问题的回答取决于我们对气候变化的接受程度，或者说，取决于国际社会把到2100年的温控目标设定为多少。在这个问题上国际社会是存在争议的，但是，这个原则本身是十分简单的，因而得到许多理论家的支持②，也得到许多国家，尤其是发展中国家的支持。发展中国家认为：它们的排放水平应该允许被提高到一个可持续的水平，同时，发达国家则应该大量减少自己的排放。对此的一个辩护理由是：大气是一种“全球公共资源”，作为一种“公共资源”，或人类共有遗产的一部分，每个人应该有权平等地使用它，但任何人都没有权力剥夺他人使用公共资源的权利。既然发达国家在历史上已经占用了大量的排放份额，那么，今后它们就应该使用更少的份额。③

---

① *World Development Report 2010*, *Development and Climate Change*, Washington DC: World Bank Publications, 2010.

② 比如：D. Jamieson, “Climate Change and Global Environmental Justice”, in P. Edwards and C. Miller eds., *Changing the Atmosphere*: *Expert Knowledge and Global Environmental Governance*, Cambridge MA: MIT Press, 2001; P. Baer, “Equity, Greenhouse Gas Emissions, and Global Common Resources”, in S. Schneider, A. Rosencranz and J. Niles eds., *Climate Change Policy*: *A Survey*, Washington DC: Island Press, 2002; P. Singer, *One World*: *The Ethics of Globalization*, Yale: Nota Bene Press, 2004。

③ Paul Baer, “Equity, Greenhouse Gas Emissions, and Global Common Resources”, in S. Schneider, A. Rosencranz and J. Niles (eds.), Climate Change Policy: A Survey, Washington DC: Island Press, 2002, p. 393 – 408.

辛格也认为，从本质上讲，我们应该把大气想象为一个全球“碳槽”，在对气候产生严重和不可逆的影响之前，我们能向其中排放固定数量的二氧化碳，因而问题就变成：该如何分配向“碳槽”中排放碳的权利？如果一开始问：为什么有些人应该比别人更多占有全球大气“碳槽”？那么，最简单的回答是：没有任何理由。换句话说，每个人都有相同的权利声称拥有大气“碳槽”的使用权。因此，气候正义应该平等地分配排放权。① 这将意味着：应对气候变化的成本将会“不平等”地加以分配，因为平等地分配排放权将会在实际效果上减少发达国家的排放份额，这会让它们付出较大的经济代价（负担）。而相对于发展中国家而言，由于允许它们继续以一定程度增加排放，所以，发展中国家为此付出的代价会很少。对此，全球分配正义的底限主义者，比如米勒，就反对这种分配原则，并提出应该平等地分配应对气候变化的成本（负担），而不是平等地分配排放二氧化碳的实际的权利。② 平等分配成本原则的实际效果是继续允许发达国家比发展中国家排放更多的温室气体，因为如果发达国家在短时间内剧烈地减排将会产生巨大的成本。如果是平等分配应对气候变化所带来成本（负担），那么，这意味着发展中国家也要承担与发达国家一样的机会成本的损失，因而也要参加减排。在这里，成本（负担）在某种意义上讲就是每个人在遵守减排协议时所丧失的机会成本。但是，没有理由认为，仅仅因为发达国家的排放已经很高就主张发达国家应该能继续排放比它们的公平份额更多的温室气体，或者因为让发达国家大幅度减排对它们来说成本很高而允许它们继续以超出自己的公平份额的水平排放，这是在道德上无法接受的。

第五节 我们有什么理由接受全球平等主义

全球气候正义的道德基础实际上就是人的平等。这包含两个基本主张：第一，每一个人的基本人权都应当得到尊重和保护，不管这个人的种族、文化、国籍如何；第二，从全球正义的观点来看，对基本人权的

---

① P. Singer, *One World: The Ethics of Globalization*, Yale: Nota Bene Press, 2004, p. 35.

② David Miller "Global Justice and Climate Change: how should Responsibilities be Distributed? Parts I and II", *Tanner Lectures on Human Values* 28 (2009), pp. 119 - 156.

尊重和保护应该具有高度的优先性。这一主张实际上表达了一种全球平等主义的观点。这种平等的要求对于发展中国家来说，不仅仅是满足基本生存排放权的平等分配，而且，也应该拥有一个更加平等的发展权。这就要求，发达国家为了满足发展中国家的平等的发展权必须大幅度地减少自己的二氧化碳的排放，以便腾出空间允许发展中国家在实现自己消除贫困的任务后，继续有一个更高水平的发展。有一些人认为，这个主张对于发达国家来说太过于严厉了。全球分配正义的底限主义者显然不会同意这样的主张，他们会认为，并不是所有的不平等都具有道德上的相关性，而且，他们还会认为，对于发达国家而言，它们何以能够接受这样的严厉要求，它们到底亏欠发展中国家什么呢？全球底限主义者并不全然反对在全球实现某种程度的“平等”，他们会同意：原则上讲，富裕国家有援助世界上的穷人，以确保他们摆脱绝对的贫困和实现基本的人权的道德义务，但它们没有确保一个更加平等的世界这样更加宏大的目标的道德义务。也就是说，正义不应该跨越国界。

这实际上涉及的是在全球分配正义讨论中的一个核心问题，即我们有什么理由相信，在全球范围内，每个人应该得到平等的对待，即使很多人相信对于自己的同胞我们应该担负某种“特殊责任”,[1] 更何况我们对“平等”的理解本身就充满争议。因此，平等主义的全球正义观念遭到一些哲学家的质疑。比如说，现实主义的观点认为，国际领域是一个“道德归零”的地带,[2] 右翼自由主义则谴责平等主义的分配政策过分挤压了人们的各种自由,[3] 而社群主义观点则质疑跨文化的道德标准是不是存在,[4] 还有一些人根本就否认经济和社会平等的价值。[5] 一种更有影响的批评来自于罗尔斯。罗尔斯在《正义论》中提出了一个当今极具影

① 罗伯特·古丁：《对于同胞，特殊之处何在?》，载徐向东编《全球正义》，浙江大学出版社，2011，第266~288页。

② E. H. Carr, *The Twenty Years'Crisis 1919 - 1939: An Introduction to the Study of International Relations*, London: Palgrave, 2001.

③ Robert Nozick, *Anarchy, State, and Utopia*, Oxford: Blackwell, 1974.

④ Michael Walzer, *Thick and Thin: Moral Argument at Home and Abroad*, Indiana: University of Notre Dame Press, 1994.

⑤ Harry Frankfurt, "Equality as a Moral Idea", in *The Importance of What We Care About*, Cambridge: Cambridge University Press, 1988.

响力的国内正义理论。按照他的观点，分配正义无须要求在收入或者财富上的平等，只要求在基本资源上的平等，以便一个社会的公民能够通过利用这种资源而具有基本的尊严以及理性地思考自己的生活计划的能力。由此他提出了三个正义原则：基本自由原则、机会的公正平等原则及差异原则——基本自由原则认为每个公民都应该享有同等的基本自由；机会的公正平等原则认为社会职位应该向所有具有同样能力的人开放；差异原则则相信只要社会经济的不平等能够最大限度地提升处于最不利地位的人的社会经济地位，这种不平等就可以得到辩护。但他又认为，"公平的正义"是国家内部的政治、经济、社会结构的需要，它只能被应用于一个统一国家的基本结构之中，而不能外推到需要不同标准的不同环境。因此，罗尔斯拒绝把他的国内正义理论扩展到国际层面，实际上，他并不相信有所谓的"全球正义"。在罗尔斯的影响之下，许多学者从国家责任、平等的社会公制、社会合作、民族身份、国家强制等方面质疑全球正义的存在[1]。

第一个反对全球平等主义的理论诉诸"国家责任"的概念，这个观点认为，在全球范围内进行再分配（不管采取什么形式），都忽略了国家责任的道德相关性。过高的平等理想是对那些没有积极承担自己责任和履行国际义务的国家的过分袒护和纵容，也是对负责任国家的过分惩罚，而且它还严重影响了国际规则的运行效率。也就是说，每个国家必须为自己所选择的发展道路和政策给自己的人民带来的影响承担道德责任。持有这个观点的代表性人物是罗尔斯，罗尔斯在《万民法》一书中就毫不含糊地拒绝全球分配正义的平等主义原则，相反，他提出了一个在他的批评者看来太过温和以及对现状太过容忍的全球分配正义理论。与要求甚高的全球分配正义理论相反，罗尔斯提出了面向更加贫困的社会的"援助的义务"。关于全球分配正义，罗尔斯的主张是，我们有义务保障所有人的基本人权的实现，这个要求就决定了我们在外交政策上

① 有关这些观点的讨论，见 John Rawls, *A Theory of Justice*, Cambridge, Mass: Harvard University Press, 1971; John Rawls, *The Law of Peoples*, Cambridge: Harvard University Press, 1999; Thomas Nagel, "The Problem of Global Justice", *Philosophy and Public Affairs* 33 (2005), pp. 113 - 147; David Miller, "Against Global Egalitarianism", *The Journal of Ethics* 9 (2005), pp. 55 - 79; Charles Beitz, *Political Theory and International Relations*, Princeton University Press, 1999。

所应追求的目标是有限的。“一个社会内部减少不平等的一个理由是缓解穷人所受的痛苦和艰辛，但这并不要求实现所有人在财富上的平等。就这个理由本身而言，穷人与富人间的差距有多大是不相关的。相关的是穷人的困苦是否得到缓解这个结果。在一个自由主义社会的内部，贫富差距不能过大，不能超过相互性准则所能允许的程度，以确保社会的最少受惠者（如第三条自由原则所要求的那样）能拥有足够的通用手段去明智、有效地运用其自由，并过上一种合乎情理的和值得一过的生活。当达到了此种情形时，那么就不存在进一步缩窄贫富差距的需要了。相似地，在万民社会的基本结构中，一旦援助的责任满足了，并且所有的人民都拥有了一个正常运作的自由的或正派的政府，那么同样也没有理由去缩窄不同人民间的平均富裕程度的差距了。”①

所以，在罗尔斯看来，我们权利的实现主要依靠我们自己的政府，虽然另外的国家有时可能有义务帮助它们实现其权利，但这种义务完全不同于说我们有分配正义的权利。援助义务的目标就是帮助负担沉重的社会发展体面的社会和政治制度，它并不在于要去消除不同社会之间的贫富差别。而当一个社会变得秩序良好之后，就不再要求进一步援助了，即使这个秩序良好的社会现在可能仍然相对贫困。这意味着援助义务的履行在很大程度上是通过为其提供建议和技术支持。对于罗尔斯而言，援助的义务在两个方面被严格限制。第一，与全球平等主义不同，它并不旨在重新分配资源以创造出一些理想的分配模式，比如平等的分配模式，它有严格限定的目标，即帮助建立运行稳定的制度。第二，它并不期望援助的义务能持续很长时间，它有一个明确的目标和截止点；相反，平等主义的纲领则需要进行无限的资源再分配，直至每个人的生活水平达到大致的平等。罗尔斯也并不是固执地坚持一定要完全拒绝全球分配正义的理想，他的《万民法》关心的是如何实现贫穷社会的成员的基本人权。

那么，为什么罗尔斯如此热衷于拒绝全球平等主义的主张？其主要原因是，罗尔斯认为全球平等主义忽视了人们对自己的命运所应负的责任。罗尔斯相信，引起贫富差距的原因首先是“内存的”，正如他说，

① John Rawls, *The Law of Peoples*, Cambridge MA: Harvard University Press, 1999, p. 114.

“我相信，人民富裕和他们所采取的国家形式依系于其政治、宗教、哲学及道德传统，是它们维系着其政治与社会制度的基础结构，同时，也依系于其成员的勤劳和合作的天赋”。[①] 罗尔斯试图表明，自然资源在全球的再分配是不需要的，因为，既然人们根本上就该为他们的生活状态负责，那么，在贫穷的人与富人之间持续地进行再分配就是不公平的。可以设想两个社会，一个实现了工业化并且人们工作勤劳，而另一个则选择了一种休闲的生活方式，而且还没有实现工业化。那么，在这种情形下，国际社会应该向发达国家征税以补贴贫穷国家吗？罗尔斯认为，显然这是不可接受的。如果贫穷国家最终变得贫穷，只要它仍然能够运行体面的制度，那么，我们就不应该关心它是否在经济发展水平上与发达国家有差距。因此，根据罗尔斯的观点，全球平等主义的目标与承认国家（或人民）应对自己的经济状况负责的理念是不相容的。如果那样做，实际上是惩罚那些勤奋的以及做出良好决策的国家，而在奖赏那些懒惰和做出糟糕决策的国家。

对罗尔斯诉诸“国家责任”来为他的底限主义的全球正义进行的辩护，我们该怎样回应呢？虽然我们有理由相信，世界上许多国家的贫困确实有其国内的政治、文化差异的原因，但是我们也应看到，许多国家的贫困更重要的是外在的国际政治经济秩序使然。这可以从两个方面来看。其一，既使一个国家因为糟糕的政治（比如独裁）做出了错误的决策，从而导致国家陷入经济的衰退和持续的政治动荡，那也是在一个全球化的背景下做出的。在这种背景下，贫穷的国家拥有不公平的劣势的机会，而且只要富裕国家的消费者和公司继续购买这些国家的自然资源，那么，他们就是在支持那些不民主和不正义的领导人维持自己的政权，从而在延续这些国家的人们的苦难。其二，即使贫穷国家应为它们自己的贫穷负责，但这并不意味着，这个国家所有的人都应为此而负责。例如，在一个体面的等级社会，许多人可能都被剥夺了平等参与决策的权利，难道这些人也要为他们所不同意的国家政策所导致的贫困负责吗？简言之，国家责任与全球平等的目标之间的冲突是复杂和富有争议的，援引国家责任作为一个理由来反对全球平等主义理论，这还有很多问题

---

① John Rawls, *The Law of Peoples*, Cambridge MA: Harvard University Press, 1999, p. 108.

需要回答。

另一方面，我们也必须认识到，在一个本身缺乏正义的社会中，不平等的资源分配就会实质性地削弱许多人做出真正选择因而获得富有意义的自决权的能力。也就是说，只有各个国家之间的关系在一般意义上是公平的，那么各个国家才能够富有意义地为自己的前途命运承担责任。但事实上，在当代国际社会中，由于缺乏基本的正义，许多贫穷国家的选择并不是完全自主的。因此，诉诸国家责任来反对全球分配正义是站不住脚的。因为，贫穷国家现有的状况是对自身历史的继承，贫穷国家历史上的贫穷在很大程度上是富裕国家通过侵略、奴役、剥削和殖民政策等不道德的手段所造成的。要求一个社会的各个成员为那些他们早先的成员所做出的决策和现在自己被迫承担的不公正待遇支付完全的经济成本，这实际上相当于把某些非道德的偶然因素纳入对分配的考量中，这在道德上是得不到辩护的。当然，我们在这里并非要质疑国家责任观念的道德重要性，也并非质疑一代人从前辈那里“继承”责任这一观念的道德重要性，但关键的是，这种责任的担当必须建立在真正意义上的自主和公正的基础之上。因此，要实现全球平等，首先要落实“矫正正义”，然后才能落实基于现实的“分配正义”。

第二个反对全球平等主义的理由是说，世界缺乏一个被所有人分享的社会价值，从而导致并不存在一个可信的“公制”来评价全球是否实现了平等的理想。[①] 通常一个全球平等主义理论会用一个或者多个与规范相关的“公制”来评估全球不平等的程度，比方说，使用能力、生活前景、机会、资源、收入和财富、福利以及对人权的尊重等。但是，反对全球平等主义的人会说，正因为我们这个世界缺乏每个人所共同分享的社会意义，因此就没有可信的“公制”能够出于评价相对份额的目的而获得定义。我们可以在一个民族国家内就某个“公制”形成价值共识，但这样的共识在全球层面并不存在。持有这个主张的最为典型的代表性人物是戴维·米勒。米勒认为，虽然在一国之内，由于公民们共享一种民族文化以及由此而决定的共同的社会目标和愿景，所以我们能清

---

① David Miller, *National Responsibility and Global Justice*, Oxford: Oxford University Press, 2007, pp. 63 – 67.

晰地知道我们所意欲的是哪些善好或机会，也就是说，我们有共同的价值标准来判断人们在获得某些资源上是不是平等的，但在全球水平上则不可能做到这一点。因为在全球水平上，并不存在共享的文化和价值标准，所以，“要么我们能找到某种‘公制’来在不同国度的人们之间鉴别出哪种善好是最好的，但事实上，这是无法做到的，某些社会认为是好的东西，另外的社会可能并不认为这些善好是值得追求的，要么我们提供一份关于善好的十分广泛的清单。但是，如果我们采取后一种思路，我们将不知道该如何比较，或排列在每一个善好分类中的不同的不平等”。[①] 总之，虽然我们能很容易地说，某些人是穷人，或是没有能力满足他们自己的基本需要的人，但我们不清楚该如何判断在全球范围内或是在人们对善好持有不同的价值评价的情况下，人们到底是平等的还是不平等的。

定义一个评价是否平等的“公制”，确实是一个困难的任务，我们也有理由相信我们应该尊重不同文化的自主性和多样性。但是，尊重文化多元并不能为拒斥全球平等主义提供任何具有决定性的理由。正如西蒙·凯利所指出的，“尽管或许在哪种善是最具有价值的问题上存在分歧，但是，很难否认的是，恰当的营养、衣着、栖身之所、某些基本自由以及社会交往、教育和参与一种体面的人类生活，是具有重要性的”。[②] 因此，无论人们的文化和价值体系如何，由于上面提及的那些“善好”对于他们来说都是非常重要的，因此，我们可以通过解决人们在那些善好方面的不平等，把相对平等的机会赋予人们，以实现其不同的生活方式。当然，有时候，不同社会中的人们或者团体之间的机会是否平等，以及在什么意义上平等的问题确实并非显而易见的。但是，“这并非能反驳得了上述全球平等主义理想。它仅仅指出了我们在解决机会平等（或者某些其他善的平等）在全球层面上需要什么条件这个问题时所面对的一些困难而已”。[③]

---

① David Miller, *National Responsibility and Global Justice*, Oxford: Oxford University Press, 2007, p. 64.

② Simon Caney, “Justice, Borders and the Cosmopolitan Ideal: A Reply to Two Critics”, *Journal of Global Ethics* 3 (2007), pp. 269 – 276.

③ Simon Caney, “Justice, Borders and the Cosmopolitan Ideal: A Reply to Two Critics”, *Journal of Global Ethics* 3 (2007), pp. 269 – 276.

还有一些人，比如米勒，试图通过强调民族身份的重要性来反对全球平等主义。作为一个底限主义者，米勒诉诸关系主义的进路来为他所提出的有限的全球平等主义进行辩护。[①] 他强调共享某种民族身份的人之间所形成的特殊纽带（关系）使得分配正义的要求在跨越国界之后变得十分有限。在米勒看来，民族身份是个人与他们的同胞之间所形成的一个特殊的纽带，但这种特殊的关系不存在于非同胞之间。针对一些全球平等主义认为我们的民族身份（国籍）是一个道德上任意的因素，因而不应该影响我们的生活机会这种观点，[②] 米勒反驳说，虽然我们不可能总是要为选择我们所居住的民族共同体而负有责任，但那并不意味着国家不具有规范上的重要性。事实上，对我们大多数人来说，国籍是一个重要的事实，我们既认同我们的国家，也认同它的历史和承诺，没有国籍以及伴随国籍而形成的传统和习俗，我们可能会在我们所生活的这样一个复杂的世界中无所寄托和失去方向。共享一种民族身份就是共享某种关于一个人如何从历史和文化的角度介入人类生活的视野或立场，就是共享一种一个人借以形成、追求、评估并修正自己的生活目标与目的的文化框架。民族身份把个人聚集到一个共同体中，获得并培养了个人的道德动机和道德能力以及相互认同的道德基础。在某种程度上讲，国家把我们与世界联系起来，并且为我们提供了一个观察这个世界的棱镜，它让我们知道，在生活中什么是重要的，什么是有价值的，正如他所说，“人们重视民族的成员身份带给他们的丰富的文化遗产；他们希望看到他们自己的生活与其祖先生活的连续性。他们应该把其民族性仅仅看作一个历史的意外事件，即一种为了全人类而被抛弃的认同，这个观点没有什么吸引力”。[③]

正因为民族身份对我们而言本质上是重要的，因此，我们可能对于我们的同胞就负有某种特殊的义务。虽然我们可能对所有人类都负有某种普遍的人道主义义务，然而，我们只对某些人因为我们之间的亲密的和重要的关系而负有“特殊义务”。我们应该仅仅承担内在于这种关系

---

① David Miller, *National Responsibility and Global Justice*, Oxford: Oxford University Press, 2007, pp. 111 - 134.

② Simon Caney, *Justice beyond Borders*, Oxford: Oxford University Press, 2005.

③ David Miller, *On Nationality*, Oxford: Oxford University Press, 1995, p. 184.

之中的特殊义务。[1] 因此，我们可能会认为：作为一个人，我有义务给予所有儿童以一定程度的爱心和关怀，而我对自己的孩子则会承担一种特殊的义务，给予他们更多的爱心和关怀。或许我有义务在道德上教育他们，培育他们的个性，或者解答他们每天所面临的问题，如果不这样做，将会意味着我没能很好地履行父母的职责。因此，虽然我们确实有人道主义的义务去帮助遥远的其他人实现他们的基本人权，但是，正义的义务，包括对平等的追求只是在同胞之间所亏欠的东西。也就是说，我们对同胞的义务比我们对外国人的相对比较稀薄的人道主义义务更加厚重。因此，我们共同属于一个国家这一事实就具有了正义的意味。一方面，由国家所产生的民族和凝聚力或同胞之情使得像社会正义和民主这样的政治议题变得可能。如果我们能确信，每个人都将按照社会要求他们所做的那样去做，那么，追求诸如建立和维持一个福利国家，通过税收来重新分配收入等这样的社会正义的复杂的政治问题将容易解决得多。这就要求普遍地信任以及这样的信念：其他人也将根据共同的善而承担义务和行动。这种信念可以由一个共有的民族身份来可靠地加以保证，而如果没有这种共有的民族身份就不可能产生这种信任。[2] 另一方面，如果正是这种民族身份使社会正义得以可能，那么，我们就不应该期望把正义扩展到一国之外，甚至是整个世界这样的范围，因为那个层次的社会并不存在共同的民族身份。[3] 这并不是说在全球范围实现正义就是一件坏事，而是说，在缺少民族纽带的情况下，我们很难劝说人们去遵循正义所要求我们做的事，比如拿出自己的资源帮助世界其他国家的穷人。如果我们与其他国家的穷人之间彼此并不亏欠什么，就很难说有什么理由把正义的义务强加给我们。事实上，米勒想说的是：全球分配正义压根儿就没有必要或不值得去追求，因为社会正义反映的只是同胞彼此之间亏欠什么，但是对外国人则并没有这种亏欠。总之，米勒最终想得出的结论是：对平等和社会正义的追求仅仅是民族国家所要考虑的议题，而不是一个全球性的议题。

---

① David Miller, *National Responsibility and Global Justice*, Oxford: Oxford University Press, 2007, pp. 34 – 35.

② David Miller, *On Nationality*, Oxford: Oxford University Press, 1995, p. 91.

③ David Miller, *Citizenship and National Identity*, Cambridge: Polity, 2000, p. 54.

西蒙·凯利驳斥了米勒等人诉诸“民族身份”而对全球平等主义的质疑。正如我们前面所描述的，强调“民族身份”在全球分配正义中的重要作用，实际上是遵循关系主义的进路来为全球分配正义的底限主义进行辩护。民族身份在某些人当中建立起了一种基于共享的价值观念和民族文化的特殊的同胞关系，正是这种特殊关系激发了同胞之间的分配正义。事实上，所有主张分配正义的底限主义的关系主义者都强调正是在全球层面缺少这种特殊的关系，或者缺少某种共同遵守的制度体系，因此分配正义只可能存在于一国之内。作为一位全球平等主义的支持者，西蒙·凯利捍卫一种全球分配正义的非关系主义的进路，他认为，我们无须借助全球化或全球制度体系的存在这样的事实，而只用指出我们作为“人”所应拥有的资格就足以激发全球分配正义。如果人们因为他们都是自主的个体或具有理性能力的个体而在国内拥有分配正义的资格，那么，当我们跨越国界时，这样的事实也并没有消失。基于这样的理解，凯利提出了一种“机会平等”的全球正义理论，[①] 他试图论证像“民族身份”这样的因素应和其他道德上任意的因素一样，不应该成为区别对待不同的人的理由。

“机会平等”通常主张：如果他们做出相同的努力的话，具有相同资质和相同能力的人应该拥有相同的获得最好工作的机会。这个原则要求，拥有“相同禀赋和能力以及相同的意愿使用这些资质的人都应该拥有相同的成功的期望，社会上所有的人都应该在成就方面存在着同样的前景”。[②] 这个原则的重要之处在于，它挑选出一些人们所拥有的特征（比如性别、阶级或种族），并认为这些特征不应该影响我们的机会，或者是也挑选出另外的一些特征，比如天赋、努力工作等，并允许这些特征影响人们的机会。这样的观点在直觉上得到人们的认同。我们大多数人会相信：一个人的生活前景不应该受到他们的性别、种族以及阶级这样的因素影响而使自己处于劣势地位（具有较少的机会），或者像罗尔斯所主张的那样，我们可以根据自然禀赋或努力程度来决定我们生活的好坏，而不能根据某些纯属“运气”的因素来决定我们的生活，因为没

---

① Simon Caney, *Justice beyond Borders*, Oxford: Oxford University Press, 2005.

② John Rawls, *Justice as Fairness: A Restatement*, Cambridge, MA: Harvard University Press, 2001, p. 44.

有一个人能够选择出生在一个种族群体中而不是另外的一个，也没有一个人能够选择自己是男性还是女性。阶级、性别、种族这些东西纯粹是一些“道德上任意”的特征，这些道德上任意的特征不应该成为让一些人比另一些人获得更多的自然资源（或机会）的理由。但是，我们能不能把像“民族身份”这样的因素也称为道德上任意的因素，从而排除它对个人机会的影响呢？如果我们承认个人的生活不应该因为他们并未选择的因素（种族、性别等）而在起点上就处于不利地位的话，那么，为什么我们不能把民族身份这样的特征也加入这个名单中呢？原因在于，“民族身份”就像种族或性别一样是人的一个道德上任意的特征，它不应该影响我们获得任何对我们的生活而言重要的东西的机会（或至少是一个分配正义理论自身所关切的任何东西）。“难以想象的是为什么像这样一些任意性的因素应该决定人们的生活前景。”① 如果我们承认，不同国家的人应该享有相同的机会，没有人应该因为他的民族身份而得到更少的机会的话，那么，这种排除了道德上任意性因素影响的“机会平等”就意味着在全球范围内实施某种再分配，至少是在对实现一个人的基本人权而言必不可少的东西上实现平等分配。

最后还有人诉诸“国家强制”的理论来反对全球平等主义的分配正义。② 他们认为平等主义的分配正义只有在一种特定形式的强制存在的情况下才会出现。国家强制是保证每个公民去实现彼此之间所做出的正义的承诺的一个必要条件，尤其是在涉及公共物品，比如温室气体排放空间这样的物品的分配时。每个公民之所以愿意留在一个制度体系内，是因为他们都有这样的预期，即当强制性规则带来了一种平等主义分配的时候，所有的公民都应该拥有了同等的机会来追求自己的目标，没有哪个人的自主性和利益应该受到过分的削弱。但是，任何强制性的政策安排（比如资源分配）都有可能在一定程度上约束一些人的自主性和利益，同时促进另一些人的自主性和利益，虽然从长远的角度看应该平等

---

① Simon Caney, *Justice beyond Borders*, Oxford: Oxford University Press, 2005, p. 123.

② Thomas Nagel, "The Problem of Global Justice", *Philosophy & Public Affairs 33* (2005), pp. 113 - 147; Richard W. Miller, "Cosmopolitan Respect and Patriotic Concern", *Philosophy & Public Affairs*, Vol. 27, No. 3 (Summer, 1998), pp. 202 - 224; Michael Blake, "Distributive Justice, State Coercion, and Autonomy", *Philosophy & Public Affairs*, Vol. 30, No. 3 (Summer, 2001), pp. 257 - 296.

实现每个人的利益。因此这样的政策安排就需要向那些受其影响的人，尤其是那些自主性和利益受到约束的人给出道德上的理由，同时也需要对那些不履行自己已经承诺了的义务的人进行惩罚。从这个意义上讲，“国家强制”是一个公平游戏规则得以实施的必需条件，即“如果一些人根据某些规则从事某种共同事业，并由此而限制了他们的自由，那么那些根据要求服从了这种限制的人就有权利要求那些因他们的服从而受益的人做出同样的服从”。[①] 虽然，一般而言，一国之内通常能建立起这样的国家强制，但是，在全球层面却不存在这样的强制性的东西。因为强制性的存在需要有一个统一的权威机构来保证彼此履行义务的预期，当某些人不愿意履行他们的义务时，权威机构就可以诉诸惩罚性措施来实现这种预期。

托马斯·内格尔是这一观点的积极支持者。在内格尔看来，就分配正义而言，在国内范围和全球范围之间存在一个十分深刻的断裂或不连续性，即在国内，同胞之间彼此亏欠一个实质上的平等承诺，而在全球范围内，我们对国外人的唯一的义务就是人道主义义务。他极力主张，我们无须对外国人承担任何意义上的分配正义的义务，我们对他们承担的唯一义务就是缓解贫困的人道主义义务。他的这一主张使得他比罗尔斯走得更远。毕竟，罗尔斯最终并没有绝对反对全球平等主义的理想，只是他的目标是有限的。但是，内格尔却全然拒绝了任何形式的全球平等主义的分配正义。内格尔诉诸关系主义的进路为他的最为严格的全球底限主义的主张进行辩护。其实，许多全球平等主义者也诉诸关系主义的进路为更为平等的世界进行辩护。关系主义的理论认为，公民是被某种关系结合在一起的，这种关系足以使得分配正义在他们之间具有相关性。但是，同胞之间到底存在什么样的关系，以及为什么这种关系又如此重要呢？对于内格尔而言，促使分配正义具有相关性的原因是强制性政治关系的存在。公民的特殊之处在于（在公民与外国人之间却不存在这种特殊的关系）通过一系列的具有强制力的政治机构使得公民之间相互影响了彼此的命运，正是因为作为公民的我们共同维持了一个制度性

① H. L. A. Hart, “Are there Any Natural Rights?”, *Philosophical Review* 64 (1955), pp. 175 - 191.

结构，而这种制度性结构反过来对我们每个人的生活机会产生了影响，因此，我们彼此之间就相互亏欠一个规范性的辩护。[①]

内格尔是这样来阐述他的主张的：想象一下有这样三个人，A 是一个富裕的美国人，在一家金融公司工作；B 是一个贫穷的美国人，是一个清洁工；C 则是一个贫穷的孟加拉国人，也是一个清洁工，但比 B 挣得少得多。根据他的理论，具有道德相关性的是：虽然 A 不可能直接为 B 的贫困而负责，但是 A 和 B 处于一个共同的制度体系之中（在此就是共处于美国的政治、经济制度之下），所以他们应该对由他们自己产生或他们没能阻止的不平等担负起集体性的责任。如果国家没有像给予 A 那样给予 B 同样好的教育而导致 B 的贫穷，那么这就是不正义的行为；如果因为 B 属于劣势的种族群体而政府又没能有效地解决这种劣势而导致他的贫穷，那么这同样也是不正义的。国家建立起了如罗尔斯所说的“基本的制度结构”，这种结构对美国人的生活机会产生了实实在在的影响。正义告诉我们：国家有责任确保这种结构性的影响对每个人都是合理的和平等的。既然政府是所有公民的雇员，我们就能合理地说：公民自己应该为这个结构导致的不平等承担责任。但是，我们不能这样来理解 A 和 C 的关系，他们之间的不平等并不是美国政府所造成的，他们之间的不平等可能是由全球经济，或者甚至可以想象是由像国际货币基金组织（IMF）这样的全球机构所造成的。但是，A 和 C 并非一起加入一个紧密的制度关系之中，而正是这种制度关系以及由这种制度关系所产生的强制的存在才要把他们之间的不平等指认为不公平（不正义）。全球经济体系并没有强制性地要求 A 和 C 承诺什么，也就不可能要求他们履行什么样的分配义务。因此，虽然他们之间的不平等可能是令人遗憾的，但是根据分配正义的标准，他们并不是不公平的，那些标准不适合于全球层面。

因此，在内格尔看来，只有在国内层面才存在制度性的结构和强制性的要求，因而生活于这种结构之中的所有人都为由这个结构所造成的不平等承担责任。为了使每个人都能接受这样的责任，我们需要给每一

---

① Thomas Nagel, “The Problem of Global Justice”, *Philosophy and Public Affairs* 33 (2005), pp. 113 - 147.

个接受这种强制的公民一个好的理由，即为什么他们必须像平等主义的原则所要求的那样来限制自己。如果我们在同一个制度体系之下把另外的人当作二等公民，而又没有为此提供强有力的辩护，这将是不公平的。更具体地说，内格尔相信，分配正义适合于某些个人之间，必须具备以下三个条件。第一，这些人必须处于一个由规则和制度所强制性维持的体系之内。但是，全球经济体系并不是这样一个由规制和制度所强制性维持的体系，而国家则是。第二，正义关系只适用于被认为是共同创造和维持一个强制性体系的个人之间，这样的个人就应该共同地为在他们之间所出现的不平等承担责任，这也是在一国公民之间彼此亏欠正义的原因。第三，正义关系仅仅适用于当个人非自愿地服从由之而来的规范和责任之时，因为如果个人能自由地（自愿意义上的）加入或退出这种规范和责任体系时（比如加入某个俱乐部，或者某种通过自由契约而形成的利益合作共同体），当你觉得没有受到公平对待时，你完全可以退出并加入另一个你认为公平的体系，这里并不存在什么强制的问题，因而也就不存在正义的问题了。但是，国家却完全不同于这样的俱乐部，国家的特征在于，它不管我们喜不喜欢都会迫使我们服从它的规则。因此，国家才是适合于分配正义原则的唯一的场所。虽然，国际社会存在的一些组织，如世界贸易组织在一定程度上也存在某些制裁性措施，或者是某些强制性的技术标准（当某个国家不遵守这个标准时，将会造成严重的后果），但是，即使如此，除非我们能清楚说明世贸组织这样的国际组织是世界各国人民共同的代理人，或者说所有的个人都是世贸组织的规则和决定的共同的制定者，否则，这样的组织机构就不具有在一个国家之内所具有的那种强制性。正因如此，分配正义在全球层面是不存在的。当然，在内格尔看来，虽然分配正义在全球层面是不存在的，但这并不意味着我们对世界上的穷人没有责任，但这种责任只是人道主义的义务，因而并不是像正义的义务那样严格的和强制性的。他的意思是说，当我们赞同联合国千年发展目标时，如果一个国家没有履行拿出自己国家收入的 0.7% 以实现这个目标，将是一个不正义的行为，虽然在一国之内，我们应该关心公民之间的相对的贫富差别（不平等），但在全球范围内，我们的人道主义义务所关心的应该是那些没有能使自己活下来的足够的物质条件的人的绝对贫困状况。

针对内格尔等人诉诸“国家强制”反对存在平等主义的全球分配正义这种做法，我们可以从两个方面来进行回应。第一个回应如下。诉诸“国家强制”来反对全球分配正义的一个重要的理由是，只有在一国之内的同胞之间才存在由强制性的制度关系所维持的具有道德相关性的“社会合作”，而这种合作不可能在全球范围内存在。正义原则决定了由“社会合作”带来的利益和负担的公平分配。如果没有这样的“合作”，就不会存在正义的环境；因为不会存在据此可以提出有冲突的要求的共同产品，也不会存在任何一致同意的制度安排。因此，国家边界被认为是维系社会合作的前提性原因。这样一来，生活于不同民族国家之中的那些个人之间的关系就不能受到社会正义诸原则的规范，也就是说社会合作是承担平等主义义务的必要条件。这个说法是颇成问题的。显然，当今世界已然成为一个各国在经济、政治和文化上相互依赖的共同体，并且，各国之间事实上也在遵循某些制度性的安排，正是这些制度性的安排制造了大量的选择性交往关系，当人们身处（主动的或被动的）这种关系时，彼此之间就产生了某种道德关联性。现有的国际性规范对几乎所有人的生活都产生了影响，比如，世界贸易组织规则在某种程度上就体现了经济强国的意志，它允许富裕国家通过关税、配额、反倾销税、巨额补贴、出口退税等方式去“保护”自己的市场。在这种规则下，贫穷国家实际上很难享受到本应得的经济利益。所以，这些规则严重影响了全球经济合作所带来的好处在各国之间的平等分配。就当前的气候变化语境而言，应对全球性的气候危机显然是一个需要全球合作的事业。如果气候问题证明了一种全球性社会合作的存在，那么我们就不能将国家边界视为拥有基本的道德重要性的东西，也就是说，平等分配碳排放权需要在全球范围内来加以落实。

对“国家强制”的观点，我们还可以有第二个回应。诉诸“国家强制”来反对全球分配正义的另一个重要的理由是，任何落实平等主义的道德义务要求都必须建立在相互之间订立的契约基础上，并且这种契约以某种强制性的制度对每个人分配权利和义务，尤其是这些制度会在分配问题上对特定人群造成很深的影响，正是这种契约性的关联导致了对彼此的正义要求，因为“正义是我们通过共享的制度而只对与我们共处于很强的利益关系中的人们所负有的责任”。[①] 而这种强制性只可能在一国范围内才会出现，各国人民之间并不存在这种强制性制度安排。因为，在国内和国际的“制度强制”之间存在一个重要的差异，毕竟各国对世界经济的参与更多是自愿的，没有国家被强迫遵守国际规则，并且任何国家都可以随意退出。所以，各国彼此之间就不会产生权利和义务的关系，给予贫穷国家的人民以平等的待遇也就并不是富裕国家应该承担的义务。这种主张是不可信的，对于这一点可从两个方面加以反驳。第一，虽然国际社会并不存在表面上的强制性契约，但对于贫穷国家而言，所谓的“自愿加入”往往带有强制性意味。现实的状况往往是，国际规则是由更加强大的一方制定的，对那些不能改变它们的人而言，这些规则是作为一种既定事实出现的。而且一旦成为既定事实，这些制度和规则就成为世界秩序的构成性结构，它们的运行就具有重要的分配含义。在这种情况下，对于相对较贫穷的一方而言实际上缺少参与到规则中去的讨价还价的资源，当退出契约的代价过于高昂时，妥协往往是它们唯一的选择。而贫穷国家的这种不利地位通常是自己不能控制的，况且它们本身是自然和历史事实的受害者。一旦这样的规则成为既定事实，它就能够实质性地影响全世界范围内个人的分配份额。强势的一方并没有从这些事实中获利的道德权利，所以，参与不正义制度的设计或实施的人或者受益于不正义制度的人（即使他们也不可能逃离使他们受益的不正义制度），就具有补偿性的正义义务。第二，即使一些贫穷国家立足于自身而拒绝参加某些国际制度，但也无法摆脱别国给它们所带来负面的外部性影响。人们必须承认国际制度之网的国内重要性，即使我们承认只有在一国之内才存在足以激发正义的强制性关系，但是，正是这种由国家自身的强制性控制着的边界以及由这种国家边界所控制着的自然资源，使得其他国家就缺少占有这些资源的机会。一些国家的贫困在很大程度上来讲，就是这种自然的不平等分配所造成的，也就是说，这种国家控制并不仅仅对该民族国家的公民的生活产生影响，它也对外国人产生了影响。之所以如此，是因为在一个资源有限的世界，一国占有更多的资

---

① Thomas Nagel, “The Problem of Global Justice”, *Philosophy and Public Affairs* 33 (2005), pp. 113 – 147.

源，就意味着另一个国家会占有较少的资源，这是其一；其二，某些形式的国际强制明显地存在于某些国家的单边行为之中。当代国际政治赋予各个国家独立自主的权利，当一国行使自己的权利时，就有可能对别国造成关键性影响。比如，一国之内的农业政策会加剧全球粮食的价格波动，从而会对那些贫穷国家的人们的粮食安全造成威胁；再比如，在气候变化问题上，适应全球变暖能力较强的国家在一国之内大量排放温室气体就会对适应能力较弱的国家（比如海拔较低的国家和岛国）的人民造成毁灭性的影响。因此，在相互依存度很高的国际社会，一个国家履行自己的消极义务（不干涉别国）固然是重要的，但承担必要的积极义务也是必不可少的。

最后，我们回到要讨论的主题，即到底是什么东西要求我们能够在全球气候问题上坚持一种基于平等主义的全球分配正义。根据前面对全球分配正义的讨论，我们的一个基本观点是，尽管诉诸关系主义的进路来为全球平等主义的正义进行辩护具有相当的理论正当性，但是，全球分配正义最终还必须借助非关系主义的进路，也就是诉诸人之为人所应具有的基本特征这个事实来进行辩护。首先，人作为人有这样一个基本的事实：人不同于动物的地方就在于，人能够对自己的行为进行反思和评价。人不仅能够对好的生活是什么样子形成某些看法，也能够采取行动来实现这些看法。人能够对值得过的生活形成某种理解，并按照那种理解去生活和行动，这就是人类存在的一个本质特征。正是因为人具有思考和反思自己存在状况的能力，人不仅把自己与其他动物区分开来，而且因此具有唯有人才具有的那种东西——作为人的尊严。康德曾指出，[1] 人具有理性这个事实表明：他不仅能够超越他的本性中动物性的方面，摆脱他的本能欲望的驱使，而且也能够理性地在那些欲望当中进行选择，甚至可以用一种与欲望相对立的方式去行动，从而完全按照“绝对命令”（普遍道德原则）来行动。正是因为人是具有理性的，一个人才具有人所特有的尊严，尊严所具有的价值是不可以与任何其他东西相交换或者被放弃的。进一步说，如果每一个人都是因为具有理性而具有

① 〔德〕康德：《实践理性批判》，邓晓芒译，商务印书馆，2003；《道德形而上学基础》，苗力田译，上海纪出版集团，2005。

尊严，那么，在这个意义上每一个人都是平等的。也就是说，任何一个人类存在者，只要具有理性，就应该充分享受基本人权。而且这种基本人权不取决于任何特殊的制度性关系，比如国籍、信仰、种族等；更不取决于任何非道德的偶然因素，比如社会地位、职业、发展水平、生活方式等。需要指出的是，平等尊重每一个人的基本人权并不意味，也不要求人们在任何方面都是平等的。也就是说，并非任何能够促进人的繁荣的东西都有资格成为基本人权的内容，唯有那些为了维护人的地位而必需的东西才能成为基本人权的内容。保护人权并不意味着要同等地保证每个人都拥有完美的人类生活，只要一个社会已经做出各种努力使每个人的基本人权得到落实，这个社会就是道德上可以接受的。这是评价一个社会的最基本的道德底线。就气候问题而言，温室气体排放空间的平等分配意味着，首先应该保证全球每个人基本的排放需求。发达国家不能因为自己的发展水平和生活方式（一般而言，发达国家的人均碳排放量已经远远超过基本需求的范围，其国民的需求在很大程度上是为了满足自我完善的需求）而要求占用过多的排放空间，因此平等的道德义务要求他们带头减排。当然，基本需求到底需要多大的排放量，这涉及更为复杂的科学和价值标准的讨论，我们将在另外的地方加以讨论。保证每个人基本的排放需求是气候正义的道德底线，在此基础之上，个人对完美生活的追求则可以通过“差别原则”来加以分配，只要这种不平等分配能够最大限度地提升处于最不利地位的人的生活水平。“差别原则”并不是有意忽视发达国家的道德责任，而是这一原则其实隐含这样的要求，就是发达国家有义务援助贫穷国家，以补偿因“差别原则”的贯彻给贫穷国家所带来的损失。

我们讨论了一些对平等主义的全球分配正义的质疑，并做了初步的反驳。我们想表达的基本意思是：世界范围内的严重不平等主要是由历史上不合理的全球秩序造成的，因此，参与施加这个秩序的国家不仅有对全球的贫困者进行补偿的责任，而且也有停止继续施加这个秩序，建立一个对全球贫困者更加公正的世界秩序的道德责任，而这种责任的道德基础应该在于全球每个人，无论其国籍、种族、信仰如何不同，都应该享用平等的基本人权。对平等主义的全球分配正义的质疑的错误在于没有把自己的理论建立在全球人权平等这个基本的前提之上。我们相信，基于平等主义的全球气候正义是一个在道德上能够获得辩护的正义要求。

第七章　全球气候治理与平等发展权

当代人类所面临的环境与发展之间的两难困境是：我们的地球并没有足够的环境空间来支撑发展中国家继续沿着发达国家的老路来发展自己。也就是说，在发展中国家对于发展的诉求与把大气中温室气体的浓度稳定在一定的水平之间存在一个根本的张力。毫无疑问，全球可用的大部分环境空间已然被人类，尤其是发达国家的人们所占有和耗尽。今天，生活在大约40个高收入国家中的占全球15%的人口使用了全球大约一半的能源，产生了全球大约一半的温室气体，而且消费了全球一半的商品和服务。因此，我们不可避免地将面临一个十分紧迫和困难的任务，即如何公平地分配全球剩下的环境空间。现在，应对气候变化的目标，即人类社会必须把全球气温升高的幅度控制在工业化前水平以上的2℃以内，已经是国际社会的普遍共识，但在如何理解“发展”这个概念时，却产生了严重的分歧。而正是对这个概念的不同理解导致了当今国际社会在围绕“共同但有区别的责任原则”是否应该继续成为全球气候协议的政治基础这个问题上的激烈争论。本章的一个主要任务就是，在当前的全球气候治理背景下，为发展中国家的平等发展权进行道德辩护。

第一节　气候问题的三个权利维度

1992年，《联合国气候变化框架公约》（以下简称《公约》）首次明确宣布：由人类工业化活动所引起的全球气候变化已然成为当代人类所共同面临的最为严峻的挑战，国际社会必须采取一切必要的措施来阻止人类活动对气候系统的危险干预。气候问题的实质是，由于人类社会，尤其是发达工业化国家过去200多年来的温室气体的排放，使得地球大气层中积聚了大量的温室气体。这种温室气体在短时期内的大量聚集已然超过了大气层的自我净化能力，由此引起了全球气候的非正常变化，这种非正常的气候变化将给人类带来极为严重的灾难。国际社会已经形成共识：为了避免可能即将出现的灾难，人类社会必须在21世纪末把全球气温升高的幅度控制在工业化前水平以上的2℃以内。这就要求人类社会必须大幅度地减少温室气体的排放。但是，在人类当前无法短时期内改变现有的生产模式和能源结构的情况下，出于生存和发展的需要，人类继续排放温室气体又是不可避免的。因此，如何既能有效地减少温室气体的排放以稳定大气中的温室气体浓度，实现在21世纪末把全球气温升高的幅度控制在工业化前水平以上的2℃以内的目标，又能保证人类社会，特别是广大发展中国家缓解贫困和推动社会发展就成为解决气候问题所要面对的极为紧迫的道德与政治问题。

鉴于发达国家应对引起气候变化负有历史责任以及它们独特的承担减缓责任的能力，根据《公约》所提出的"共同但有区别的责任原则"，国际社会要求发达国家在应对气候变化以及由此而带来的不利影响上起领导作用，并试图在《京都议定书》中将这一主张落实为具有约束力的政治行动，即向发达国家提出有约束力的减排要求，而暂时延缓向发展中国家提出排放限额的要求，正是因为这一点，美国参议院最初反对通过这一协议以及后来布什政府宣布正式退出该协议。他们的理由是：这样的气候协议在发达工业国家和像中国、印度这样的发展中国家之间存在"区别对待"，因而是"不公平"的。正如布什所说："我之所以反对《京都议定书》，是因为它豁免了世界上80%的国家的减排任务，这其中包括像中国和印度这样的主要人口大国。从服从协议的角度看，这将对美国的经济造成严重的伤害。国会95比0的投票结果表明：大家一致认为，《京都议定书》是不公平的，而且在应对全球气候变化问题上也是没有效率的。"[①] 事实上，自国际社会展开气候谈判以来，"区别对待"的原则，尤其是是否赋予发展中国家持续不断地发展的权利就一直是发达国家和发展中国家激烈争论的焦点。并且，自2012年启动德班平台谈判以来，这种争论愈发激烈。发达国家认为，应对气候变化的主要任务是减缓问题，发达国家的排放已经在下降，而发展中国家的排放在上升，

① George Bush："*I oppose the Kyoto Protocol*", available at http://www.cseindia.org/content/george-bush-i-oppose-kyoto-protocol.

且总量占比与增速都高于发达国家，因而减排的重点应当在发展中国家。而发展中国家则认为，应对气候变化问题不能与贫困和发展问题相分离，要根据《公约》的要求，反映发展中国家发展优先的战略目标，把脱贫、满足人的基本需求放在首位。所以，制定一个合理的气候协议关键在于在可持续发展的机会、减排努力的分配、技术转让与资金援助等方面做出公平的安排，在于将减缓气候变化的行动作为一个维度纳入更宏大的可持续发展的总体框架中去，保证发展中国家实现减缓气候变化的目标与发展的目标相协调。

问题在于，这种“区别对待”真的是不公平的吗？显然，对公平的关切，尤其是给予发展中国家公平的发展权问题在整个全球气候协议的制定过程中起着重要作用。对这种“不公平”论调的一个反驳是强调，应该把应对气候变化与解决全球贫困问题和发展问题联系在一起，一个合理的气候协议不仅要关注发达国家与发展中国家之间存在的排放量的相对差异，更要关注发达国家与发展中国家之间在发展程度上的这种更为宽泛的全球差异。而正是这种差异构成了某种道德相关性，而这种相关性就为在一个全球气候机制中的“区别对待”提供了辩护。正如德里科学与环境研究中心（CSE）的研究报告所指出的：“美国公民在1996年的总的二氧化碳排放量是印度的19倍，美国的总的排放量也比中国的排放量高出两倍多。而且，当大部分印度的人口甚至还没有用上电时，布什就想让这个国家停止它的‘生存排放’，以至于让像美国这样的工业化国家能继续拥有高的‘奢侈排放’，这等于是说要固化现有的不平等，即富国继续保持富有，而穷国继续保持贫穷，因为二氧化碳的排放量是与GDP的增长密切相关的。”①

CSE在此提出了几个关于公平的规范性主张，这些主张在某种意义上代表了发展中国家的诉求，并且每个主张都与全球气候机制所必须解决的成本分配问题相关联。首先，我们应该在每个人为了生存而必须拥有的基本的最低温室气体排放（我们可以称之为“生存排放”）与那些为了满足更为富裕的生活所进行的超出最低生存需要的排放（我们可以

① Delhi-based Centre for Science and Environment：“*The Leader of the Most Polluting Country in the World Claims Global Warming Treaty Is ‘Unfair’ Because It Excludes India and China*”, Available at www.cseindia.org/html/au/au4_20010317.htm.

称之为“奢侈排放”）之间做一个区分，并且要求不能为了允许更多的奢侈排放而限制生存排放；其次，只有奢侈排放而不是生存排放才应担负起应对气候问题的道德责任；最后，基于对全球不平等的关切，要求任何全球气候协议要确保发展中国家具有发展权，提高它们的超出生存排放门槛的人均温室气体排放量。与此同时，要求富裕的发达国家减少它们总的和平均的排放量，以便为满足发展中国家的发展需求留下足够的排放空间。

很显然，对发展中国家的诉求的辩护应该建立在追问引起气候变化的历史责任的基础之上，也就是说，要求富裕的发达国家承担更多的减排义务是基于它们历史上的“过错”。正是发达国家在过去的工业化过程中的大量排放，使得大气中积聚的温室气体超过了大气本身的自我净化能力，从而引起了全球气候变化。由此，每个国家就只需承担超出“生存排放”门槛以上的排放责任。因为，人们应该会普遍同意，没有人应该因生存排放而受到指责，我们不能合理地期望人们减少这种排放，毕竟，“应该”蕴含着“能够”。并且，处于生存排放水平的国家也缺乏承担减排义务的能力。因此，在分配减排任务，或者是在评估针对气候变化的补救责任时，我们需要确认每个人都拥有某种人均最低温室气体排放量的权利。如果低于这个排放水平，那么这样的国家就不能被要求承担引起气候变化的责任，并且不应该被指派承担减排的义务。但是，一旦超出这个水平，那么它们就开始要承担各自引起气候变化的责任。换句话说，生存排放是受到权利保护的，它本身是无过错的，而责任则被看作建立在奢侈排放的基础之上，奢侈排放是有过错的，没有人天然拥有奢侈排放的权利。

以上我们确认了，任何一个合理的全球气候协议都需关注这样两类权利的规范性主张，即生存排放权和发展权。这两类权利主张一起为减排份额的分配提供了一个规范性框架，并决定着全球气候治理机制的公平性。与此同时，一个有效的全球气候协议还需关注另外一个权利，即每个人都不可或缺的环境权。稳定大气中的温室气体浓度以实现2℃的温控目标是保证安全的地球环境的必要条件。生活在地球上的每一个人都需要，也有权利拥有一个安全的生存环境，所以，我们也需要确认一个环境权。一个权利意味着，它“为一种获得辩护的要求提供了合理的理由，事实上说明了权利的拥有者所能享有的东西的内容，并且针对一般威胁提供了社会性的保障”。[①] 环境权可以被认为是一种普遍的人权。“一个合适的环境就像其他已经被保护的人权一样，是人类繁荣的基本条件……一个合适的环境权符合普遍人权的基本特征，因为，它保护了人们所具有的至高无上的道德重要性的利益。……并且这种权利也是普遍的，因为它所打算保护的利益是所有人类所共同拥有的利益。”[②] 这个权利也得到了《联合国人类环境会议宣言》的确认：“人类有在一种能够过尊严和福利的生活的环境中，享有自由、平等和充足的生活条件的基本权利，并且负有保护和改善这一代和将来的世世代代的环境的庄严责任。”因此，这就意味着，任何人都有义务为了实现2℃的温控目标而承担相应的减排义务。同时也意味着，环境保护的目标不能与其他的人类活动，比如国际政治霸权，或经济的无限制发展这些目标相妥协。环境保护，以及由此而来的对全球气候的保护是对人类共同提出的道德命令，它是人类共同的责任。

对温室气体排放空间这种全球公共资源的份额要求能被认为是一种生存排放的权利，它本身没有过错。但是，排放空间吸纳温室气体的能力是有限的，因此，排放权的分配同样也必须被控制在某种不会引起气候灾难的水平上。生存排放和奢侈排放的区别意味着：人均排放限额应被平等地设定在一定水平（比如基本生存排放的水平）上，并且直到保证所有人都能达到生存排放的水平，否则没有人能被允许进行奢侈排放。而且这种人均排放限额不应该被设定得太高，否则，大气中温室气体的浓度会急剧增加，造成气候的极度不稳定，从而损害当代和未来世代的人拥有一个稳定的气候的环境权。但是，人们的这种环境权要得以实现，那么富裕国家的奢侈排放就得受到严格控制，否则就会压缩发展中国家的生存排放和发展排放。在某种意义上讲，在总的排放量一定的情况下，发达国家与发展中国家之间关于排放权分配的博弈基本上是一个“零和游戏”。如果对发展中国家所指派的排放限额过于苛刻以致不允许它们发

---

① Herry Shue, *Basic Rights: Subsistence, Affluence, and U. S. Foreign Policy*, Princeton: Princeton University Press, 1980, p. 13.

② Tim Hayward, *Constitutional Environmental Rights*. New York: Oxford University Press, 2005. p11, 47.

展，比如有些国家所提出的基于1990年这个历史基准线来进行减排就属于这种情形，那么，这将会损害发展中国家的发展权。

因此，一个正义的全球排放分配方案必定是：（1）要足够重视全球的排放限额以避免引起未来气候的不稳定，也就是每个人所应享有的环境权；（2）确保每个人所必需的生存排放的权利；（3）足够重视全球在生存和发展上所存在的极度不平等这一现实，给予广大发展中国家合理的发展权。如果所有这三个权利都被承认和得到保护，那么，任何一个全球气候协议就必须更加公平地分配排放权，而不是基于现状的要求来分配。而现状是世界上最富有的20%的人实际上占用了绝大部分大气排放空间。所以，以一种权利保护的模式来分配温室气体的排放份额是任何有效的全球气候协议都应该具有的基本特征，因为任何有效的全球治理模式都必须依赖于各成员国的自愿和合作，没有哪一个国家愿意服从一个不公平的合作协议。

第二节　生存排放权的优先性

现在的一个基本事实是：富裕的发达国家已经占用了绝对大部分全球可用的大气排放空间，并且因此而变得富有；而广大发展中国家的历史排放总量和人均历史排放量相较于发达国家而言都少得多，因此还处于贫困或欠发达的状态。2℃的温控目标要求全球的排放量有较大幅度的减少，这种减排任务应该在发展中国家和发达国家之间如何分配？在此，我们主张，一个公平的分配方案应该要求发达国家承担主要的减排任务，而发展中国家则根据自身的能力承担有限的减排任务。但这种“区别对待”能获得道德上的辩护吗？既然环境权、生存排放权以及发展权都是普遍人权，为什么在保护这些权利的时候不是一视同仁的呢？在这一节，我们首先从生存排放权的角度对“区别对待”进行辩护。

我们首先承认：所有人都享有一个基本的或根本的生存排放的权利。在考查一个国家的历史和当前排放时，这个权利要求我们在生存排放和奢侈排放之间做出区别，没有人能被要求为源于生存排放所引起的气候变化负责，但是，所有人都必须按他们奢侈排放的份额按比例承担减排的成本。通过这个区分，生存排放就清楚地为自己的基本权利的身份进行了辩护，但奢侈排放显然没有这样的资格得到权利所必需的保护，因为，比起生存排放来说，它所代表的利益不是基本的。而且，根据布莱恩·巴利的责任原则，“对于不同的人而言，不同的结果可以合法地归咎于他们已做出的不同选择”。[①] 人们为了满足其基本需要而产生的必要的最小排放绝不能被归咎于他们的自愿行动或选择，因为那种排放是不可避免的。但人们却出于追求更高生活水平的需要选择了产生超出最低排放门槛的排放。因此，依据巴利的原则，人们必须为其奢侈排放负责，而不必为其生存排放负责。

为什么生存排放较之奢侈排放具有优先性？根本的原因是，生存排放权是一种基本人权。那么，在什么意义上，生存排放应被认为是一个所有人都该拥有的基本人权？亨利·舒伊对这个问题做了最具说服力的论证。[②] 他首先反对人们在消极权利（比如安全权，它被认为是更加基本的权利，并因此应受到法律更好的保护）和积极权利（比如经济和发展权，它被视为需要更多积极行动的权利，因而应得到更少保护）之间的传统区分。通常人们认为，安全权（免于伤害、错误的逮捕以及过度惩罚的权利）作为一种消极权利，在法律中更为基本，因此应该得到国家的优先保护；而经济和发展权作为一种积极权利则属于选择性的权利。一个社会应该在所有的安全权利被提供之后才考虑选择提供经济和发展的权利。而且，消极权利能由国家更为容易和便宜地提供，因为它只要履行抑制自己的某种行为的义务即可得到满足；而积极权利则需要社会采取更为积极的措施才能得以满足，而这些积极措施很有可能会对其他人的权利加以限制。比如，如果你有一个消极权利，那么我就有一个相对应的义务克制自己不去伤害你，但如果你有一个积极的权利，那么我就有一个更高要求的义务来帮助你实现它（比如，通过向我征收更多税收）。所以，直到安全权被完全实现，否则经济和发展权利就不应该被视为基本的人权。

针对这种对权利的积极与消极的区分，亨利·舒伊指出，在某种程

① Brian Barry, "Sustainability and Intergenerational Justice", in Andrew Dobson, ed., *Fairness and Futurity*, New York: Oxford University Press, 1999, p. 97.

② Herry Shue, *Basic Rights: Subsistence, Affluence, and U. S. Foreign Policy*, Princeton: Princeton University Press, 1980, pp. 13 - 34.

度上讲，安全权也是部分积极的，它要求社会采取必要的措施和提供必要的物品，而不仅仅是克制自己的行为，并且实际上维持安全权也是十分昂贵的，因为它包括国内法律的执行以及军事、司法和刑罚体系；而许多经济发展权利（比如污染治理）在很大程度上也是消极的，它只是要求人们停止自己的污染行为。正是因为传统的对经济和发展权利的反对理由认为，国家保障这些权利较之保障人们的安全这样的消极权利而言会更加昂贵，所以，亨利·舒伊就提出了一个权利的“基本—非基本”的区分模式，作为一个在稀缺资源的分配中权衡相互冲突的要求之间的优先性的分析框架。也就是说，我们应该根据对哪种权利的保护对于满足人们的需要是根本的，对哪种权利的保护对人的繁荣发展来说是工具性的来确定权利的优先性。所以，对基本权利的保护是一个基本的正义问题，应该得到优先的保障。“当一个权利真正是基本权利时，任何试图牺牲基本权利来享有其他权利的做法都是自我挫败的，都将会切断其所拥有的那种底线的根基。因此，如果一项权利是基本的，那么如果必要的话，其他的非基本权利可以为了确保基本权利的安全而被加以牺牲。”[①] 根据亨利·舒伊的区分，显然，人们拥有一个生存排放的基本权利，即能压倒非基本利益的较强的权利要求以及针对与此权利相关的利益被剥夺后提出合法补偿的权利，因为没有这种水平的排放，人类将无法生存下来。但是，奢侈排放只是人们拥有的一项非基本的权利，这种排放之所以是非基本的是因为，它是为了人的更高水平的生活所进行的排放，没有这种排放，并不会影响人们的生存。所以，生存排放对奢侈排放而言具有优先权。

一旦我们用这种方式来思考权利，那么，主张生存排放是一种基本权利，并因而应该得到优先保障就是合理的。根据亨利·舒伊的理论，我们完全有理由认为，每个人拥有安全稳定的气候系统也可以被看作一个基本的人权。主要由发达国家引起的气候变化不仅在事实上把主要的危险转嫁给了世界上的穷人，从而影响到他们的生存权，而且，发达国家历史上大量占有的温室气体排放空间也严重压缩了发展中国家缓解贫

① Herry Shue, *Basic Rights: Subsistence, Affluence, and U. S. Foreign Policy*, Princeton: Princeton University Press, 1980, pp. 18 - 19.

困和谋求发展的环境空间。因此，只要基本的生存权能被理解为保护人们最根本的利益，那么，除非基本权利被首先满足，否则没有人能享受其他权利。把生存排放权归于基本权利就产生了一个应用于全球气候协议的分配原则：在道德上能获得优先辩护的分配是那种能确保每个人的基本的最低排放的分配。这意味着：在全球可用排放空间有限的情况下，优先满足发展中国家基于生存需要的排放权就是合理的，或者是说，为了保障世界上的穷人的基本权利，世界上的富人被要求牺牲他们的奢侈排放这种非基本权利，是能在道德上得到辩护的。

第三节 谁拥有发展权

如果我们承认发展中国家拥有发展权，那么这意味着发展中国家拥有高于生存排放的排放水平，甚至于更接近现在发达国家排放水平的排放权。发展中国家对这种权利的主张在国际气候谈判中引起了激烈的争论。如果说，优先保障发展中国家的生存排放权在某种程度上讲能得到发达国家的普遍认同的话，那么，对优先赋予发展中国家这种高于生存排放的发展排放权就遭到发达国家的一致反对。发达国家一直在试图让国际社会相信，随着像中国和印度这样的发展中国家的当前总排放量和人均排放量的增加，以及国家经济水平的不断提高，“共同但有区别的责任原则”已经不能继续适应于新的气候协议。而且，发达国家反对限制自己“发展”而允许发展中国家拥有优先发展权的一个理由是：既然发展权是人人得以享有的普遍人权，那么，为什么在允许发展中国家发展时，自己却不能追求更高的生活水平。那么，在这种情况下，我们应该如何为发展中国家的发展权进行辩护呢？

一个基本事实是，人类生活标准的大幅度提高意味着能源的大量消费，经济的快速发展是与对能源的不断增加的需求紧密联系在一起的。这种联系之所以成为问题，是因为大多数国家是依靠大量燃烧化石燃料来获得能源的。而化石燃料的使用就会增加二氧化碳的排放。因此，似乎有理由相信，发展中国家试图效仿发达国家的发展模式大幅度地提高物质生活水平的做法将可能极大地增加温室气体的排放量，并因此增加气候变化的危险。因此，这就引发一个问题：如果我们把应对气候变化看作某种限制人类活动的集体行动，那么，为了实现紧迫的温控目标，就必须限制我们每个人提升物质生活水平的权利。当然，如果改善人们的生活状况而又不对环境造成严重压力是可能的，那么任何这种提高是没有问题的。这可能就意味着：每个这样的发展必定是一个可持续的发展，并且这种权利也必定是在环境空间的可能限度之内得到满足的。此外，我们也可以设想，如果大量生活在极端贫困状态下的人的生存遭到威胁，那么穷人就应该有提高他们物质生活水平的权利，即使这种发展是不可持续的。

但是，当我们聚焦谁应该拥有发展权这样的分配正义问题时，就出现了一个对“应得”权利理解上的极大的分歧。如果发展权意味着一个不间断的福利改善的权利，那么，就需要我们回答这样的问题：是不是每个人，无论是富人还是穷人，都应该拥有这种权利，还是只有穷人才拥有这样的权利？如果承认只有穷人才拥有这样的权利，那么，他们应该发展到什么程度？是永无止境的发展，还是有一个发展的门槛，越过这一门槛之后，就不再拥有合法的发展权？为了论证的方便，我们可以设想，至少存在着理解谁拥有持续不断的发展权的三种方案：（1）没有人拥有这样的权利；（2）只有一些人拥有这样的权利；（3）每个人都拥有这样的权利。下面我们分别来考查一下这三种方案，看看能得出什么样的结论。

一 没有人拥有这样的权利

初看起来，这是个比较激进的主张。主张没有人拥有这样的权利是建立在这样的观念之上的：每个人都只能拥有某种最低福利水平的权利。也就是说，当人们达到这个水平的时候，就不再有进一步发展的权利。这个方案的优点是：它高度重视了在气候问题中，保障环境权具有压倒其他权利的优先性。也就是说，它主要致力于实现将温室气体的排放严格控制在可用的环境空间之中这个目标。

但是，这个方案首先就与国际社会所普遍接受的国际公约相违背。比如，在联合国《世界人权宣言》中，对发展权是这样表述的：“人人有权享受为维持他本人和家属的健康和福利所需的生活水准，包括食物、衣着、住房、医疗和必要的社会服务；在遭到失业、疾病、残废、守寡、衰老或在其他不能控制的情况下丧失谋生能力时，有权享受保障。”这个宣言实际上是在主张：每个人都拥有一个适当水平的健康和福利权。“适当”指的是某种最低水平，包括比健康与福利更多的东西。再比如，在联合国《经济、社会及文化权利国际公约》中，对发展权的表述是：“本公约缔约各国承认人人有权为他自己和家庭获得相当的生活水准，包括足够的食物、衣着和住房，并能不断改进生活条件。”在这个文件中，每个人不仅拥有一定的最低物质生活标准的权利，而且有新的要求，即每个人都拥有生活条件持续改善的权利。这个主张也在联合国《发展权利宣言》中得到进一步确认：“承认发展是经济、社会、文化和政治的全面进程，其目的是在全体人民和所有个人积极、自由和有意义地参与发展及其带来的利益的公平分配的基础上，不断改善全体人民和所有个人的福利。”在联合国的一系列文件中反复强调的是：每个人都拥有使他的生活标准得到持续改善的权利。这种权利被视为是一种普遍的人权。作为一种普遍人权的发展权意味着，即使是最富有的人，也拥有获得更多财富，或福利的权利。这确实是一个比较高的要求。

这个方案的另一个问题是：它忽视了全球事实上存在的巨大的不平等。每个人都没有这样的发展权意味着，贫穷国家必定会失去解决贫困问题的必要的排放条件，这显然是不公平的。一些人拥有如此之多的排放空间，而另一些人却得到如此之少，尽管后者的生活可能处于最低生存水平之上，但他仍然可能处于相对糟糕的状况。对于一个较为激进的平等主义来说，任何在道德上无法得到辩护的不平等都是不正义的。虽然平等发展权不是指每个人都应该拥有全球资源的绝对平等份额的权利，但它应该至少能给一个人生活变得更好的期待。这种期待似乎是建立在永无止境的发展观念之上，或至少在不远的未来，这种发展将不会停止。那种对好生活的期待尤其是对那些生活在贫困线之下的人们而言具有道德的相关性。我们这个世界完全有能力和资源通过优先赋予他们更大的排放权来实现这个期待。还有一点就是，拒绝发达国家的发展权似乎能得到道德上的辩护，但对包括发展中国家的持续发展权的拒斥则既忽视了在引起气候变化问题上历史责任的重要性，也会导致把全球气候正义的要求设置得太低。历史责任具有极强的道德相关性，是因为发达国家的富裕生活是与二氧化碳的大量排放存在密切关联的。正因为发达国家是引起气候变化的主要责任人，所以，一个公平气候协议就要求富裕的发达国家做出更大的努力来帮助穷人缓解和适应气候变化。因此，尽管存在着环境权与发展权之间的紧张，但是，我们不能由此而否定发展中国家合理的发展权，至少，发展中国家的发展诉求可以由接受发达国家基于历史的过错而做出的补偿来得到实现。

二 只有一些人拥有这样的权利

根据这个方案，只有部分人应该拥有这样的权利。这个方案符合这样的道德直觉：不是每个人，而只是那些世界上最贫困的人有权提高他们的福利。这一点也比较符合这样的观念：权利通常是用来保护或提升那些处于严重威胁之中的人，同时，也把额外的负担指派给那些更有能力的人。那些面临极端贫困的人当然需要额外的保护和提高自身的能力，并且，当我们认识到正是那些富人通过引起气候变化而使得穷人的生活状况变得更糟时，这个观念就变得更加合理了。

这个方案的问题是，我们如何鉴别到底贫穷到什么程度才能拥有这样的权利。决定谁应该拥有这样持续发展的权利的一个策略是：计算一个人的生活是否处于某种福利门槛之下。一个门槛标志着一个人是否能获得发展权，这就需要进一步界定一个绝对的，或者相对的排放门槛。根据绝对门槛，如果一个人的最低需求到得了满足，那么他就没有进一步提高福利的权利；而根据相对门槛，跌入某种特定水平之下的人才拥有发展权。但是这种相对的福利门槛是与某种平衡值以及文化价值观念相关的。对相对门槛的界定极富争议，每一种尝试界定到底什么样的水平才算是相对贫困，都容易导致某种任意性。而且，在什么时候，一个人才算是获得了这种权利，还是失去了这种权利，这在概念上也是非常难以界定的。这不仅是一个经验问题，更是一个道德和政治问题。当前，对发展中国家地位的界定已然成为国际气候谈判中政治博弈的焦点。要解决这个问题，一种可能的思路是，拒绝承认有所谓的永无止境的发展权。发展权也必定是受到限制的，并且，从道德上讲，那种限制也主要是针对已经获得比较高的生活水平的人的。这意味着，紧迫的气候威胁使得人类社会不可能永远处于发展状态之中，通过一种“紧缩与趋同”策略，或许可以在某种程度上实现“有限”的平等发展。当然，还有另一个方案则是每个人都拥有这样的权利，这样就避免了对所谓的门槛问题的争论。

这个方案与第一个方案一样，也存在与人权的普遍性特征相矛盾的问题。我们通常认为人权是这样的观念：它应该适用于所有的人，而不是仅仅适用于某些人。这就提出了社会正义中的区别对待的道德辩护问题：任何人都不能因为道德上任意的因素而被区别对待，除非这种对平等对待的偏离能得到道德上很好的辩护。人们可能会认为，发展权不能只与生活在贫穷国家的人相关，而且也应该与生活在富裕国家的穷人相关。这就进一步提出了关于集体权利的问题：如果把个人权利概念扩展到集体，将会减弱这种权利的道德力量。把个人权利的基本保护转换成对群体利益的保护使得人权概念变得模糊不清。比如，如果我们以贫穷国家也存在着富人为由，不承认贫穷国家享有优先的发展权，那么，这就严重扭曲了人权概念的真实意义。总之，我们可以认为，只有部分人拥有发展权这一主张因在道德上和实践中都存在难以解决的问题，因而是不可取的。

三　每个人都拥有这样的权利

这个方案坚持这样的观念：每个人都拥有这样的权利，这符合人权的普遍性特征。但是，不是所有人的发展权都具有同等的重要性。为了对穷人的要求给予特殊的照顾，这个方案因此主张：并不是所有人都拥有同样急迫的对发展的政治要求。所谓需求的紧迫性主要“不是去比较人们对某些利益的感觉强度，而是根据理性，判断哪些利益应该更值得渴求”。[1] 每天的生活标准只有 2.5 美元的人拥有比百万富翁更为紧迫的对发展的要求，并且，很显然，更为紧迫的需求比那些不那么紧迫的需求在政治决策中应该得到更多的关注。因此，穷人的发展权在政治上比富人的发展权具有更重要的地位。

从道德上讲，虽然富裕的发达国家也拥有发展权，但是由于它们已经达到相当高的生活水平，而且，根据经济学中的福利的边际递减效应，

---

① Thomas M. Scanlon, *The Difficulty of Tolerance*, Cambridge: Cambridge University Press, 2003, p. 75.

发展对于它们来说并不是十分紧迫的要求。而对于发展中国家而言，也不能拥有在原有的工业化模式下的永无止境的发展权。发展中国家的发展空间一方面需要其自身不断改变发展模式而获得，另一方面更需要发达国家通过大幅度减排腾出发展空间而得到满足。所以，一方面我们要保障环境权（每个人所必需的安全的生活环境，它要求国际社会严格实现到21世纪末2℃的温控目标）；另一方面，我们也要优先保障穷人和发展中国家的发展权。在这种情形下，唯一可以做的就是通过大幅度削减发达国家的排放权，以满足发展中国家的发展权。所以，这个方案所遇到的最大问题是：如何论证发展中国家的发展权相较于发达国家的发展权具有优先性。对这个问题的论证将是下一节我们要做的工作。

比较所有这三个方案，我们可以得出这样的结论：首先，任何发展权必定是一种可持续发展的权利，不顾自然容纳人类活动的能力而主张每个人都拥有追求更好的生活水平的权利，是不合理的，它与我们所拥有的另一个基本人权——环境权相违背；其次，发展权是一种普遍的人权，但这并不意味着，每个人的发展需要都具有同样的紧迫性；最后，应对穷人的需求给予特殊的关照，特别是对生活在某种最低福利水平之下的人的发展权给予优先关照。发展权必定主要是针对穷人的，而不是针对所有的人的。鉴于这样的原因，我们认为第三个方案是最可行的。但是问题在于，既然每个人都拥有发展权，那为什么富裕的发达国家就应该承担大幅度的减排任务，为发展中国家腾出发展空间呢？对发展权的辩护确实是一个非常紧迫而又艰难的问题。

第四节　平等发展权的道德辩护

当发展中国家主张发展权时，实际上是在主张比基本生存权利的平等更为宽泛的平等要求。也就是说，发展中国家是在强调这样一个事实：当前全球财富的分配是非常不平等的（同时这也反映了各国总的排放量是十分不平等的）。正义要求在全球范围内减少，甚至消除这种不平等。我们的道德直觉告诉我们，如果要求发展中国家与发达国家一起承担相同的减排任务，或者如果给予发展中国家的排放限额太低以致阻碍了它们的工业化进程和经济发展，那么，这样做实际上是把世界各国固化在各自当前的发展水平上。而这也意味着，允许富国继续以比发展中国家高得多的水平排放温室气体，这实际上是不公平地把高排放所获得的利益留给了富国，而广大发展中国家不能从这种全球公共资源的消费中获得应有的利益。

从公平角度来讲，发展中国家不可能接受仅仅被允许排放相当于发达国家一部分的人均排放量。但是，即使发达国家同意接受分配给它们的减排目标，发展中国家也不能被分配与欧洲和日本（更不用说美国了）排放水平相当的排放限额，因为这将极大地增加全世界的排放总量。所以，“我们不可能在这样的一个世界找到正义，即今天穷人过像富人一样的生活，因为没有那样一个充足的世界存在。我们将不得不去寻找另外的解决方式。的确，对于各方而言，将不得不寻找新的生活前景，尤其是对于富人，为了稳定全球总的排放量，他们将不得不在学会与他人的分享中寻找新的生活前景”。[①] 有限的环境空间要求：为了稳定全球总的排放量，如果增加像中国和印度这样的发展中国家的可允许的人均排放量，就必须通过对富裕的发达国家的人均排放量进行大幅度的减少来弥补。在某种意义上讲，有限的大气空间使得减排任务的分配成为一个“零和”的博弈游戏。对生存排放权的辩护可以诉诸基本的生存权利理论，但是，发展权要求诉诸一个更为平等的理论，而不仅仅是根据避免伤害或基本权利的保护这样的理论。那么，我们该如何辩护这种由发展中国家提出的，基于更高平等要求的发展权呢（即允许发展中国家有更多的奢侈排放，而发达国家有更少的奢侈排放）？

首先，我们可以借助洛克关于所有权的劳动理论对平等发展权的诉求进行辩护。洛克认为，人们被允许占有自然资源（比如，人们现在使用的大气吸收温室气体的能力）的条件是这样做没有妨碍其他人也占有同样的资源，也就是洛克所说的，只要人们留下“足够多和足够好”的资源给别人，他就被允许进行这样的占有。[②] 这种观点的基本意思是：当资源有限的时候，对稀缺资源的占有会影响他人的占有，从而伤害到他人，因此，先前占有的人未来的占有机会就要被减少。鉴于大气吸收

---

① Thomas Athanasiou and Paul Baer, *Dead Heat: Global Justice and Global Warming*, New York: Seven Stories Press, 2002, p. 128.

② 〔英〕洛克：《政府论》，叶启芳、瞿菊农译，商务印书馆，1996，第18～32页。

温室气体的能力这种资源是有限的，而且在不断减少，因此，某些国家对这种能力的占有就违背了洛克的限制性条件，即它们只留给他人很少的排放空间，并且事实上阻碍了另外一些国家的发展能力。因为，不足的排放空间使得现有排放空间无法容纳发展中国家的人均排放量的大幅度增长。所以，发达国家在未来就必须减少它们对排放空间的占有。

对占有权的限制在一定程度上说明了为什么发达国家必须在未来占有更少的排放空间，但它还不能为人均排放份额的更加平等的分配，即发展中国家拥有与发达国家一样的排放量，提供足够的辩护。鉴于当前对排放空间事实上存在的不平等占有，为了赋予发展中国家更多的排放空间，就必须对现有的排放空间进行全球再分配。由此，我们就需要一个全球资源的再分配理论。许多人认为，并不是所有的自然资源都能够在全球范围内进行再分配，比如处于一国之内的自然资源，但是，大气吸纳温室气体的能力这种全球公共资源则是可以的。我们可以借助查尔斯·贝茨的"自然资源的资格"理论来对这种更高的平等要求进行辩护。

贝茨仿照罗尔斯在制定国内正义时所设想的原初状态的概念，认为在国际原初状态中，对自然资源的分配也是道德上任意的。"有些人碰巧处于自然资源有利的位置，这个事实并未给下面的问题提供一个理由，即为什么他或她就应有资格排除其他人获得也许来自自然资源的好处。因此，各方会认为资源（或者来自它们的好处）需要在一条资源再分配的原则下再次分配。"因为，"对那些由于自己不能控制的因素而成为不利者的人们而言，当与最初的平等地位相比不能证明他们的牺牲提高了他们的地位时，就不能让他们承受不平等的苦难"。"一些人对有价值资源的占有将会把其他人置于相当的、并且也许是致命的不利境地。那些未经正当性证明而被剥夺了稀缺资源的人们，需要维持和提高他们的生活，他们或许有理由提出平等分享的要求权。"①

显然，根据贝茨的理论，现在各国对全球排放空间这种公共资源的占有就属于任意占有，因此，发达国家就需要对历史上排放空间的大量

---

① 〔美〕查尔斯·贝茨：《政治理论与国际关系》，丛占修译，上海译文出版社，2012，第124～130页。

占有给出一个合理的理由。发达国家显然给不出这样的理由，因为，没有人能合理地说，他（她）有资格自然地，或者是先在地就能占有更多的全球公共资源。因此，对于大气排放空间这种资源在全球范围内进行再分配就是合理的。再分配意味着，过去已经大量占有的人必须在未来减少占有，以达到一种最终的平等。所以，平等的发展权是能获得道德上的辩护的。只要承认发展中国家有平等的发展权，那么，就不仅要求发达国家承担消极的义务，即不要妨碍发展中国家的发展，而且也要求它们承担积极的义务，即向发展中国家提供援助以帮助它们实现自己的发展。这就要求发达国家留下“足够多和足够好”的排放空间来满足发展中国家增长的温室气体排放需求。正如保罗·贝尔所说，在实践中承认发展中国家的发展权就等于要求削减发达国家的排放量。如果要想让像巴西、印度以及中国这样的发展中国家自愿加入一个全球有约束力的减排体系，那么发达国家的削减就是必需的。① 由此，发展中国家的发展权优先于发达国家的发展权就得到了道德上的辩护。

总之，发展权是根植于正义理想的权利，它要确保每个人的生活前景不受基于出生的“自然博彩”的道德任意性因素的影响，而当前全球这种不平等的发展水平就是依系于一个人的国民身份这种道德任意性的因素。虽然，各国的发展模式和社会治理模式是导致各国人民之间发展不平等的一个因素，但是现有的全球资源分配和利用方式也是引起全球发展不平等的重要原因。而且气候变化也把由发达国家引起的消极的外部性影响强加给发展中国家，从而极大地加剧了全球的不平等。鉴于在全球不平等与环境之间的这种关联性，如何保障人们的环境权和发展权就成为当代人类社会面临的非常紧迫的问题。如果不认真对待环境权，那么，也就不可能存在每个人的发展权；而如果不认真对待发展权，那么，安全的环境也就不可能得到保障。赋予发展中国家平等的发展权既是保证有效的全球气候协议得以实施的策略性安排，更是实现全球正义的道德要求。

① Paul Baer, “Equity. Greenhouse Gas Emissions, and Global Common Resources,” in Stephen H. Schneider, Armin Rosencranz, and John O. Niles, eds., *Climate Change Policy: A Survey*, Washington DC: Island Press, 2002, p. 393 – 408.

第八章　全球气候合作与政治义务

由于温室气体排放空间作为一种全球性公共资源所具有的特殊性以及全球环境无政府主义的结构特征，使得我们在应对气候变化时必须走向全球合作。因为，气候变化问题具有明显的全球公共问题的属性，而气候问题所具有的不可分性、渗透性、严重性与紧迫性都要求我们尽快在认识上和行动上做出必要的转变。在认识上，我们必须将全人类的根本利益作为一切行动的出发点，从而摆脱狭隘的利益束缚和历史性局限；而在行动上，则应摒弃单边行动而代之以多边行动，共同探讨全球公共问题并制定公平有效的政策来付诸实践。由此，对气候变化问题的探讨就必然从道德层面上升到政治层面。也就是说，当我们在道德层面论证了作为公平的气候正义原则（体现为“共同但有区别的责任原则”）后，我们还必须回答这样的一些问题：如果我们承认把某种意义上的平等原则作为国际气候合作的基本政治原则并要求各方在行动中确实承担起各自的责任，那么，对于持有不同利益诉求的各方来说，我们有什么理由把参与这种合作看作自己应该履行的政治义务？也就是说，在什么时候和出于什么原因，应对气候变化要求我们去充当这样的“好公民”？在什么时候和出于什么原因，国际气候合作拥有强制性的道德权利要求人们参与合作并做出自己应有的贡献（或牺牲）？

第一节　我们为什么有服从气候合作的义务

气候问题的出现是建立在这样一个科学事实基础之上的：联合国政府间气候变化专门委员会（IPCC）在其科学报告中指出，要使人类持续发展，必须确保未来全球升温相对于工业革命前不超过2℃，大气温室气体浓度必须稳定在450ppm的水平上。虽然质疑“全球变暖”的声音一直不断[1]，但是，不论是科学界还是各国政要，绝大部分人都认为，全球变暖是一个不容讨论的问题，现在需要大家讨论的是全球如何合作以应对由于气候变化所带来的灾难以及如何公正地分配有限的气候资源。可以说，正是气候问题对于人类的紧迫性使得我们必须走向全球气候合作。但是，由于温室气体排放空间作为一种全球性公共资源所具有的特殊性以及全球环境无政府主义的结构特征，现实中的全球合作充满着各种难题。这主要包括外部和内部两个方面，即气候问题的外部性所引起的合作困境以及内部无政府状态下合作主体之间的利益调和问题。

外部性概念是马歇尔和庇古在20世纪初提出的，又被称为庇古理论。该理论指出在商品生产的过程中总存在着社会成本与私人成本之间的不一致，而两种成本之间的差距也就构成了外部性。在现实生活中，绝大部分的外部性都是有害的，可称为负外部性，或外部不经济性。温室气体自由排放下的污染就是负外部性的显著体现。我们都知道气候变化问题是在过多排放温室气体的情况下产生的，然而在这之前，人类活动所排放的温室气体，是没有超过大气层本身的循环和净化能力的，这时的温室气体排放空间也是"无限供给"的，但是由于对温室气体排放空间的使用是免费的，即使这种排放对社会有害，但在外部性的激励下，人类仍然会继续选择免费排放的道路，由此，温室气体的稳定性也遭到破坏，而温室气体排放空间也逐渐从"自由取用物品"变成了一种"稀缺"的资源。而这种资源存在于大气层中，被人类共享，我们很难对其进行一定的产权界定，温室气体排放空间也就成为一种公共资源。在气候变化背景下的气候谈判，实质上也就是讨论对日渐稀缺的温室气体排

---

① Bjorn Lomborg, *Global Crises, Global Solutions*, Cambridge University Press, 2004; Bjorn Lomborg, *Cool It: The Skeptical Environmentalist's Guide to Global Warming*, Alfred A. Knopf, 2007; Fred Singer and Dennis T. Avery, *Unstoppable Global Warming*, Rowman and Littlefield, 2007. 有报道指出：2009年哥本哈根气候变化会议召开前夕，有黑客从英国东安格利亚大学气候研究机构的服务器上窃取了大量科学家往来的电子邮件和文件，发现个别为IPCC第四次科学评估报告提供数据的科学家涉嫌剔除了对证明气候变暖不利的数据。另据报道，IPCC的成员，来自法国巴斯德学院的保罗·瑞特教授说："IPCC号称拥有2500名全球顶尖科学家的共同支持。但是这并非事实。只要查看IPCC成员的简历就知道他们并不全是科学家。另外，我知道其中很多人都不同意报告中的观点，并退出了IPCC，但是最后他们的名字还是被列在了2500名科学家之中……人为因素导致了全球变暖的警言被打扮得像科学一样，但它并不是科学，而是一种宣传攻势。"

放空间在世界各国之间如何进行分配。正是由于温室气体排放空间的公共财产资源特性，造成了全球合作的各种困境。

作为一种公共资源，温室气体排放空间不同于奥兰・杨所定义的纯粹公共物品。在奥兰・杨[①]看来，纯粹公共物品是指那些既具非排他性又具非竞争性的物品。所谓非排他性，是指一物品一旦提供给集体中任一成员消费，就不可能排斥其他成员的消费或使用。而所谓非竞争性，则指集体中任一成员对这一物品的消费或使用不会减少其他任何成员对此的消费量。然而，温室气体排放空间却因为其稀缺性，成为各国竞争的对象，因而具有了竞争性的特征，但同时它又具有公共物品的非排他性。然而，由于对温室气体排放空间这一公共资源的使用是免费的，而为了应对气候变化而进行减排却是需要付出成本和代价的，但减排的好处却不能由减排国家排他性地独占，这种非排他性就导致了“搭便车”现象的产生。同时，在这种“搭便车”的激励下，各国从其单个国家理性出发，必然会选择让其他国家去支付减排的成本，自己却坐享其成不进行“减排”，这样各个国家之间就很难创建一种公平有效的合作机制，更为严重的是，有些国家甚至会选择过度排放，这种问题的性质就是哈丁提出的“公地悲剧”[②]，即如果一种资源没有排他性所有权，就会导致过多的进入激励。而温室气体排放空间的竞争特性在一定程度上已经包含了冲突的存在，这正如我们在强调个人自由权利绝对至上的同时，该如何确保人际平等的问题：“在两个被同样赋予绝对自由权利的个人之间，个人的自由权利实现只有两种选择：要么，两者都放弃对自我权利（自由）的绝对要求，以求得某种合理程度上的相互理解和妥协，最终有限度地实现各自的自由和权利；要么，两者都不肯放弃对自我权利或自由的绝对申认，最终导致互不妥协和互不相容的冲突乃至斗争。”[③] 温室气体排放空间作为一种日渐稀缺的公共资源，在对它的分配中，每个成员必定希望自己能获得尽可能多的排放空间，然而大气容纳温室气体的总量却是有限的，如果一直从自我利益上进行考虑，强调自我利益至

---

① Oran R. Young, *The Institutional Dimensions of Environmental Change*, Cambridge MA: The MIT Press 2002, p. 141.

② Garret Hardin, “The Tragedy of the Commons”, *Science* 162 (1968).

③ 万俊人：《普世伦理及其方法问题》，《哲学研究》1998 年第 10 期。

上，也就必然会导致利益分配中的冲突。

另外，就内部原因来谈，国际社会的结构特征呈现的是一种无政府状态。无政府的含义是世界政治体系中没有一个统一、共同的政府，那么在这种状态下，单个的国家就成了国际社会中相对独立的个体，国家主权成为唯一具有权威的东西。这样，在应对气候变化时就需要各国自主自愿地参与，以便就相关责任和成本的公平分配达成某种协议。然而根据理性理论的解释，个体是理性的“经济人”，在其行动选择的过程中，个体偏好是永远存在的。国际意义上的国家个体也具有理性“经济人”的特点，这也就决定着国家对外关系的首要目标是实现对本国国家利益的诉求。个体理性与集体理性的斗争始终存在于无政府状态的全球合作之中。而由于每个国家都是独立的主权国家，在无政府的状态下，必然缺乏一个强制的中心机制来进行责任的分配和执行，并对国家的行为进行有效的监督和管理，在这种情况下，个体理性必然会居于主导地位，导致“集体行动的困境”。曼瑟·奥尔森①在其《集体行动的逻辑》中就指出：在个体利益的最大化实现与集体利益的最大化实现之间总是存在着一定的矛盾和冲突。而这种利益冲突的难以调和性在没有中央权威的国际社会中，往往会导致集体行动陷入困境，集体利益也无法实现。而且尽管集体中的全体成员对获得集体利益都有着共同的兴趣，但他们对承担为此而要付出的相应成本却没有共同兴趣，每个成员都希望别人付出全部成本。在应对气候变化的问题上，各种气候谈判一次次陷入僵局就是对这一理论的最好诠释。

不论是对“全球气候变暖”科学事实的质疑，还是由于气候合作可能出现的困境，都不能作为我们反对气候合作的理由。当然，我们也必须看到，在面对全球气候合作时一个非常重要的理论困境在于：就全球合作而言，虽然在同胞之间存在着具有道德意义的合作关系，但这种合作不可能在全球范围内存在。任何一种正义原则都决定了由“社会合作”带来的利益和负担的公平分配。如果没有这样的“合作”，就不会存在正义的环境，因为不会存在据此可以提出有冲突的要求的共同产品，

---

① ［美］曼瑟·奥尔森：《集体行动的逻辑》，陈郁等译，上海人民出版社，1996，第28～30页。

也不会存在任何一致同意的制度安排。因此，国家边界被认为是维系社会合作的前提性原因。当前，国际政治理论的一个普遍预设是只有民族国家才可能形成所谓的“伦理共同体”，即共同体内部的公民彼此拥有特殊的道德义务，但对于共同体之外的人却不具有这种道德义务。边境的功能就在于，为了正义和权利的要求，把“我们”与“他们”区分开来。[①] 然而，以为正义可以被限定于某一个社会的界线之内，这种假设是不能令人满意的。不同国家的居民在财富上有着巨大差异，发达国家最贫困的人也比贫穷国家的大多数人要富裕得多，如果我们以“正义”（当然是权利至上主义意义上的）的名义提出一个论据去支持提升前者的福祉，而彻底不顾那些出于贫穷国家的人的利益而可能被提出来的要求，也就是说，如果我们在气候资源的分配上不采取某种“差别原则”，我们将很难看到国际气候合作的可能性。其实，即使在气候合作中需要发达国家做出某种程度的牺牲，我们也有很好的道德理由认为，发达国家有理由把这种牺牲看作维护自身利益的一种政治义务。对于这种主张，我们可以从康德的一个非常重要的阐述中得到证成。康德在谈到处于自然状态的人为什么必须进入某种共同体时说：“每个人根据他自己的意志都自然地按照在他看来好像是好的和正确的事情去做，完全不考虑别人的意见。因此，除非决心放弃这个法律的社会组织，否则，人们首先不得不做的事，就是接受一条原则：必须离开自然状态（在这种状态中，每一个人根据他自己的爱好生活），并和所有那些不可避免要互相来往的人组成一个政治共同体，大家共同服从由公共强制性法律所规定的外部限制。”[②] 因为“即使我们假设在社会的公共法律状态建立之前，人人都曾经是天性善良而正直的，每一个个人、民族与国家也决不敢保证他们可以免遭彼此的暴力。因为他们每一个人都有权利完全不顾他人的意见去做在他看来是正义的、好的事情”。[③] 所以，“如果法律上让人有可能去拥有一个外在物作为自己的东西，那么，必须允许这个占有的主体

---

① David Miller, *On Nationality*, Oxford: Oxford University Press, 1995.

② 〔德〕康德：《法的形而上学原理》，沈叔平译，林荣远校，商务印书馆，1991，第137页。

③ 〔德〕康德：《法的形而上学原理》，沈叔平译，林荣远校，商务印书馆，1991，第135页。

(个人)去强迫或强使每一个有可能和他在‘我的和你的’占有问题上发生争论的人，共同进入文明社会组织的关系之中”。[①]

显然，在气候问题上，国际社会的利益各方正处于康德所说的自然状态。虽然我们不能说，由于利益各方出于对自身利益的维护总是会出现彼此的暴力和战争，从而使彼此陷入危险的境地，因为国际社会毕竟还遵循着某种秩序，虽然这个秩序并不是正义的。但在气候问题上的自然状态所可能出现的结果会比彼此的暴力和战争更为可怕，因为它直接导致大家的共同毁灭。所以，康德的理论意味着，我们应该迅速地一起进入某种形式的合作状态，从而共同创造一种公共利益，以避免集体的毁灭。通过气候合作创造安全的地球环境正是这种公共利益的体现。

可以看到，康德的理论显然是一种契约论。传统契约论的一个显著特点是，任何具有约束性的契约都必须得到订约者的一致同意。用霍布斯的话来说:“任何人所担负的义务都是从他自己的行为中产生的，因为所有的人都同样地是生而自由的”，“所有主权者的权利从根源上说都是经过被统治的每一个人的同意而来”。[②] 洛克以更加坚决的口气说道:“人类天生都是自由、平等和独立的，如得不到本人的同意，不能把任何人置于这种状态之外，使受制于另一个人的政治权力。”[③] 也就是说，订约者之所以有义务遵守契约的规定是因为他们同意了这个契约。同意蕴含了义务，但在我们这里，如果把气候合作看作一个彼此订立契约的过程，那么，由于作为一种公共利益的气候合作利益的特点，使得这样一种订约过程不同于一般意义上的契约订立过程。之所以如此，是因为作为一种公共物品的气候资源具有以下几个不同于一般物品的特点:(1)由某个人所消费的一定量的该物品也可以为别人所得到(共享性);(2)如果有人在消费这种物品，要禁止任何他人消费它是行不通的(不可排他性);(3)一个人多消费了这种资源，就意味着别人可能会由此而减少他的消费(竞用性)。气候资源的这些特点有以下的意义。(1)不管某个人是否同意接受这种公共物品，他都不可避免地要获得这种物品。一个人不可能自愿地接受他无法自愿地反对的好处。比如，他可以选择不看通过

---

① 〔德〕康德:《法的形而上学原理》，沈叔平译，林荣远校，商务印书馆，1991，第66页。
② 〔英〕霍布斯:《利维坦》，黎思复、黎廷弼译，商务印书馆，1985，第168、464页。
③ 〔英〕洛克:《政府论》(下篇)，叶启芳、瞿菊农译，商务印书馆，1982，第61页。

电波传送的电视节目，但是他无法选择不使用清洁的空气——至少在目前人类的技术状态下不能。（2）鉴于该稀缺物品的竞用性，谁消费得越多，谁应该承担的义务和责任就应该越大。气候资源的这些特点决定了必须通过某种政治制度安排而不是自愿的市场行为来提供安全的大气环境这种公共物品。市场可以根据价格的波动来决定一个商品的优劣，这种优劣实际上是多数人的个人偏好的聚集，这种价值取向并不能反映事态本身的好坏，它充其量只是反映了多数人的喜好；而一个政治安排的好坏却不能根据个人偏好的聚集来决定，因为一个政治安排本身就是要来规范和调和不同个人之间的偏好的。多数人选择的偏好并不能代表这样的政治安排就是好的，政治安排的好坏取决于其本身是否正义，情况可能恰恰是这样的：一个正义的制度恰恰要求大多数人牺牲他们的利益而补偿少数人的利益。因此，一个政治安排的好坏是通过道德论证来决定的，而不是根据“多数决定”来确定的。之所以这样说主要是基于两方面原因。首先，存在着所谓的“搭便车”问题。在合作提供公共物品的过程中，每个人都有一种躲避履行其职责的意图。这是因为一个人无论做什么都不会重大地影响生产总额。如果公共利益已被生产出来，那么他对这一利益的享有就不会由于他没有做出贡献而减少；如果公共利益没有生产出来，那么他的行为无论如何也不能改变这种状况。所以，不管一个人是否为生产这种公共物品做出贡献，他都能从这种合作中得到利益。因此，在这种极端的情形下，自愿的契约不可能产生出公共利益。其次，即使合作各方都有意愿履行其职责，他们大概也只有在确信其他人将同样尽责时才这样做。也就是说，只有当（假如）所有其他人也同样履行义务时，我才会自愿地遵守协议。因此，只有在强制实行一种有效的约束性规则时，人们彼此之间的信任才能够建立起来。所以，假定公共利益对每一个人都是有利的，并且所有人都同意这种公共利益安排，那么，从每个人的观点来看，通过某种政治安排强制每一个从合作中获得利益的人都服从契约的约束就是完全合理的。正如罗尔斯所说：“因而很明显，某些主要物品的不可分性、公共性以及所产生的外部效应和吸引力，使得有必要由国家来组织和推行集体协议。认为政治统治仅仅是因为人们的自利倾向和非正义倾向而设立的看法是一种肤浅的观点。因为，即使在正义的人们中间，只要利益对许多人而言不可分，那么他们在相互孤立的状态中所选择的行为就不会导致普遍利益。某些集体安排是必需的，并且每个人都需要得到确信：如果他愿意履行其职责的话，这种集体安排就能被坚持下去。在一个较大的共同体中，不可能期望得到那种在相互诚实的基础上建立起来的使强制成为多余的互相信赖。"①

由此，我们可以得出这样一个比较强的结论：全球气候合作并不是一个自利的个体基于自愿而审慎地订立契约的过程，全球气候协议（如果有的话）也不是一个人可自愿遵守的政治安排，参加气候合作并遵守相应的政治安排（当然是一个正义的制度安排）是每一个生活在这个星球上的人不可推卸的政治义务。现在的问题是，在何种意义上说遵守全球气候协议是一个人的政治义务，或者换一句话说，我们有什么理由要求一个人在参与气候合作有可能付出较大牺牲的情况下仍然必须服从这种合作所提出的要求。

第二节 全球气候合作与相互限制的公平原则

我们可以把全球气候合作看作一个利益相关方订立契约的过程。我们刚才也已说明了参与全球气候合作并遵守相关的协议是每个人应尽的政治义务。为了证明这种义务的道德合理性，我们首先看一看，参与全球气候合作并遵守相关的协议是何种意义上的政治义务。

人们常常不加区分地换用"义务"与"责任"这一对概念。但这两个概念是有区别的，正是这种区别决定了我们应该在哪种意义上使用"政治义务"一词。罗尔斯等人曾经对责任与义务做过一个区分。② 从罗尔斯等人的理解出发，我们可以在以下两个层面理解责任概念。一方面，"责任"指的是一些基于一个人所处的特定环境、地位或角色而应该去完成的任务或行为，这些任务与行为由制度或习俗所规定。在这种意义上，我们有"教师的责任"、"警察的责任"、"医生的责任"或者"父

① John Rawls, *A Theory of Justice*. Cambridge, MA.: Harvard University Press, 1971, pp. 268 - 269.

② John Rawls, *A Theory of Justice*. Cambridge, MA.: Harvard University Press, 1971, pp. 114 - 115; George Klosko, *The Principle of Fairness and Political Obligation*, Rowman&Littlefield Publishers, Inc., 2003, pp. 6 - 13.

母的责任”这些说法。这种责任往往被称为“地位性责任”，它是一种制度性要求而非普遍的道德要求，尽管我们可以对是否履行了这种责任进行道德评价。另一方面，它指的是一种与制度、职位、地位没有任何关系的普遍性道德要求，比如，相互尊重的责任、互助的责任、支持正义的责任等。这种责任与个人的意愿无关，无论我们愿意与否，它们都会“落到”我们身上，罗尔斯称之为“自然责任”。而“义务”指的是一种产生于一个人有意识的自愿行为的道德要求。在这种意义上，承诺、同意与订约是最典型的产生义务的行为。尽管责任，尤其是地位性责任往往也是由我们主动而自愿的行为获得的，比如，通过选择职业或竞选而谋得某种职位从而获得相应的职位责任，但它与义务仍然是有区别的，表现在以下几方面。第一，地位性责任的内容完全由制度、习惯或职位所规定；相反，义务的内容在很大程度上取决于承诺或订约行为，而与特定的制度或习惯无关。第二，责任没有明确的对象，是所有人对所有人所负有的；而义务具有明确的指向，是特定的人对特定的人所负有的，因为义务关系的双方非常明确。与此相关的一个问题在于，一旦履行了义务，义务就消除了，相反，责任尤其是“自然责任”却永远存在。比如，一旦我履行了我的承诺把钱还给了你，我们之间的义务关系即告终结，我的义务也就结束了。但我并不会因为救助了一个危难中的人就不再负有帮助他人的责任了。第三，一旦有人负有义务，就必定有一个确定的人享有相应的权利。相反，责任如果说与什么相对的话，它只能与所谓的“普遍权利”相对，这种权利是所有人对所有人享有的。比如，我有责任不偷盗，正如这种责任是对所有人负有的责任一样，所有人也都有权利免遭我的偷盗。

之所以将责任与义务做这种区分，是因为，如果将政治义务看作一种义务，那么政治义务就必须满足义务（严格意义上的）的三个条件：(1) 产生于特定的自愿行为；(2) 是对特定的个人所负有的；(3) 必定有确定的个人对负有政治义务的人享有被服从的权利。为此，我们在证成政治义务时通常借助契约论和同意理论来进行论证。如果把政治义务看作一种责任，那么它就与公民个人的行为或意愿没有任何关系，只要公民处于某种特定的环境或地位，他就负有政治义务。为此我们就会借助自然责任、成员身份等理论来证成政治义务。对于我们这里的主题，我们将参与气候合作并服从相关合作协议的政治义务理解为一种“责任”。原因在于：（1）气候合作的特点决定了任何诉诸利益各方同意的策略都将遭到个人权利的阻挠，同时也会遭到人性的弱点（“搭便车”现象）的侵蚀；（2）气候合作所担负的义务并不是针对特定的个人的，也不仅仅是针对自己的同胞，而是针对全体在这个地球上生活的“他者”，气候合作需要跨越国界；（3）正是由于气候合作是一个大家共同创造公共安全的行为，任何个人都有权利要求他人采取行动，因为单个个人是无法创造这样的公共安全的，个人的不合作将会对他人产生不利影响。这就决定了任何基于契约论和同意理论的道德论证在气候合作的论证中都是不合适的。也就是说，正是因为参与气候合作并服从相关合作协议的政治义务是一种在特定的环境下的责任，所以，不论是否同意，每个人都有承担相应责任的义务。

气候合作无疑会让生活在这个地球上的每个人都能获得利益。这也是每个人都有意愿参与合作的前提条件。气候合作所产生的利益是一种公共物品，并不存在是否愿意接受的问题。安全的气候环境是每个人所必需的。也就是说，在提供公共物品的情况下，自愿地接受利益是不可能的，因而，自愿接受利益对于产生义务来说是不必要的。既然气候合作所产生的利益是大家不得不接受的（假设并非主观自愿），那么，为什么这样的合作就必须让人们背负起相应的政治义务呢？假如有某个非常不理智的人声称，我并不在乎将来是否有一个安全的气候环境，我只要求现在我的生活不受到任何干扰，因此，你不能强迫我跟你们一样去从事我并不感兴趣的合作，然后就说我必须要背负起你们强加给我的某种政治义务。[①] 面对这种情况，我们有什么理由指责这些国家的不道德行为，我们有什么理由说这些国家必须承担相应的政治义务？

哈特曾经提出过一个被他称为“相互限制”的公平原则：“如果一些人根据某些规则从事某种共同事业，并由此而限制了他们的自由，那么那些根据要求服从了这种限制的人就有权利要求那些因他们的服从而

① 比如美国、加拿大和澳大利亚这样一些发达国家就借口减排会对本国经济和公民的生活产生所谓的“严重影响”而宣布退出《京都议定书》。

受益的人做出同样的服从。"① 换句话说，合作事业的受益者有义务像合作者一样限制自己的自由，承担起相应的义务。义务的赋予并不需要得到同意。这种相互限制的义务是基于受益者与牺牲者之间的一种特定关系，基于对他人公平对待的观念。这意味着，不履行政治义务的行为侵犯的不是某个抽象的对象，而是具体的个人，他们也许是我们的同胞，也许是某个遥远国度的陌生人，他们和我们一样脆弱，需要关心，有着自己的利益和追求。只要在某种特定环境下这些人必须为了某个共同的利益而合作，这种义务就能证成。哈特的公平原则应用到气候合作上来则意味着：如果现在确实需要全球每个人共同合作来维护我们赖以生存的环境的安全，现在大部分人参与了这项合作，并且承担起了相应的减排义务，由于气候合作所产生的利益具有非排他性的特征，即使某些人并没有参与合作，他也享受了这种合作所带来的利益。因此，那些参与合作并承担了减排义务的人就有权要求那些没有参与合作的人（不管他是否同意）也应该承担相应的减排义务，这样对那些参与合作的人才算是公平的。那么，是否仅靠得到利益（自愿的或不自愿的）就足以让个人背负起某种政治义务呢？

根据相互限制的公平原则，规则遵从者的权利就蕴含着受益者相应的义务。这样一个强的义务原则遭到许多理论家们的反对。他们认为，如果一个人因为给了我们好处就把我们置于他的要求之下，那么我们的自由也太脆弱了，这与珍视自由的自由主义传统是不相容的。相反，要使人们参与合作和限制他们的行动，必须先征得他们的同意。具体而言，相互限制的公平原则遇到以下几个方面的反对。

首先，反对者会说，如果一些人组织了一项要求每个受益者做出某种贡献的合作事业，那么每个受益者都有义务做出指派给他的贡献，即使做贡献所耗的成本（包括机会成本）超出了他从合作事业中所得到的利益。而且，通过赋予他人某种利益（假设是某种不得不接受的公共利益）然后又要求回报，一个人就获得了强制他人的权利，这通常都是不对的。比如，诺齐克曾对不经同意就可以在人们之中制造义务表示强烈不满。"无论出于什么目的，一个人不能这样做：先给人们利益，然后要

---

① H. L. A. Hart, "Are there Any Natural Rights?", *Philosophical Review* 64 (1955), pp. 175 - 191.

求（或夺取）支付。任何由人们组成的群体也不能这样做。”[1] 他设想了一种场景[2]：“假设你的邻居中（除你以外有 364 位成年人）的一些人已经建立了一种公共广播系统，并决定创立一种公共娱乐制度。他列了一份名单，每天一位，你的名字也在其中。在指派给他的那一天（人们可以很容易地调换日期），一个人要照管这种公共广播系统，要放录音，报告新闻，讲他听过的可笑故事，如此等等。在过去的 138 天中，每个人都尽职尽责，然后你的那天来到了。你有义务去值班吗？你已经从这种制度中获益，偶尔你会打开窗户听一听，享受某些音乐，或者听到某个人讲的有趣故事而发笑。其他人已经做出了他们自己的努力。当轮到你做出努力的时候，你必须回应其召唤吗？照这种情况来看，肯定不必。”诺齐克提出的理由如下。

第一，虽然我从这个安排中受益了，但是我可能始终认为，别人提供的娱乐不值得我放弃一天的时间来履行我的义务。即使相互限制的公平原则要发挥作用，那么我们也至少需要加上一个条件，即“一个人从他人行为中所得到的利益要大于他完成他那份任务所付出的代价”。[3] 不过，按照诺齐克的想法，他最好的做法或许是从一开始就明确反对加入这一计划。在这种情况下，如果他的邻居仍然愿意推行该计划，那么他就没有参与合作的义务。如果他同意了参与该计划，到时候却以所得利益不值得自己付出一天的代价为由拒绝合作，就违背了诺言。第二，诺齐克认为，即便为相互限制的公平原则加上上述限定条件，它也仍然站不住脚，因为有可能出现这种情况，“你所得到的利益可能刚好等于你完成自己那份任务所付出的代价，而其他人可能比你从这种制度中得到的利益多得多”。[4] 也就是说，如果一项在个人之间不平等地分配利益的合作事业强加给每个人一种义务去对合作事业做出相同的贡献，这是无法

---

① 〔美〕诺齐克：《无政府、国家和乌托邦》，姚大志译，中国社会科学出版社，2008，第 113 页。

② 〔美〕诺齐克：《无政府、国家和乌托邦》，姚大志译，中国社会科学出版社，2008，第 113 页。

③ 〔美〕诺齐克：《无政府、国家和乌托邦》，姚大志译，中国社会科学出版社，2008，第 112 页。

④ 〔美〕诺齐克：《无政府、国家和乌托邦》，姚大志译，中国社会科学出版社，2008，第 112 页。

接受的。第三，他人可以通过赋予我们利益然后强行要求我们回报，从而使我们在未经自己同意的情况下就背负义务，这侵犯了我们的自由，显然是不正义的。诺齐克说道："即使我拿着钱没有更好的东西要买，你也不能给我某样东西，如一本书，然后又抢走我的钱用来支付书款。""如果给我书这种行为对你也有利，那你要求我付款的理由——如果有理由的话——就更少了。假设你最好的锻炼方式就是把书扔进别人家里，或者你把书扔进别人家里只是你其他某种行为不可避免的副产品……不管一个人的目的是什么，他都不能这样做以便先给予他人利益，然后又要求（或强取）报偿。一群人也不能这样做。"①

实际上，诺齐克坚持的是洛克式的同意理论的基本观点，即义务必须产生于人们的同意。因此他认为，"即便这个原则可以被设计得不再面临反驳，它也不能用来取消他人对合作与限制自己的活动表示同意的必要性"。"当一群人遵守一定规则并以此对自己的自由做出必要限制的方式来从事于一项公正的、互利的合作事业从而使所有人受益时，他们就有权利要求那些从他们的克制中受益的人也默认相同的规则。"这一想法严重贬低了个人权利的重要性，因为，"在群体层面上不会'冒出'任何新的权利，联合起来的个人也不会创造出任何并非已有权利总和的新权利"。因此，"虽然这是事实，即我们在某种意义上是'社会的产物'，我们获益于通行的方式和形式，这些形式包括制度、做事情的方式和语言，而这些形式则是由一长串长期被遗忘的人们的各种各样的活动创造出来的，但这个事实并不能在我们身上产生一种四处漂浮的普遍债务，以供现行社会随意征集和提取"。② 在诺齐克看来，上述例子的一个最为重要的教益就在于：任何未经行为者同意就将合作事业的利益与相应的合作义务强加于人的做法都是不可行的。

根据诺齐克等人的同意理论，任何政治义务要想成为正当的，唯一的办法就是得到义务承担者的同意。也就是说，任何没有得到义务承担者同意的义务约束都将因为侵犯了个人权利而遭到反对。虽然这些反对

① 〔美〕诺齐克：《无政府、国家和乌托邦》，姚大志译，中国社会科学出版社，2008，第113页。

② 〔美〕诺齐克：《无政府、国家和乌托邦》，姚大志译，中国社会科学出版社，2008，第113页。

意见确实有些道理，比如，某些合作事业所产生的公共利益虽然具有共享性的特征，但并不具有不可排他性，对于这种情形，一个人是可以有权利不参与合作的，因为我或许宁愿不要这种利益也不想承担相应的义务。设想这样一种情形：蒙大拿边远地区的一群宅心仁厚的人组织了一个“哲学家促进会”，旨在传播论文、创造新的就业机会、提供特殊的失业救济金等方式来帮助哲学家。这些利益是严格按照正义提出的要求进行分配的，缴纳“会费”的哲学家使这些利益成为可能。一天，那个协会决定向东扩展，我收到一封邮件，要求我也缴纳会费。这个机构“应用于我”了吗？从某种意义上讲，我们或许可以说它是应用于我的。这是一个帮助哲学家的机构，而我在某种意义上也算是一个哲学家，且我将来甚至还可能从它的运行中受益。但是，难道我真的有义不容辞的责任根据那一协会的“规则”缴纳会费吗？[①] 这个例子的教益在于，尽管某种合作对于我来说是有益的，但无论它有多正义，“人们都完全不能把它强加于我，并强迫我接受一种道德约束去尽我的一份力”。[②]

但在某些其他情形中，情况又如何呢？比如，合作事业所产生的公共利益具有共享性和不可排他性。我们仍然可以设想另一个情形：假设一群人需要一种交通工具逃离险境，而他们每一个人都只有一个彼此不同的汽车部件，在这种情况下，假设有人提议允许一个技工拿走每个人手中的汽车部件（即使不经过他们的允许）组装出一辆汽车，将他们运送到安全地带，[③] 那么，在这样一种场景中，我们是否可以不经人们的同意而赋予他们交出汽车部件的义务呢？答案显然是可以的。这个假设的场景正是我们当前面临的气候危机的真实体现。为了维护共同的生存环境的安全，即使某些国家或个人并不在乎自身的安全，但他也有保证其他在乎安全的人的安全的义务。因为只有你的合作才能使得这种对安全的维护成为可能。也许表面看来，你的任意排放并没有直接侵犯他人的权利，但可能正是你的排放正在导致他人处于一种危险的境地。这种

---

① John Simmons, *Moral Principles and Political Obligations*, Jiangsu People's Publishing House, 1979, p. 148.

② John Simmons, *Moral Principles and Political Obligations*, Jiangsu People's Publishing House, 1979, p. 148.

③ Christopher H. Wellman, "Toward a Liberal Theory of Political Obligation", *Ethics* 111 (2001), pp. 735 – 759.

类比给我们的重要启示就是：脱离险境的必要性使得未经同意就可以对个人实施某种强制。在特定危险的情况下，个人的偏好是无关紧要的。即使某个人更愿意保持不受强制的状态而在自然状态下听天由命，我们对他进行强制并赋予他义务也是正当的。因为相对于维护个人权利的理由而言，其他人的危险所引出的道德理由更有分量。因此，诉诸同意而赋予个人参与气候合作并服从相关合作协议的政治义务是不必要的。

其次，有的反对者可能还会认为，这一原则错误地允许这种情况的出现：一项在个人之间不平等地分配利益的合作事业会强加给每个人一种义务去对合作事业做出相同的贡献，尽管有的获益者从这一事业中获益甚丰，而有的获益者的收益几乎没超过他做贡献所耗的成本。这是一个比较有力的反驳。在当前的气候谈判中，发达国家主张按照各国现有的排放水平作为依据来分配各自的减排义务显然难以让发展中国家有意愿参加气候合作，因为这样的方案缺乏公正。① 假如说不经你的同意而在某种特殊情形下强制赋予你义务在某种意义上还可以得到辩护的话，那么，强制你参与你在其中得到不公正对待的合作事业并要求你承担与别人一样的义务，这显然在直觉上难以被人们接受。哈特的相互限制的公平原则显然难以应对这种情形。为了应对这个反驳，罗尔斯在哈特的基础上对公平原则做出了修正："假如有一个互利且正义的社会合作事业，只有每个人或几乎每个人都参与合作，它才能产生出利益。进一步假设，合作要求每个人都做出某种牺牲，或者至少要求对个人自由施加某种限制。最后，假设合作产生的利益直到某一点上都是免费的：就是说，这一合作事业是不稳定的，因为，如果任何一个人知道所有或几乎所有其他人都将继续尽他们的一份力，那么，即使他不尽自己应尽的一

---

① 为回应发达国家的不合理主张，2011 年在南非德班气候变化会议上，代表广大发展中国家的基础四国发布了《公平获取可持续发展》报告。该报告强调发展中国家需要获得公平的碳排放空间，公平地享有减缓成果，为提高其人民生活质量、摆脱贫困争取发展时间。公平获取可持续发展蕴含了发展中国家在应对气候变化中的四个方面的利益诉求：第一，发达国家应当就全球气候变暖承担历史责任并率先采取减排行动；第二，发展中国家实现可持续发展需要获得公平的碳排放空间；第三，发展中国家实现可持续发展需要时间；第四，发达国家应当为发展中国家的可持续发展提供充分的经济、技术和能力建设方面的支持。为此，发展中国家主张应该按照人均累积排放来平等分配减排义务。

份力，他仍然能够从该事业中分享到好处。在这些条件下，一个接受了该事业好处的人就受到公平游戏责任的约束去尽他的一份力，而且他不能不合作却分享免费的利益。”[①]

在这里，罗尔斯虽然在很大程度上重复了哈特的说法，却为它加上了一个限制条件，即所涉及的实践或合作事业要被正确地承认为是公平的。那么什么样的合作才会被参与者承认是公平的呢？罗尔斯说：“如果一种实践的参与者当中没有谁觉得他自己或其他任何人被利用或被迫屈服于他们认为不合法的主张，那么这种实践就会被参与各方看作公平的。”[②] 这一限定条件显然可以应对反对者的批评意见。除此以外，他还明确地指出：“这样产生的权利和责任……依赖于以前故意做出的行为，在这种情况下，就是依赖于各方已经参与一项共同实践并有意识地接受其利益这一事实。”[③] 根据罗尔斯的原则，我们之所以要遵守义务是因为：(1) 这个合作的事业是正义的；(2) 大多数别人服从法律、支持制度是对自己自由的一种限制，这种限制提供了一种利益；(3) 我们接受了这些利益，如果我们不对自己的自由做出与别人相似的限制，却享受着别人的努力所提供的利益，就是对其他合作者的不公平。由此，承担义务就是正当的，因为这是公平的。

对于罗尔斯的公平游戏原则，我们也应该注意到：哈特的原则认为只要“得到”利益就应该服从，而不涉及受益者的意志；而罗尔斯则认为“接受”利益才产生义务，即义务的产生不仅以得到利益为条件，而且还与受益者的主动选择有关。罗尔斯显然认识到诺齐克等权利至上主义者的反驳力量，因而做出了妥协，所以要求所有的特殊义务都必须以义务承担者的主动行为或同意为前提。虽然，罗尔斯的原则在某种意义上回应了反对者对相互限制的公平原则的批评，但我们还是认为，罗尔斯为此做出的妥协大大减弱了他的理论的力度，至少使得他的理论只能适用于某些情形，比如适用于那些可排他性的合作事业。但是在现在科学技术的广泛应用使得我们所生活的世界处处都充满着极大的危险的时

---

① John Rawls, “*Legal Obligation and the Duty of Fair Play*”, Collected Papers, Samuel Freeman ed., Cambridge MA: Harvard University Press, 1999, p. 122.

② John Rawls, “Justice as Fairness”, *Philosophical Review* 68 (1958), p. 178.

③ John Rawls, “Justice as Fairness”, *Philosophical Review* 68 (1958), pp. 179 - 180.

候，我们需要反思，是否任何合作都需要首先考虑个人的权利，是否没有个人的同意就不能进行任何有意义的合作？假如情况就是如此的话，那么，我们如何应对发生于我们每个人身上的危险呢？所以，我们必须要有某种强有力的理论来证明在某些具有共享性和不可排他性的合作事业中，即便在没有个人同意的情况下也能承担政治义务的可能性。

由于像应对气候变化这样的合作事业（我们将其称为“不可排他性事业”）所提供的利益具有不可排他性，因此，个人就不能够决定是否得到这些利益。因此，对这种利益的获得所带有的契约主义色彩（契约主义往往把协议建立在同意的基础上）就模糊不清了。有些理论家主张，因为无论个人怎么做，这种利益都将或多或少地被提供给他，所以得到这种利益是理所当然的，甚至是迫不得已的，因为我没有任何办法“逃离”这个星球，如果我有机会“逃离”这个星球的话，那我一定就会这样做。所以，被迫接受这种公共利益并不会使我有义务参与合作并促进这一事业。只有当我自愿地接受了这一安排的利益，或者利用了这项安排所提供的机会去推进自己的利益时，我才有义务去促进一种合作事业。我们并不能从逻辑上排除发生这种情形的可能性，所以，如果相互限制的公平原则要想具有重要的政治意义，那么，同意理论的说服力就必须受到削弱。

如果某些条件得到了满足，那么，相互限制的公平原则就能够产生促进不可排他性事业的义务。这些条件如下。（1）合作所产生的利益必须值得合作的受益者为提供它们而努力，这就要求合作应该是有效率的，而且应该让人们相信因为合作而获得的利益应该大于所失去的利益，至少应与所做的牺牲相当。因为，不能获利的事业需要的是志愿者，而我们需要的是合作者。（2）这些利益是“推定有益的”。[①] 所谓“推定有益的”利益指的是类似于罗尔斯的“基本益品”的某些东西，这些益品一定是有价值的，人人渴望拥有且能够在人与人之间就应得的份额进行比较的东西。它或许可以满足我们的基本生存的需要，或许有助于实现我们的某些能力，又或许是构成美好生活不可或缺的元素，比如，像人身

① George Klosko，“Presumptive Benefit，Fair and Political Obligation”，*Philosophy and Public Affairs* 16（1987），pp. 241 – 259.

安全、为避免处于不利环境而提供的保护、基本生理需要的满足等。显然，这样的益品就是我们这里所关注的公共物品。[①] 这些基本利益的不可或缺性压倒了个人选择是否愿意合作的权利。同意理论的拥护者往往用一些并非我们这里所说的基本益品来论证他们的理论，比如前面我们所描述的诺齐克的例子，对于是否参与一个集体的娱乐活动，并不会对个人生活产生多大的影响，可以说类似这样的合作是可有可无的，完全受个人的偏好而定。正如西蒙斯所言："如果一个人只是以通常的方式做自己的事就不可避免地从一种合作事业中受了益，却被告知他已经自愿地接受了利益，这使得他有一种特殊的义务去做自己分内之事，这将是一件奇怪的事情。"[②]

但像气候合作这样的情形就完全不一样了。相互限制的公平原则非常合理地解释了在这些情形下为什么人们必须承担相应的义务，即只要利益足够重大，某个人"只是以通常的方式做自己的事情"就不可避免地从一项合作事业中受了益，他的确获得了一种义务去促进这项事业。假设以下情形。现在人们被严重的空气污染困扰，这种污染主要来自汽车。有肺病的人已经感到呼吸困难，如果再这样下去的话，更多的正常人很快也会受到同样的影响。因此，大家联合起来对驾驶权利施加种种限制，并颁布法律规定，所有的汽车必须进行改装以减少污染。由于这些限制会产生高昂的成本，每个人都不愿意服从。但是，如果他的同胞中有足够数量的人都服从了，他却不服从，他就是一个"搭便车者"。在这种情况下，这个人就获得了服从的义务。当然我们还需补充的是，只有当合作事业的成本与利益得以公平地分配时这种义务的产生才是有效的。就现在的气候合作而言，当然适用于相互限制的公平原则。第一，气候合作所产生的利益是属于"推定有益"的利益，任何理智的人都没

① 当然，要确定某种利益是不是有益的，还要视人们普遍所持有的价值信念和特定环境而定，因而存在着争论。但总体而言，在特定环境下我们还是可以判断一个利益是不是"合理的"。说某种利益对于人们来说是必不可少的，就相当于说有充分而合理的理由可以相信，所有成员都把这个利益看作（或应该看作）可接受的生活所必需的。当然，如果我们不能证明某一特定利益对人们而言是必不可少的，那么，我们就可以说他不一定非得承担合作的义务，否则他就会有这些义务。

② John Simmons, *Moral Principles and Political Obligations*, Jiangsu People's Publishing House, 1979, p. 131.

有任何理由说我不需要这样的利益。第二，气候合作需要每个人的参与，如果出现任何“搭便车者”，都将导致合作的失败。并且，任何不参与的行为将对他人造成严重伤害。第三，从互惠的角度来看，气候合作是值得每个人为之做出努力的。气候合作并不是一个“零和”博弈游戏，合作所获得的利益将使每个人都能获利，而且，从长远来看，与现在我们因减排所付出的代价相比，一个稳定的气候环境所带来的益处要大得多。因此，如果再加上国际社会能提出一个比较公正的减排方案，那么，我们每个人就没有理由不承担起自己应该承担的减排的政治义务。

第三节　全球气候合作与自然责任

以上我们基本上证明了在进行某些事关人类重大利益的合作时，不经人们的同意就可以强制他们承担相应的政治义务。当前，某些发达国家在应对气候变化时采取不合作的态度，虽然在它们看来有充足的理由，但在这里我们看到，它们的行为是缺乏理由的，因而在道德上是令人不齿的。它们应该认识到，虽然参与合作会让它们牺牲部分自己的利益，但它们也会因为参与气候合作而获得更大的利益。事实上，发达国家在现有的国际政治经济秩序中获得了远远超过它们可能失去的利益。在这种情况下，就不是它们应该承担相应的义务的问题，而是基于它们已经获利很多，就应该担负起更大的责任和义务。

现在关于气候合作还有一个问题就是，为了保证合作的顺利进行，我们还需克服这样的一个问题：如何使得合作具有稳定性？之所以会提出这样的问题，原因就在于，就人性的固有弱点而言，任何正义的合作都是非常脆弱的。这主要源于两个方面的原因。第一，从利己主义的观点来看，每个人都很想逃避自己应尽的一份义务。因此，“搭便车”现象会普遍存在。所以，把气候合作完全理解为一种基于利益交易的订立契约的行为是不充分的，因为这样的理解会使得人们认为参与合作的理由是我能够从中获得利益，因而不会将合作本身看作值得追求的事业。这意味着，如果我不能从中获得利益，或者我不能从中获得大于自己所损失的利益，我就没有理由参与合作。这两种参与合作的理由当然会产生不同的结果。如果我将参与合作本身看作有价值的事业，那么，我参与合作就是基于一种道德责任，我就不会把其他合作者看作与我的利益相对立的竞争者，我之所以会做出牺牲帮助他人完全是出于一种对他人的道德尊重。这样我就会有充足的动机——哪怕是在得不偿失的情况下——参与合作。因此，合作的稳定性在某种意义上讲必须依赖于合作者普遍持有的正义感。第二，当人们相信或有理由怀疑他人没有做出自己应有的贡献时，他们或许也想逃避做出自己的贡献。当其他人没有做出自己应有的贡献时，遵守这些规则是危险的，这时，这种不稳定性很可能非常严重。正如有些学者所说："如果社会上一部分人的非正义行为没有受到有效的制止或制裁，其他本来具有正义愿望的人就会在不同程度上效仿这种行为，乃至造成非正义行为的泛滥。"[①] 因为，对于每一个社会成员（非社会的纯粹个体不存在正义问题）来说，承诺并践行自己的政治义务，或遵守正义的伦理规范并不是绝对无条件的。相反，它具有康德"假言命令"的性质，即只有当所有其他人也同样承诺并践行自己的义务、遵守正义的伦理规范时，我才会自愿地承诺、践行、遵守之。这就是说，所有他人同样如此这般行为是我愿意并如此这般行为的前提条件。对于我们这里所说的社会合作而言，尽管人们知道他们遵循着相同的规则，并且每个人都要求维持现存的安排，但他们可能还是缺乏完全的相互信任。他们可能怀疑某些人没有尽职，从而可能被诱惑得也不尽其职。对这些诱惑的屈从最终可能导致合作体系的崩溃。人们猜疑其他人没有履行义务和责任，这是因为，在缺少权威和强制的情况下寻找一些违反规则的借口是特别容易的。这也是为什么在国际气候谈判中，在建立起一个具有法律约束力的减排协议之前，任何国家都不敢轻易承诺自己的减排义务的原因。因此，做出这样的假设是合理的：在一个良序社会中，为了社会合作的稳定性，某种政治强制也是必需的。但这只是问题的一个方面，因为，政治强制意味着有某个合法（能在道德上得到辩护）的政治权威的存在，这个政治权威有权力要求每个人服从它的命令，从而参与社会合作。在上一节我们证明了，在特定环境中，我们可以不经同意强制赋予人们政治义务，这在一定程度上间接地证明了政治强制的合理性。但是，强制总是在直觉上容易遭到人们的反对，尤其

---

① 慈继伟：《正义的两面》，三联书店，2001，第1页。

是在现代民主社会，它难以激发人们的道德动机，因而会影响合作的稳定性。在气候语境下，完全依靠政治强制来维持气候合作也往往会导致不正义行为的发生。

所以，要想维持气候合作的稳定性就要依赖于两个条件。第一，确保稳定性的力量必须源于人们的道德动机，即正义感，而不是任何外在的法律制裁或武力威胁。当然，正义感的培养也有赖于他为之服从的事业本身是不是公正的。一个合作事业本身的合理性以及对生活在其制度安排下的公民的要求，会直接影响人们的道德动机。正如内格尔所说："动机并非独立于政治和道德理论。道德论证会呈现一些没有它便不能被理解的道德动机的可能性。在政治理论中，这些可能性会透过制度表现出来。人们能够服从这些制度，部分是因为这些制度的道德吸引力。"[①] 第二，在指导人们行动的动机系统中，正义感必须具有优先性，即当一个理性的合作者的正义感和自己其他欲望或利益发生冲突时，前者要有足够的理由凌驾于后者。因此，罗尔斯说："公正的安排可能不是处于平衡状态之中的，因为行为公正并不总是每一个人对他的伙伴的公正行为的最好报答。要确保稳定性，人们就必须具备一种正义感，或一种对会由于其缺陷而受损害的人们的关心，最好兼有这两者。当这些情操强大得足以制服违反规则的诱惑时，公正的系统就是稳定的。履行自己的义务和职责于是被每个人看作对他人行为的正确回答。他的由其正义感调节的合理生活计划将导致这种结论。"[②] 因此，气候合作所要求的政治义务要想得到人们的广泛认同和接受就必须诉诸某种"自然责任"。

就道德所规范的对象而言，他的要求要么是特殊的要求，要么是普遍的要求；同时，就个人服从道德要求而言，也有自愿或非自愿的两种情况。当道德要求约束人们不考虑自己的特殊角色、关系或行为时，它们就是普遍的道德要求。比如，我们要求人们不要去谋杀、伤害或偷盗，通常来说，这些责任是针对人类或普遍地针对人而言的。相反，特殊要求来自我们与特定的人或群体所存在（或创造）的特殊关系；这些特殊要求仅仅针对这些人或群体。承诺的或契约的义务，在集体的事业或群

---

① Thomas Nagel, *Equality and Partiality*, Oxford: Oxford University Press, 1991, p. 26.

② John Rawls, *A Theory of Justice*. Cambridge, MA: Harvard University Press, 1971, p. 497.

体中进行合作的义务，以及对于朋友、邻居或家庭成员的义务，都将是特殊的道德要求。更常见的是将道德要求划分为我们因自己的某些自愿行为（比如承诺、自由接受利益）而承担的，以及仅仅因为我们是人或因为我们占有某些非自愿的角色或地位而非自愿地领受的。对于我们这里所说的参与气候合作的义务，我们把它理解为一种非自愿的、普遍的道德责任，也就是罗尔斯所说的“自然责任”①。比如，富裕国家有帮助贫穷国家的责任，彼此平等尊重的责任。相对于一般义务而言，自然责任的特点在于它们与我们的自愿行为无关，而且，它们与制度或社会实践没有必然的联系，因而它们的内容也不是由这些制度安排的规范所规定的。也就是说，无论人们之间的制度性关系如何，所有人作为平等的道德个体彼此都负有自然责任。比如说，自然责任不仅是对我们有着特殊关系的同胞负有责任，而且还对不属于这些特殊关系的某个“陌生人”也负有责任。正是自然责任的这些特点，使它要求我们支持并服从那些现存的、应用于我们的社会合作，同时还要求我们去推进尚未建立的社会合作。这就意味着，如果某些社会合作是正义的，或者在特定条件下可以被合理地看作正义的，那么每个人都有一种自然责任去做要求他应该做的事，无论他是否做出了自愿行为，而当他这样去做就体现了他的一种“正义感”。②

比如，基于自然责任，我们彼此有相互尊重的责任，这种尊重是他作为一个道德存在者——作为一个有一种正义感并对“善好”有自己的看法的人——所应得的。一个有正义感的人愿意从他人的观点或者从他们对自身利益的看法出发看待他人的处境，当他的行为对他人利益造成严重影响时，也愿意为其行为的不当给出合理的理由。因此，尊重作为一个道德个体的他人就是尽力从他的立场理解他的利益，并向他提出一些理由以使他接受对他行为的限制。相互尊重的要求也说明了，如果一些人根据某些规则从事某种共同事业，并由此牺牲了自己的利益，那么，

① John Rawls, *A Theory of Justice*. Cambridge, MA: Harvard University Press, 1971, pp. 333 - 342.

② 罗尔斯曾在《正义论》中花了相当篇幅去论证在一个正常的社会环境下，人们会由小时候开始，经历三个不同的道德发展阶段——分别是权威的道德、社群的道德、最高原则的道德，最后培养出有效的正义感。参见 John Rawls, *A Theory of Justice*. Cambridge, MA: Harvard University Press, 1971, pp. 453 - 512.

那些由此而获利的人就应该尊重别人的付出，从而承担起自己应该承担的义务。再比如，基于自然责任，我们彼此应该有相互帮助的责任。之所以人们有相互帮助的责任，是因为它对我们的生活会产生普遍的影响。当我们生活在一个充满未知和危险的社会中，当他人身处困境时，我们有责任帮助他们摆脱困境。这样，当我们需要时，他们就会给我们以帮助。如果人们都拒绝了这种责任，我们不难想象社会将会成为什么样子。因此，如果每个人都毫无条件地承担起自己的自然责任，那么，我们不仅能够证明在合作事业中人们应该承担起自己的政治义务，而且，还保证了合作事业能够顺利进行下去。

当然借助自然责任来证明承担义务的合理性并不是没有问题的。西蒙斯就提出过这样的批评："自然责任方法将我们的政治义务理解为一般的要求，约束着我们不考虑我们生命的特殊性，并且是针对一般的人或不针对任何人。"但是，"政治义务必须以一种特殊的方式，把我们跟一个特定的政治共同体或政府约束在一起；如果一项义务或责任没有以这种方式被'特殊化'，它就不可能是我们日常所说的那种政治义务"。[①] 德沃金也认为："这种责任不能为合法性提供一种很好的解释，因为它没有把政治义务与拥有政治义务的人所属的特定共同体足够紧密地联系起来。"[②] 自然责任要求人们承担义务不是因为他们的所作所为，也不是因为他们所处的特殊地位，而是因为被要求的行为所具有的道德特征。参与某种合作事业因而彼此承担义务是因为这本身就具有道德价值或重要性。它要求我们像对待我自己的同胞一样，对待所有的，甚至不属于我们这个共同体的某个陌生人。我与自己的同胞之间彼此负有义务，那是因为我们要么具有共享的利益而需要相互合作，要么共享文化和价值观念以及共同遵守着一套制度规定。但我与陌生人之间为什么就应该彼此负有义务呢？

我们该怎样回应这种批评呢？我们与陌生人之间是否也具有共享的利益而需要相互合作，是否也共享着文化和价值观念以及共同遵守着一套制度规定呢？答案是肯定的。虽然我们不能说，我们彼此之间共享着

---

① 〔美〕西蒙斯：《政治义务与政治权威》，载〔美〕罗伯特·西蒙主编《社会政治哲学》，陈喜贵译，中国人民大学出版社，2009，第32页。

② Ronald Dworkin, *Law's Empire*, Cambridge MA: Harvard University Press, 1986, p. 193.

文化和价值观念，但我们有着共同的利益并在某种程度上讲共同遵守着一套制度规定这一点确实是不容否定的。当今世界已然成为一个彼此在经济、政治和文化上相互依赖的共同体，并且，各国之间事实上也在遵循某些制度性的安排。正是这些制度性的安排制造了大量的选择性交往关系，当人们身处（主动的或被动的）于这种关系时，彼此之间就产生了某种道德关联性。现有的国际性规范对几乎所有人的生活都产生了影响。就当前的气候变化语境而言，应对全球性的气候危机显然是一个需要全球合作的事业。同时，更为重要的是，我们所生活的世界正在面临着共同的危险，这些危险并不是哪一个人能够有力量应对的，它需要每个人为之努力。如果气候问题证明了一种全球性社会合作的必要性，那么我们就不能将共同体的边界视为拥有彼此承担义务的障碍。

第九章　结论

本研究的一个主要目标是把全球气候问题放在当代伦理学和政治哲学的理论框架下，审视和分析当前国际社会关于应对气候变化的责任和义务问题的讨论背后所蕴含的道德和政治问题。首先，我们的一个基本判断是：气候变化从结果来看首先是一个科学问题，但从其产生的原因和治理的过程来看，它更是一个伦理和政治问题。气候危机归根结底是一个人自身价值观念、生产方式以及政治经济制度的危机。这就决定了我们在全球气候治理的过程中必须对现有的价值观念、生产方式以及政治经济制度等进行深刻反思和变革。思考全球气候治理问题，从实践层面来讲，核心的就是思考全球气候治理机制如何建构以及人与人、国与国之间稀缺气候资源如何分配的问题。而从理论层面来讲，核心课题是要思考全球气候治理的道德基础，从而为建构一个合理的治理结构，推动全球气候合作寻求最大限度的价值共识。

首先我们认识到气候问题的产生与西方主流的自由主义价值观之间存在极强的关联性。自由主义的基本出发点是个人主义，它强调个人权利的绝对优先性。但是，当前国际社会应对气候变化的现实却向人们揭示了有限的环境空间与个人权利之间可能会发生激烈的冲突。现实已经告诉我们，对个人自由权利的过度坚持必然会导致“公地悲剧”的发生和集体行动（气候合作）的失败。而在某种意义上讲，正是前者导致当代人类所面临的气候危机越来越严峻，而后者则使得国际社会始终难以达成一个有约束力的全球气候协议。通常国际社会冲突各方会诉诸自由主义的功利原则和权利平等原则来为各自的权利和利益进行辩护。

依据功利原则的标准，温室气体排放空间的分配应当这样来安排，即这种分配能够使受其影响的人们获得最大限度的净福利。而实现这种最大限度的福利的关键在于满足每个人对“美好”生活的追求。在目前人类短期内无法根本性地改变其生产方式和能源结构的情况下，排放更多的温室气体（生产更多的消费品）是实现每个人“美好”生活的必要条件。但功利主义理念的问题在于：它只关心个人偏好的满足，却不反思偏好本身是否合理。如果一个社会仅仅专注于对个人无论是否合理的偏好的满足，那么，这种制度安排就很可能蕴含着集体的“恶”。当前人类面临的严峻的生态危机，在某种意义上讲正是这种集体的“恶”的集中体现。况且，功利主义得以完全满足的前提是我们拥有无限的自然资源，但现实却告诉我们，我们所居住的地球的资源，包括温室气体排放空间是有限的，它不可能容纳人类以目前这种生活方式无限地发展下去。而自由主义的权利平等原则则强调每一个人都拥有权利排放同等数量的温室气体，因而，每一个人不管国籍、性别、年龄、能力如何，都有权利获得同等数量的排放份额。诉诸权利平等原则的前提是，认可并追求当下人类现有的工业文明模式和浪费型消费文化。诚然，贫穷国家的人们有正当权利过上现在富人所拥有的“现代化”生活，但有限的排放空间却不能容纳全世界所有人都过上所谓的“好”生活。当然我们不是要剥夺贫穷国家的发展权，我们赞同平等主义的原则，但我们绝不鼓励每个人都有平等地追求所谓“奢华”的现代生活方式从而大面积污染大气的权利。问题的根本不在于公平分配污染权，而在于首先我们要改变我们所追求的不合理的生活目标。追求不合理的生活理想显然不是在道德上能得到辩护的权利。我们一旦认识到，我们所居住的地球的资源是有限的，那么，我们是否可以对个人追求自己的生活的权利进行某种程度的限制。如果我们同意，减少温室气体的排放，以保护大气环境的安全是一个全人类共同追求的“善好”，那么，这种实现最大多数人的最大福利的全球减排行动就是国际社会应该追求的最高“功利”。由此，在个人权利和人类共同的功利之间就存在一个张力。

从个人角度来看，应对全球气候变暖要求每个人在追求自己的生活理想时应该以维护地球的环境安全和可持续为限度。气候问题的紧迫性昭示了这样一个“生物学”限度，即每个人必须限制自己的“昂贵的”（高碳的）生活方式和生活理想，我们不能再以开着大排量汽车或坐着私人飞机周游世界、穿着各种体面的但由高耗能材料做成的服装、居住超级豪华的恒温住宅以及诸如此类的生活理想作为生活“完美”的标准，我们也不能养成各种“快餐式的”浪费型消费习惯，否则大气中的排放空间将很快耗尽。所以，任何对个人偏好的追求首先必须反思这种偏好是否“合理”。从这个意义上讲，共同维护安全的、可持续的地球环境就成为我们追求的最高价值目标，它可以在道德上压倒对个人权利的追求，虽然我们也承认权利对于个人而言也是重要的。

从人际的角度来看，我们的一个基本的道德判断是，要求我们把每个道德行动者都看作平等的，没有任何人有权利要求说，他应该比其他人更加重要，因而应该得到更多的关注。但这并不是说，在任何情况下，不偏不倚的观点都要求每个人都得到平等的待遇，而是要求把每个人都作为平等的个体来加以平等关心和尊重。在当前的气候问题中，如果是由于历史上的不正义的原因导致了不同国家之间的不平等，我们就应该通过某种“再分配”方式矫正这种不平等，从而实现实质性的平等。由于历史的原因，发达国家侵占了过多的排放空间，事实上是造成当前气候变化的主要责任者，而许多贫穷国家现在正在遭受由此而带来的气候灾难和损失。对于这一点，发达国家理应首先承认并补偿贫穷国家，帮助它们提高应对气候变化的能力。也就是说，发达国家应该承担更多的减排义务，从而留下足够的空间帮助贫穷国家实现经济和社会的发展。气候伦理无论是在理论上还是在实践中都证明了为了维护地球环境安全这一关乎所有人的重大利益是可以对个人权利进行必要的限制的，同时，这也并不意味着由此会走向对个人权利的漠视。气候伦理要求我们在处理气候问题时必须在权利与功利进而在善和正当之间保持必要的张力。

对全球正义的追求也需要我们界定每个人，乃至每个国家在气候问题上所应担负的责任。一个合理公平的全球气候协议首先要弄清楚哪些人应该承担引起气候变化的责任，进而需要弄清楚谁该承担应对气候变化所产生的成本和负担。应对气候变化涉及减缓成本和适应成本，而这两类行动是建立在不同的道德基础之上的。减缓行动涉及的是一个分配正义问题，它关注的核心是权利和资格的分配；而适应行动涉及的是一个矫正正义问题，它关注的核心是责任的分配。减缓成本的分配着眼于行动的效率，而不追溯过去的历史过错，它强调的是如何能有效地减少大气中的温室气体的浓度，它的基本策略是根据国际社会设定的到21世纪末实现2℃的温控目标来设定一个全球排放的上限，然后在全球所有人中平等分配可用的排放空间；适应成本的分配则着眼于行动的公平，它强调的是在减缓失败从而气候变化不可避免的情况下，如何避免人们遭受气候变化所带来的伤害，它的基本策略是通过制定一个全球责任分配方案，来让那些引起气候变化的人承担补救的责任。这样我们就需要对责任的认定做出说明。

责任的认定是一个容易引起争议的话题。之所以责任的认定如此困难，是因为人们普遍认为，责任的归咎在很大程度上取决于行动者是否具有行为能力。也就是说，行动者在多大程度上能通过自己自愿行动和选择来控制结果，决定了他们应为这种后果承担多大程度的道德责任。指派道德责任以及随之而来的赔偿责任通常遵循三点要求：第一，责任主体的行为实质性地引起了这种伤害；第二，责任主体的行为必须是以某种方式存在过错的；第三，如果这种伤害性行为确实是他的过错，那么，这种在行为的过错与行为的后果之间的关系必须存在直接的因果相关性。简单说，对道德责任以及随之而来的赔偿责任的指派与否取决于行为本身是否存在过错。显然，发达国家历史上温室气体的大量排放是引起气候变化的主要原因，而且我们也能够指出，发达国家过去的排放，在很大程度上讲并非只是为了满足自身基本生存需要的排放，而是为了追求更高生活水平的、超出生存排放的奢侈排放。后一种排放显然并非一种不得不进行的排放，它更多的是一种可以得到控制的排放。就这一点而言，发达国家是有过错的，因而让发达国家承担引起气候变化的道德责任就是可以得到辩护的。

而且，在全球资源稀缺的情况下，发达国家过多的排放也间接地阻止了其他国家对稀缺资源的获取，这有可能导致其他国家陷入贫困。表面上看，发达国家并没有直接导致贫穷国家的贫穷，但是，它们的奢侈排放行为就如同在一个“地球救生艇”中的情形一样，任何一种不合理的资源分配，实际导致的后果就是一部分人剥夺了另一部分人生存的希望，这无异于一种杀戮行为。构成人们基本需要的善物的分配是直接与消极的道德权利相关联的。从道德的意义上讲，一个人对地球上稀缺资源的过度消费就可能被看作对另外的人的基本权利的违背，并且，过于强调非基本权利（比如个人奢侈生活的权利）就有可能违背其他人的基本权利（比如导致其他人因缺乏必要的基本食物而死亡），在这种情形下，一个私人行为就转变成了一种公共问题，一个看似并无道德过错的疏忽行为就转变成了一个与道德直接相关的，因而要受到指责的行为。

因此，一个国家过度消耗像大气吸收温室气体的空间这种稀缺的，同时对每个人的生存而言又是极端重要的资源，就可能被认为是侵犯了那些被迫只能消耗更少这种资源的国家或个人的基本权利，并且必定被看作一个全球正义问题，而不仅仅是一个纯粹的服从国家主权原则的问题。因此，这种过多地占有排放空间的国家要承担道德责任以及赔偿责任，不管它是有意多占，还是因为疏忽。

对个人的排放行为的责任认定类似于在“选民悖论”中出现的责任认定。在一次大型的选举活动中，单独一票的作用是微不足道的，它基本上不能改变选举的结果，但是如果把所有的选票都加起来，那么每张选票就都会对选举结果产生影响。类似的，数以亿计的单个的排放行为似乎并没有对他人造成明显的伤害，但是如果把所有这些个体行为加在一起就会引起气候变化，进而对他人造成巨大的伤害。这种悖论导致了一个道德上的矛盾，即一个道德意义上的伤害却是源于一系列非道德意义上的行为。从这个意义上讲，似乎我们不应该追究每个个体排放行为的道德责任。但是，我们要知道，当风险非常高的时候，不应忽视任何概率，无论这个概率是多么的小。也就是说，面对气候变化这种风险极高的问题，任何微小的“贡献”都是不应该忽视的。这就如同一个核电站，任何细微的疏忽或事故都有可能造成毁灭性的灾难。所以，我们有很好的理由认为，每一个看似微不足道的排放行为都应该为气候变化承担因果责任，进而要承担道德责任。既然引起气候变化的直接原因是每个个体的排放行为的聚集，那么作为集体的国家是否应该承担责任呢？国家之所以要承担道德责任，并因而要承担减排责任和补救责任的理论基础在于，国家是一群分享了共同的信念和价值观以及共同创造一种合作利益的个体组成的共同体，正是这些共享的信念、价值观和共同创造的利益把他们联系起来，并激发了他们彼此之间的道德义务。基于此，虽然在全球应对气候变化时，不可能让每一个个体来承担气候责任，但是基于每个国家之内的个体之间的道德关联，就可以让由这些个体组成的国家集体来承担气候责任。论证让国家来承担由个体行为引起的责任的意义在于，虽然每一个个体对导致气候变化的“贡献”大小不一样，但他们作为价值和利益共同体的成员应该同等地承担国家分配给他们的减排义务。这就可以避免因为有些人排放得多有些人排放得少而引起的责任分配的困难。

即便我们承认基于自主选择的奢侈排放是一种需要担负道德责任的行为，但是，鉴于在引起变化的原因以及气候变化所可能带来的影响的判断上存在一定程度的科学不确定性，那么，一个国家能借口说，因为缺少关于引起气候变化及其影响的确定的科学知识和证明，所以它不知道它的行为会引起气候问题，并要求豁免它的责任吗？通常人们并不会让一个人为源于他不能预见其后果的行为承担道德责任，毕竟应该蕴含着能够。科学不确定性的存在使得人们有理由为他们“无知”的行为推卸责任。但是，因“无知”而导致的意外事件不承担道德责任，并不意味着不用承担因果责任以及随之而来的赔偿责任，因为事实上确实是他引起了坏的结果，只不过不用为这种非故意的后果而被指责为有过错的。况且，致力于推动绝大多数国家进行减排的《里约宣言》已经签署有二十多年了，并且联合国政府间气候变化专门委员会已经先后发布了五个关于气候变化的科学评估报告，我们可以肯定地说，气候变化的事实已经被绝大多数人获知。因此，至少我们可以说，在 1990 年联合国政府间气候变化专门委员会第一次在大量的科学数据的基础上公布了关于气候变化的科学评估报告时，一个理性和审慎的人应该能预见到他的行为是会产生坏的后果的，而不管他实际上是否已经预见到这种结果。正是从这个意义上讲，一个国家在 1990 年以后的奢侈排放是完全处于知晓其行为有过错的情况下所进行的排放，因而就要承担道德责任。如果再借口所谓的“无知”而推卸责任，就是不合理的。所以，我们反对把无论什么样的“无知”行为都看作不受责备的。按这个标准，只要人们能合理地被认为能预见到他们的后果，而不管他们实际上是否能预见到，行动者都要为他们的行为承担道德上的责任。同时，我们还要指出，尽管现有的气候科学在某些方面确实存在不确定性，这可能会导致人们在某些方面的“无知”，但是，在面对全球变暖这样高风险、高概率的环境危机时，忽略由世界上绝大多数的科学共同体所做出的深思熟虑的判断则是严重的错误。既然每个国家的政府现在显然知道它们的政策会引起有害的后果，那么，任何继续说自己是无知的都只能是故意的，因而不能豁免因其持续的奢侈排放行为和政策，进而应因为引起气候变化而承担道德责任，以及因引起对他人的伤害而承担赔偿责任。

温室气体排放空间无疑是关乎每个人生存和发展的最为重要的物品，无论是发达国家还是发展中国家，也无论是富人还是穷人，都享有不可剥夺的获得平等份额的权利。这应该是我们追求的一种道德理想。所以，任何一个在道德上能够得到辩护的气候分配方案都必须建立在对每个人的平等关心和尊重的基础之上。也就是说，“平等原则”应该是整个气候问题能够最终得以解决的一个最为基本的原则。如果我们接受这个基本理念，那么，“平等原则”是否就意味着，每个人无论其处于何种状态，都平等地获得一份相同的份额？我们认为平等地对待每个人的最合适的方式就是不把每个人都当作“平等”的人来对待。对平等的这样一种理解预设了某种值得追求的价值理想，即每个人在道德上是绝对平等的，不能用某些非道德的标准和尺度来界定人的道德身份，从而决定他们应得的份额。也就是说，如果有某些道德上任意的因素而导致人们之间的某种差异，那么，我们就有道德上的理由通过一定的再分配措施来矫正这种差异。因此，在温室气体排放空间的分配上，如果我们要平等地关心和尊重世界上所有人的话，那么，就不能把富人和穷人都看作“平等”的，也就是说，要“区别”对待他们。因为，在某种意义上讲，当今世界上穷人的“穷”并非都是由于他们自己的原因导致的，很大程度上讲，穷人的“穷”是不合理的国际政治经济秩序这样的外部因素所导致的。所以，一个公平的气候协议要求向贫穷国家的人分配更多的排放份额，而不仅仅是在无论富人或穷人之间进行平均分配。

就“区别对待”而言，减缓气候变化的公平问题主要关注的是不同缔约方进行减排义务的分担或温室气体排放权的分配问题，而这种分配应具体体现“区别责任”的原则。由于历史和现实的原因，各国的自然资源、人口规模、经济结构和发展水平等自然和社会禀赋存在着差异，因此，在气候责任和义务的分担上应该体现差别原则。对应到对气候变化的公平问题的讨论上，主要就是解决如何根据各国具体禀赋的差异，在排放权分配中合理地体现国家之间的差别。它所涉及的核心问题是：我们在确定分配份额时，什么因素应该影响各自所得？历史的累积排放量、人口规模、已有的资源禀赋、地理位置、现有的发展水平、人均排放量甚至各自的生活方式等都可以成为影响各自所得的因素。在这里，我们的一个基本主张是，在决定到底是哪些因素将影响每个人的“应得”份额时，应该是“钝于禀赋、敏于选择”。

基于这种理解，我们认为，在温室气体排放空间的分配或减排义务的分担上，我们应该将民族身份、地理位置、宗教信仰、种族、自然资源条件、国家人口规模和结构以及适应气候变化的能力等这些道德上非应得的因素排除出对“应得”的考量。如果那些因素导致某些人在某个或某些方面处于劣势，那么，在道德上我们就应该通过“再分配”措施来补偿这种不足，使得每个人在这些方面尽可能地达到大体平等，从而使得每个人获得大致相当的生活水平。比如生活在寒冷地区的人就允许获得较多的排放空间。同时，我们也应该将基于个人偏好和志向而自主选择的信念、生活计划和生活方式这些道德上应得的因素纳入对气候资源分配的考量。这有两层含义。一是，如果一个人选择了“昂贵”的生活方式和生活目标，气候正义是不支持他们的选择的。如果由此而导致他们因无法实现自己的生活理想而感到没有受到公平对待，那么，他们是没有道德理由的。每个人的正当要求只限于对资源的公平的份额，并预先决定于他们对自己抱负和生活目标的选择。每个人对他们的生活方式的追求必须适应于他们能够正当地期望的东西。如果人们选择了需要比所获得的公平份额还要多的资源的生活计划和目标，则并不因此就存在满足那些偏好的正义的要求。基于这样的理解，我们认为，发达国家或富有的人必须为他们所选择的“昂贵的”生活方式为全球环境所带来的负面影响负责。所以，让发达国家带头减排，以便留下足够的排放空间以帮助贫穷国家和人民的发展是符合我们倡导的“敏于抱负”的道德要求的。二是，如果其他禀赋相当，但由于个人的努力而获得成功并由此要求获得比一般人更多的资源份额，那么这样的要求就可以获得道德上的支持。比如，一个国家积极参与减排行动、努力发展“低碳技术”、节能减排、保护自然环境以增加“碳汇”，由此为人类应对气候变化做出了贡献，那么，我们应该允许他们获得更多的排放份额。

如果我们接受“共同但有区别的责任原则”，那么，它的实践效果是要求发达国家基于正义的要求率先大幅度减少温室气体的排放，从而留下足够的空间帮助贫穷国家实现经济和社会的发展。那么，有什么理由说，发达国家应该做出这样的“牺牲”来帮助贫穷国家是一项它们应该履行的正义的义务？即使我们承认这个义务对于发达国家来说是一项正义的义务，那么，我们还是要问：发达国家的富人帮助本国的穷人也许能得到道德上的辩护，但这个义务必须跨越国界吗？首先，发达国家之所以应该率先大幅度减少温室气体的排放，是因为正是它们历史上的排放导致了现在的气候问题。毫无疑问，全球可用的大部分温室气体排放空间已然被发达国家占有和使用。今天，生活在大约40个高收入国家中的占全球15%的人口使用了大约一半的世界能源，产生了大约一半的全球温室气体，而且消费了全球一半的商品和服务。既然温室气体排放空间是一种全球公共资源，那么，每个人都应该享有平等的份额，但发达国家已经使用了远远超过它们平均份额的排放空间，而且，它们排放的温室气体聚积在大气层中导致全球气候变化，由此带来的灾难又主要是由贫穷国家的人们所承担，所以，正是这种资源的全球性特征，使得世界上所有的人处于一种生态关系之中，也正是这种生态关系使得人们之间彼此要担负起正义的义务。

其次，我们要认识到，当前国际社会严重的不平等也具有道德的相关性。通常人们认为，如果现有的不平等本身不是由任何不正义行为造成的，那么，我们很难有理由说发达国家应该承担缓解全球不平等的正义的义务。当前的国际政治理论普遍认为，每个国家被认为只应对自己公民的生存和福利负责，而没有维护他国人民基本权利和缓解他国人民贫困状况的国际义务。但是我们认为这个观点在道德上是站不住脚的。当前国际社会对排放权的占用更多时候是先占先得或依靠各国实力获取的结果，以至于一个国家经济实力的形成在很大程度上是建立在不合理的国际经济和政治秩序的基础上的，而这种不合理的秩序渗透着奴役、殖民统治乃至种族屠杀的过程。尽管这些罪行现在已成历史，但它们却留下了严重不平等的遗产。即使现在绝大多数贫穷国家已经摆脱了殖民奴役而成为自己发展的主人，这种不平等仍然是不可接受的。诚然，许多贫穷国家的贫困有自身的原因，但是，现有的国际政治经济秩序完全是在发达国家的主导下精心设计出来的，而这些规则在很大程度上影响了贫穷国家的发展。当贫穷国家为了发展经济而试图跻身于全球经济市场时，由于历史上遗留下来的严重不平等，使得它们在国际谈判中总是处于受支配的地位，而富裕国家则在很多问题上结成联盟，为了维护自己的利益继续限制和压制贫穷国家。

如果上述观点是合理的，那么国际气候正义所要求的富裕国家承担更多的减排义务就是一项正义的义务。富裕国家的繁荣并非与贫穷国家的贫穷无关，在某种意义上讲，富裕国家的繁荣是建立在对贫穷国家的剥夺之上的。而现在，富裕国家仍然利用不合理的国际政治经济秩序试图继续剥夺本该属于贫穷国家的排放权。事实上，在发达国家与全球贫困者之间至少有这几个方面的道德关联。第一，在社会和经济发展的起点上，贫困国家与发达国家的差异是由同一个历史过程产生出来的，而那个历史过程渗透着太多的道德伤害。第二，贫困国家和富裕国家都依赖于地球上的自然资源，但贫困国家本来应该从中享有的利益，不仅在很大程度上被剥夺了，而且没有得到任何补偿。少数富裕国家抢先占用了大量的排放空间，但它们却并没有为多数人留下“足够多的和同样好的”资源。当没有人在道德上有资格宣称对公共资源拥有一种自然优先的权利时，一些人对稀缺资源的占有是需要向另一些有竞争性要求的人和未来世代有需要的人做出自我辩护的。第三，贫困国家与富裕国家共同生活在一个单一的全球经济秩序中，但这个经济秩序正在不断延续甚至加剧全球的经济和发展能力的不平等。因此，从这种不平等中享受到巨大好处的富裕国家也就不能推卸它们的道德责任。

在此，我们想表达的基本意思是：世界范围内的严重不平等主要是由历史上不合理的全球秩序造成的，因此，参与施加这个秩序的国家不仅有对全球的贫困者进行补偿的责任，而且也有停止继续施加这个秩序、建立一个对全球贫困者更加公正的世界秩序的道德责任，而这种责任的道德基础的根本应该在于全球每个人，无论其国籍、种族、信仰如何不同，都应该享用平等的基本人权。对平等主义全球正义的质疑的错误在于没有把自己的理论建立在全球人权平等这个基本前提之上。由此，我们主张一种平等主义的全球气候正义。正是全球各国之间这种生态和经济的密切关联使得气候正义必然要跨越国界。

“共同但有区别的责任和能力原则”作为国际社会达成一个有效的全球减排协议的政治基础，基本上得到大多数国家的认同。但是这个原则并不是没有争议的。事实上，尤其是在哥本哈根会议以后，由于发展中国家，尤其是一些新兴经济体经济的快速发展，以及随之而来温室气体排放量的迅速增加，发达国家开始极力反对继续把“共同但有区别的责任和能力原则”作为新的气候协议的政治基础。发达国家认为，应对气候变化的主要任务是减缓问题，发达国家的排放已经在下降，而发展中国家的排放在上升，且总量占比与增速都高于发达国家，因而减排的重点应当在发展中国家。而发展中国家则认为，应对气候变化问题不能与贫困与发展问题相分离，要根据《公约》的要求，坚持发展中国家发展优先的战略目标，把脱贫、满足人的基本需求放在首位。所以，制定一个合理的气候协议关键在于将减缓气候变化的行动作为一个维度纳入可持续发展的总体框架中去，能够保证发展中国家实现减缓气候变化的目标与发展目标相协调。

其实这种对“共同但有区别的责任和能力原则”的质疑背后的真正意图是否定发展中国家所应享有的平等发展权。我们对此的回应是：应该把应对气候变化与解决全球贫困和发展问题联系在一起，一个合理的气候协议不仅要关注发达国家与发展中国家之间存在的排放量的相对差异，更要关注发达国家与发展中国家之间在发展程度上的更为宽泛的全球差异。正是这种差异构成了某种道德相关性，而正是这种道德相关性为在一个全球气候机制中的“区别对待”提供了理由。发展权意味着，每个国家不仅都应拥有保障本国公民基本生存排放的权利，而且也应拥有一个平等的追求更高生活水平的权利。也就是说，保障每个人的发展权，就意味着不仅要赋予每个人基本生存排放的权利，而且也允许每个人拥有进一步改善生存条件的“奢侈排放”的权利。但是，在当前人类无法在短时间内改变现有的生产方式和能源利用方式的情况下，如果世界上每一个人都被赋予高出“生存排放”之上的“奢侈排放”，那么，有限的大气吸纳空间将无法承载这样的排放量。发展中国家对于发展权的诉求与把温室气体的浓度稳定在一定水平之间确实存在张力。解决这个矛盾的一个途径是，在排放空间一定的情况下，发达国家大幅度地减少排放量，留下足够的空间容纳发展中国家不断增长的排放需求。

问题在于，这种在发展权上的“区别对待”能否在道德上获得辩护呢？毕竟，发展权作为一种普遍人权，人人得以享有。所以，对于发展中国家而言，首先要在道德上为自己的平等发展权进行辩护。当发展中国家主张发展权时，它实际上是在主张比基本生存权利的平等更为宽泛的平等要求。也就是说，它是在强调这样的一个事实：当前全球财富的分配是非常不平等的（同时这也反映了各国总的排放量也是十分不平等的）。正义要求在全球范围内减少，甚至是消除这种不平等。道德直觉告诉我们，如果要求发展中国家与发达国家一起承担相同的减排任务，或者如果给予发展中国家的排放限额太低以致阻碍了它们的工业化进程和经济发展，那么，这样做实际上是把世界各国固化在它们各自当前的发展水平上。而这也意味着，允许富裕国家继续以比发展中国家高得多的水平排放温室气体，这实际上是不公平地把高排放所获得的利益留给了富裕国家，而广大发展中国家不能从这种全球公共资源的消费中获得应有的利益，这是极不公平的，发展中国家不可能接受只被允许排放相当于发达国家一部分的人均排放量。但是，即使发达国家同意接受分配给它们的减排目标，发展中国家也不能被分配与欧洲国家和日本（更不用说美国了）排放水平相当的排放空间，因为这将极大地增加全世界的排放总量。有限的环境空间要求：为了稳定全球总的排放量，如果增加像中国和印度这样的发展中国家的可允许的人均排放量，就必须靠富裕的发达国家的人均排放量的大幅度减少来弥补。在某种意义上讲，有限的大气空间使得减排任务的分配成为一个“零和”的博弈游戏。那么，我们该如何辩护这种由发展中国家提出的，基于更高平等要求的发展权呢？

我们认为，现在各国对温室气体排放空间这种全球公共资源的占有是属于一种任意的占有，因此，发达国家过去对排放空间的大量占有就需要给出一个合理的理由。发达国家显然给不出这样的理由，因为，没有人能合理地说，他有资格自然地，或者是先在地就能占有更多的公共资源。因此，对于温室气体排放空间这种资源在全球范围内进行再分配就是合理的。再分配意味着，过去已经大量占有的人必须在未来减少占有，以达到一种最终的平等。所以，平等的发展权是能获得道德上的辩护的。只要承认发展中国家有平等的发展权，那么，就不仅要求发达国家承担消极的义务，即不要妨碍发展中国家的发展，而且也要求它们承担积极的义务，即向发展中国家提供援助以帮助它们实现自己的发展。这就要求发达国家留下“足够多和足够好”的排放空间来满足发展中国家的温室气体排放的增长。在实践中承认发展中国家的发展权就等于要求发达国家削减排放量。如果想要让像巴西、印度以及中国这样的发展中国家自愿加入一个全球有约束力的减排体系，那么发达国家的排放量的削减就是必需的。

发展权是一个根植于正义理想的权利，它要确保每个人的生活前景不受基于出生的“自然博彩”的道德任意性因素的影响，而当前全球这种不平等的发展水平就是依系于一个人的国民身份这种道德任意性的因素。虽然，各国的发展模式和社会治理模式是产生各国人民之间发展不平等的因素，但是现有的全球资源分配和利用方式也是引起全球发展不平等的重要原因。而且气候变化也把由发达国家引起的消极的外部性影响强加给发展中国家，从而极大地加剧了全球的不平等。鉴于在全球不平等与环境之间的这种关联性，如何保障人们的环境权和发展权就成为当代人类社会面临的非常紧迫的问题。如果不认真对待环境权，那么，也就不可能存在每个人的发展权；而如果不认真对待发展权，那么，安全的环境也就不可能得到保障。赋予发展中国家平等的发展权既是保证一个有效的全球气候协议得以实施的策略性安排，更是一个实现全球正义的道德要求。

最后，我们认识到，作为一种公共资源，温室气体排放空间具有非排他性和竞用性的特征。温室气体排放空间的非排他性特征，使得对这一公共资源的使用是免费的，而减少排放以及应对气候变化所带来的消极影响却是要付出成本和代价的，而且减排的好处（获得安全的环境）却不能由付出成本和代价的国家排他地独占，因而这种非排他性就导致了“搭便车”现象的产生。同时，在这种“搭便车”的激励下，各国从其单个国家理性出发，必然会选择让其他国家去支付减排的成本，自己却坐享其成，而不进行减排，这样各个国家之间就很难创建起一种公平有效的气候协议。另外，当前国际社会的结构特征就是处于一种无政府主义状态，即缺少一个共同服从的统一的世界政府。那么在这种状态下，单个的国家就成了国际社会中相对独立的个体，在应对气候变化的问题上也就需要各国自愿合作参与，以便就相关责任和成本的公平分配做出安排。由于每个国家都是独立的主权国家，在无政府的状态下，必然缺乏一个强制的中心机制来进行责任的分配和执行，并对国家的行为进行有效的监督和管理，这种情况下，就很容易导致“集体行动的困境”。当代国际社会许多国家缺乏履约的政治意愿，虽然这种政治意愿缺乏的原因是多方面的，比如，有些人还在质疑全球气候变暖的科学真实性，再比如国际社会迄今很难达成一个较为公平的减排协议等，但是还有一个重要的原因在于，有些人还未真正认识到全球合作共同应对气候变化是每个人和每个国家必须履行的道德和政治义务。

我们在这里的主张是：全球气候合作并不是一个自利的个体基于自愿而审慎订立契约的过程，全球气候协议也不是一个人可自愿遵守的政治安排，参加气候合作并遵守相应的政治安排（当然是一个正义的制度安排）是每一个生活在这个星球上的人不可推卸的政治义务。现在的问题是，我们有什么理由要求一个人在参与气候合作有可能付出较大牺牲的情况下仍然必须服从这种合作所提出的要求。之所以是每个人的政治义务，是因为，一方面共同维护地球环境安全是一个紧迫的道德命令，全球气候变化所带来的灾难是全球性的，最终对每个人都会产生影响。我们也可设想，假设一群人需要一种交通工具逃离险境，而他们每一个人都只有一个彼此不同的汽车部件，在这种情况下，假设有人提议允许一个技工拿走每个人手中的汽车部件（即使不经过他们的允许）组装出一辆汽车，将他们运送到安全地带。那么，在这样一种场景中，我们是否可以说，即使有人不同意，我们仍然认为每个人都有交出汽车部件的义务呢？显然，在这种涉及所有人生存的紧迫情形下，每个人都有为集体行动贡献自己力量的道德义务。这个假设的场景正是我们当前面临的气候危机的真实体现。为了维护共同的生存环境的安全，即使某些国家或个人并不在乎自身的安全，但他也有保证其他在乎安全的人的安全的义务。因为只有他的合作才能使这种对安全的维护成为可能。也许表面看来，他的任意排放并没有直接侵犯到他人的权利，但可能正是他的排放正在导致他人处于一种危险的境地。这种类比给我们的重要启示就是：脱离险境的必要性使得集体未经同意就可以对个人实施某种强制。在特定危险的情况下，个人的偏好是无关紧要的。即使某个人更愿意保持不受强制的状态而在自然状态下听天由命，我们对他进行强制并赋予他义务也是正当的。因为相对于维护个人权利的理由而言，集体所面对的危险所引出的道德要求更有分量。

另一方面，在当前国际社会应对气候变化的行动中，如果大多数人履行了自己的减排义务，而有些人想乘机“搭便车”而逃避自己的义务，这是在道德上不允许的，而且国际社会有权利强迫他履行政治义务。

因为，如果一些人根据某些规则从事某种共同事业，并由此而限制了他们的自由和牺牲了自己的利益，那么那些根据要求服从了这种限制和做出了牺牲的人就有权利要求那些不服从但又受益的人做出同样的服从。这意味着：如果现在确实需要全球每个人共同合作来维护我们赖以生存的环境的安全，现在大部分人参与了这项合作，并且承担起了相应的减排义务，由于气候合作所产生的利益具有非排他性的特征，即使某些人并没有参与合作，他也享受了这种合作所带来的利益。因此，那些参与合作并承担了减排义务的人就有权要求那些没有参与合作的人（不管他是否同意）也承担相应的减排义务，这样对那些参与合作的人才算是公平的。

当代人类所面临的气候问题确实对我们现有的道德观念和政治框架造成巨大的冲击。它在当代人类社会引起了一场道德和政治风暴。气候问题虽然是一个涉及自然科学、环境和生命科学、政治科学、经济学和哲学伦理学等学科在内的复杂的问题，但是，伦理道德的思考在这场人类的集体行动中扮演一个根本的角色。如果没有伦理学的思考，我们就不可能知道气候变化为什么是个需要讨论的问题。通过我们在本研究中的伦理和政治的讨论，我们看到，任何有效的全球气候协议的达成，以至于任何有效的政治行动的实施都需要进行深刻的道德反思。全球气候治理的道德反思为我们的政治行动提供了足够的行动动机和理由，同时也为我们正确的行动提供了评判的标准。

参考文献

中文部分

〔古希腊〕亚里士多德：《尼各马可伦理学》，廖申白译注，商务印书馆，2003。

〔古希腊〕亚里士多德：《政治学》，吴寿彭译，商务印书馆，1983。

〔德〕康德：《实践理性批判》，邓晓芒译，商务印书馆，2003。

〔德〕康德：《道德形而上学基础》，苗力田译，上海世纪出版集团，2005。

〔德〕康德：《法的形而上学原理》，沈叔平译，林荣远校，商务印书馆，1991。

〔英〕洛克：《政府论（下篇）》，叶启芳、翟菊农译，商务印书馆，1964。

〔英〕密尔：《论自由》，许宝骙译，商务印书馆，1959。

〔法〕卢梭：《社会契约论》，何兆武译，商务印书馆，1980。

〔美〕约翰·罗尔斯：《正义论》，何怀宏等译，中国社会科学出版社，1988。

〔美〕约翰·罗尔斯：《政治自由主义》，万俊人译，译林出版社，2000。

〔美〕约翰·罗尔斯：《作为公平的正义——正义新论》，姚大志译，上海三联书店，2002。

〔美〕约翰·罗尔斯：《万民法》，陈肖生译，吉林出版集团有限责任公司，2013。

〔英〕戴维·罗斯：《正当与善》，林南译，上海译文出版社，2008。

〔美〕查尔斯·贝茨：《政治理论与国际关系》，丛占修译，上海译文出版社，2012。

〔英〕蒂姆·莫尔根：《理解功利主义》，谭志福译，山东人民出版社，2012。

〔英〕伯纳德·威廉斯：《道德运气》，徐向东译，上海译文出版社，2007。

〔英〕安东尼·吉登斯：《气候变化的政治》，曹荣湘译，社会科学文献出版社，2009。
〔澳〕大卫·希尔曼等：《气候变化的挑战与民主的失灵》，武锡申、李楠译，社会科学文献出版社，2009。
〔比〕弗朗索瓦·浩达：《作物能源与资本主义危机》，黄钰书等译，社会科学文献出版社，2011。
〔英〕奈杰尔·劳森：《呼唤理性：全球变暖的冷思考》，李振亮等译，社会科学文献出版社，2011。
〔美〕威廉·诺德豪斯：《均衡问题：全球变暖的政策选择》，王少国译，社会科学文献出版社，2011。
〔美〕曼瑟·奥尔森：《集体行动的逻辑》，陈郁等译，上海人民出版社，1996。
〔英〕尼古拉斯·斯特恩：《地球安全愿景：治理气候变化、创造繁荣进步新时代》，武锡申等译，中央编译出版社，2011。
〔瑞典〕克里斯蒂安·阿扎：《气候挑战解决方案》，杜珩等译，中央编译出版社，2012。
〔英〕德里克·帕菲特：《论重要之事》，阮航、葛四友译，北京时代华文书局有限公司，2015。
〔美〕埃里克·波斯纳、〔美〕戴维·韦斯巴赫：《气候变化的正义》，李智、张建译，社会科学文献出版社，2011。
〔英〕迈克尔·S. 诺斯科特：《气候伦理》，左高山等译，社会科学文献出版社，2010。
〔美〕安德鲁·德斯勒：《气候变化：科学还是政治》，李淑琴译，中国环境科学出版社，2012。
〔英〕威尔·金里卡：《当代政治哲学》，刘莘译，上海三联书店，2004。
〔英〕威尔·金里卡：《自由主义、社群与文化》，应奇、葛水林译，上海世纪出版集团，2005。
〔英〕布莱恩·巴里：《正义诸理论》，孙晓春、曹海军译，吉林人民出版社，2004。
〔英〕布莱恩·巴利：《社会正义论》，曹海军译，江苏人民出版社，2007。
〔英〕以赛亚·伯林：《自由论》，胡传胜译，译林出版社，2003。
〔英〕G. A. 科恩：《自我所有、自由和平等》，李朝晖译，东方出版社，

2008。
〔英〕G. A. 科恩:《如果你是平等主义者,为何如此富有?》,霍政欣译,北京大学出版社,2009。
〔英〕G. A. 科恩:《拯救正义与平等》,陈伟译,复旦大学出版社,2014。
〔英〕约瑟夫·拉兹:《自由的道德》,孙晓春等译,吉林人民出版社,2006。
〔英〕约瑟夫·拉兹:《实践理性与规范》,朱学平译,中国法制出版社,2011。
〔英〕约瑟夫·拉兹:《公共领域中的伦理学》,葛四友译,江苏人民出版社,2013。
〔美〕埃莉诺·奥斯特罗姆:《公共事物的治理之道》,余逊达、陈旭东译,上海译文出版社,2012。
〔美〕奎迈·安东尼·阿皮亚:《世界主义:陌生人世界里的道德规范》,苗华健译,中央编译出版社,2012。
〔加拿大〕L. W. 萨姆纳:《权利的道德基础》,李茂森译,中国人民大学出版社,2011。
〔加拿大〕凯·尼尔森:《平等与自由:捍卫激进平等主义》,傅强译,中国人民大学出版社,2015。
〔英〕迈克尔·莱斯诺夫等:《社会契约论》,刘训练等译,江苏人民出版社,2005。
〔美〕罗伯特·诺齐克:《无政府、国家和乌托邦》,姚大志译,中国社会科学出版社,2008。
〔美〕桑德尔:《自由主义与正义的局限》,万俊人等译,译林出版社,2001。
〔美〕德沃金:《至上的美德:平等的理论与实践》,冯克利译,江苏人民出版社,2003。
〔美〕涛慕斯·博格:《康德、罗尔斯与全球正义》,刘莘、徐向东等译,上海译文出版社,2010。
〔美〕涛慕斯·博格:《罗尔斯:生平与正义理论》,顾肃、刘雪梅译,中国人民大学出版社,2010。
〔美〕托马斯·斯坎伦:《宽容之难》,杨伟清、陈代东等译,人民出版社,2008。

〔美〕托马斯·斯坎伦:《我们彼此负有什么义务》,陈代东等译,人民出版社,2008。

〔美〕迈克尔·沃尔泽:《正义诸领域:为多元主义与平等一辩》,褚松燕译,译林出版社,2002。

〔英〕詹姆斯·格里芬:《论人权》,徐向东、刘明译,译林出版社,2015。

〔美〕麦金泰尔:《谁之正义?何种合理性?》,万俊人等译,当代中国出版社,1996。

〔英〕戴维·米勒:《民族责任与全球正义》,杨通进、李广博译,重庆出版集团,2014。

〔英〕戴维·米勒等主编《布莱克维尔政治学百科全书(修订版)》,邓正来等译,中国政法大学出版社,2002。

〔英〕戴维·米勒:《社会正义原则》,应奇译,江苏人民出版社,2001。

〔美〕科克-肖·谭:《没有国界的正义:世界主义、民族主义与爱国主义》,杨通进译,重庆出版集团,2014。

〔加拿大〕查尔斯·琼斯:《全球正义:捍卫世界主义》,李丽丽译,重庆出版集团,2014。

〔新西兰〕吉莉安·布洛克:《全球正义:世界主义的视角》,王珀、丁祎译,重庆出版集团,2014。

〔印〕阿玛蒂亚·森:《以自由看待发展》,任赜译,中国人民大学出版社,2002。

〔美〕格尔布斯潘:《炎热的地球:气候危机,掩盖真相还是寻求对策》,戴星翼等译,上海译文出版社,2001。

〔美〕安德鲁·德斯勒等:《气候变化:科学还是政治?》,李淑琴等译,中国环境科学出版社,2012。

〔美〕路易斯·卡普洛:《公平与福利》,冯玉军、涂永前译,法律出版社,2007。

〔美〕华尔兹·肯尼斯:《国际政治理论》,胡少华等译,中国人民公安大学出版社,1992。

皮尔斯、沃福德:《世界无末日——经济学、环境与可持续发展》,张世秋等译,中国财政经济出版社,1994。

施里达斯·拉尔夫:《我们的家园——地球,为生存而结为伙伴关系》,

夏堃堡等译，中国环境科学出版社，1993。
〔法〕阿尔贝特·史怀泽：《敬畏生命》，陈泽环译，上海社会科学院出版社，1996。
〔美〕丹尼斯·米都斯等：《增长的极限》，李宝恒译，吉林人民出版社，1997。
〔美〕加列特·哈丁斯：《生活在极限内——生态学、经济学和人的禁忌》，戴星翼等译，上海译文出版社，2001。
〔美〕蕾切尔·卡森：《寂静的春天》，吕瑞兰等译，吉林人民出版社，1997。
〔美〕纳什：《大自然的权利》，杨通进译，青岛出版社，1999。
〔英〕朱迪·丽丝：《自然资源：分配、经济学与政策》，蔡远龙等译，商务印书馆，2002。
〔美〕丹尼尔·科尔曼：《生态政治：建设一个绿色社会》，梅俊杰译，上海译文出版社，2002。
〔美〕彼得·辛格：《一个世界：全球化伦理》，应奇等译，东方出版社，2005。
〔美〕世界环境与发展委员会报告：《我们共同的未来》，王之佳等译，吉林人民出版社，1997。
〔美〕查尔斯·哈珀：《环境与社会——环境问题中的人文视野》，肖晨阳等译，天津人民出版社，1998。
〔美〕罗伯特·艾尔斯：《转折点：增长范式的终结》，戴星翼、黄文芳译，上海译文出版社，2001。
〔美〕戴斯·贾丁斯：《环境伦理学：环境哲学导论》，林官明、杨爱民译，北京大学出版社，2002。
〔美〕霍尔姆斯·罗尔斯顿：《环境伦理学》，杨通进等译，中国社会科学出版社，2000。
〔美〕约瑟夫·奈、约翰·唐纳胡主编《全球化世界的治理》，王勇等译，世界知识出版社，2003。
〔美〕莱斯特·R. 布朗等：《拯救地球——如何塑造一个在环境方面可持续发展的全球经济》，贡光禹等译，科学技术文献出版社，1993。
〔美〕德尼·古莱：《发展伦理学》，高恬等译，社会科学文献版社，2003。

〔美〕巴里·康芒纳:《与地球和平共处》,王喜六译,上海译文出版社,2002。
〔美〕巴里·康芒纳:《封闭的循环——自然、人和技术》,侯文蕙译,吉林人民出版社,1997。
〔美〕弗雷格·辛格:《全球变暖——毫无由来的恐慌》,林文鹏等译,上海科学技术文献出版社,2008。
〔美〕彼得·S. 温茨:《环境正义论》,朱丹琼、宋玉波译,上海人民出版社,2007。
〔美〕彼得·S. 温茨:《现代环境伦理》,宋玉波等译,上海人民出版社,2007。
〔美〕阿瑟·奥肯:《平等与效率》,王忠民等译,四川人民出版社,1988。
万俊人编《政治自由主义:批评与辩护》,广东人民出版社,2003。
万俊人:《义利之间——现代经济伦理十一讲》,团结出版社,2003。
徐向东:《自由主义、社会契约与政治辩护》,北京大学出版社,2005。
徐向东:《自我、他人与道德——道德哲学导论》,北京大学出版社,2007。
徐向东编《全球正义》,浙江大学出版社,2011。
徐向东编《后果主义与义务论》,浙江大学出版社,2011。
徐向东编《实践理性》,浙江大学出版社,2011。
徐向东编《自由意志与道德责任》,江苏人民出版社,2006。
曹海军编《权利与功利之间》,江苏人民出版社,2006。
毛兴贵编《政治义务:证成与反驳》,江苏人民出版社,2007。
葛四友编《运气均等主义》,江苏人民出版社,2006。
葛四友:《正义与运气》,中国社会科学出版社,2007。
包利民编《当代社会契约论》,江苏人民出版社,2007。
应奇编《自由主义中立及其批判》,江苏人民出版社,2007。
陈德中:《政治正义:择善而从与抑制恶行》,广东省出版集团,2012。
薛晓源主编《全球化与风险社会》,社会科学文献出版社,2005。
郇庆治主编《重建现代文明的根基》,北京大学出版社,2010。
郇庆治主编《环境政治学:理论与实践》,山东大学出版社,2007。
许纪霖主编《全球正义与文明对话》,江苏人民出版社,2004。
曹荣湘主编《全球大变暖:气候经济、政治与伦理》,社会科学文献出版社，2010。
慈继伟：《正义的两面》，三联书店，2001。
甘绍平：《人权伦理学》，中国发展出版社，2009。
周保松：《自由人的平等政治》，三联书店，2010。
顾肃：《自由主义基本理念》，中央编译出版社，2003。
周濂：《现代政治的正当性基础》，三联书店，2008。
崔大鹏：《国际气候合作的政治经济学分析》，商务印书馆，2003。
潘家华：《持续发展途径的经济学分析》，中国人民大学出版社，1997。
潘家华等：《减缓气候变化的经济分析》，气象出版社，2003。
庄贵阳、陈迎：《国际气候制度与中国》，世界知识出版社，2005。
庄贵阳等：《全球环境与气候治理》，浙江人民出版社，2009。
史军：《自然与道德：气候变化的伦理追问》，科学出版社，2014。
王韬洋：《环境正义的双重维度：分配与承认》，华东师范大学出版社，2015。
苏长和：《全球公共问题与国际合作：一种制度的分析》，上海人民出版社，2000。
王子忠：《气候变化：政治绑架科学》，中国财政经济出版社，2010。
杨兴：《气候变化框架公约研究》，中国法制出版社，2007。
汪劲等编译《环境正义：丧钟为谁而鸣》，北京大学出版社，2006。
陈俊：《全球气候变化：问题与反思》，《湖北大学学报》2017 年第 2 期。
陈俊：《雾霾治理成本的分担原则》，《马克思主义与现实》2017 年第 1 期。
陈俊：《全球气候治理与平等发展权》，《哲学研究》2017 年第 1 期。
陈俊：《论气候正义中的差别原则》，《伦理学研究》2013 年第 6 期。
陈俊：《全球气候合作与政治义务》，《马克思主义与现实》2013 年第 6 期。
陈俊：《我们彼此亏欠什么：论全球气候正义》，《哲学研究》2012 年第 7 期。
陈俊：《论气候伦理中的个人权利》，《江西社会科学》2013 年第 4 期。
杨通进：《全球正义：分配温室气体排放权的伦理原则》，《中国人民大学学报》2010 年第 2 期。
潘家华：《人文发展权限与发展中国家的基本碳排放需求》，《中国社会科学》2002 年第 6 期。
徐玉高、何建坤:《气候变化问题上的平等权利准则》,《世界环境》2000 年第 2 期。

英文部分

A. Abizadeh, "Cooperation, Pervasive Impact and Coercion: on the Scope (not site) of Distributive Justice", *Philosophy and Public Affairs 35* (2007), pp. 318 – 358.

W. N. Adger, Irene Lorenzoni and Karen L. O'Brien, eds. , *Adapting to Climate Change: Thresholds, Values, Governance*, Cambridge UK: Cambridge University Press, 2009.

A. Agarwal, "A Southern Perspective on Curbing Global Climate Change", In Stephen H. Schneider, Armin Rosencranz, and John O. Niles, eds. , *Climate Change Policy: A Survey*, Washington, DC: Island Press, 2002.

A. Agarwal and Sunita Narin, *Global Warming in an Unequal World: A Case of Environmental Colonialism*, New Delhi: Center for Science and Environment. 1991.

M. Ally and Wilfred Beckerman, "How to Reduce Carbon Emissions Equitably", *World Economics 15* (2014), pp. 75 – 103.

M. Allen, *A Liberal Theory of International Justice*, Oxford: Oxford University Press, 2009.

E. Anderson, "What is the Point of Equality?" *Ethics 109* (1999): 287 – 337.

R. Arneson, "The Principle of Fairness and Free-rider Problems", *Ethics 92* (1982).

C. Armstrong, *Rethinking Equality*, Manchester University Press, 2006.

C. Armstrong, "Defending the Duty of Assistance?" *Social Theory and Practice 35* (2009), pp. 461 – 482.

C. Armstrong, "Coercion, Reciprocity and Equality beyond the State", *Journal of Social Philosophy 40* (2009b), pp. 297 – 316.

C. Armstrong, "National Self-Determination, Global Equality and Moral Arbitrariness", *Journal of Political Philosophy 18* (2010), pp. 313 – 334.

T. Athanasiou and Paul Baer, *Dead Heat: Global justice and Global Warming*, New York: Seven Stories Press, 2002.

Robin Attfield, "Mediated Responsibilities, Global Warming and the Scope of Ethics", *Journal of Social Philosophy 40* (2009), pp. 225 - 236.

R. Attfield, *The Ethics of the Environment*, Burlington: Ashgate, 2008.

P. Baer, *The Greenhouse Development Rights Framework: The Right to Development in a Climate Constrained World*, Berlin: Heinrich Böll Foundation, Christian Aid, EcoEquity, and the Stockholm Environment Institute, 2008.

P. Bacr, "Equity, Greenhouse Gas Emissions, and Global Common Resources", In Stephen H. Schneider, Armin Rosencranz, and John O. Niles, eds., *Climate Change Policy: A Survey*, Washington, DC: Island Press, 2002, pp. 393 - 408.

P. Baer, "Equity and Greenhouse Gas Responsibility", *Science 289* (2000): 2287.

P. Barnes, *Who Owns the Sky? Our Common Assets and the Future of Capitalism*, Washington, DC: Island Press, 2001.

J. Barnett, "Climate Change, Insecurity and Injustice," In W. Neil Adger, eds., *Fairness in Adaptation to Climate Change*, Cambridge, MA: MIT Press, 2006, pp. 115 - 129.

S. Barrett, *Environment and Statecraft: The Strategy of Environmental Treaty-Making*, New York: Oxford University Press, 2003.

B. Barry, "Sustainability and Intergenerational Justice", In Andrew Dobson ed., *Fairness and Futurity*, by New York: Oxford University Press, 1999, pp. 93 - 117.

B. Barry, "Humanity and Justice in Global Perspective", in J. Pennock and J. Chapman, eds., *NOMOS XXIV: Ethics, Economics and the Law*, New York University Press, 1982, pp. 219 - 252.

B. Barry, *Liberty and Justice: Essays in Political Theory*, Oxford: Clarendon Press, 1991.

C. Beitz, *Political Theory and International Relations.*, Princeton, NJ: Princeton University Press, 1979.

C. Beitz, "International Liberalism and Distributive Justice: a Survey of Recent Thought", *World Politics* 51 (1999), pp. 269 – 296.

C. Beitz, "Does Global Inequality Matter?" *Metaphilosophy* 32 (1/2) (2001), pp. 95 – 112.

C. Beitz, *The Idea of Human Rights*, Oxford: Oxford University Press, 2009.

C. Beitz, "Justice and International Relations", *Philosophy & Public Affairs 4* (4) (1975), pp. 360 – 389.

D. Bell, "Carbon Justice? The Case Against a Universal Right to Equal Carbon Emissions", In Sarah Wilks, eds., *Seeking Environmental Justice*, Amsterdam: Rodolphi, 2008, pp. 239 – 257.

M. Blake, "Distributive Justice, State Coercion and Autonomy", *Philosophy and Public Affairs 30* (3) (2001), pp. 257 – 296.

M. Blake and M. Risse, "Immigration and Original Ownership of the Earth", *Notre Dame Journal of Law, Ethics and Public Policy 23* (1) (2009), pp. 133 – 166.

B. Boxill, "Global Equality of Opportunity and National Integrity", *Social Philosophy and Policy 5* (1) (1987), pp. 143 – 168.

L. Bovens, "A Lockean Defense of Grandfathering Emission Rights", in Denis G. Arnold ed., *The Ethics of Global Climate Change*, Cambridge: Cambridge University Press, 2011, pp. 124 – 144.

J. Broome, *Climate Matters: Ethics in a Warming World*, New York and London: W. W. Norton, 2012.

R. Brandt, *A Theory of the Good and the Right*, Oxford: Clarendon Press, 1979.

H. Brookfield, "Sustainable Development and the Environment", *Journal of Development Studies* 8 (1988).

D. Brown, *American Heat: Ethical Problems with the United States' Response to Global Warming*, Lanham, MD: Rowman & Littlefield, 2002.

A. Buchanan, "Rawls's Law of Peoples: Rules for a Vanished Westphalian World", *Ethics 110* (4) (2000), pp. 697 – 721.

A. Buchanan, "Taking the Human out of Human Rights", in R. Martin and D. Reidy, eds., *Rawls's Law of Peoples: A Realistic Utopia?*, Oxford: Blackwell, 2006, pp. 150 - 168.

A. Buchanan, *Human Rights, Legitimacy and the Use of Force*, Oxford: Oxford University Press, 2010.

B. Bunyan, *Environmental Justice: Issues, Politics and Solutions*, Washington D. C: Island Press, 1995.

S. Byravan and S. C. Rajan, "The Ethical Implications of Sea - Level Rise due to Climate Change", *Ethics and International Affairs 24* (3) (2010), pp. 239 - 260.

S. Caney, "Cosmopolitan Justice and Equalizing Opportunities", *Metaphilosophy 32* (1/2) (2001), pp. 113 - 134.

S. Caney, "Debate: a reply to Miller", *Political Studies 50* (5) (2002), pp. 978 - 983.

S. Caney, *Justice beyond Borders.* Oxford: Oxford University Press, 2005.

S. Caney, "Global Interdependence and Distributive Justice", *Review of International Studies 31* (2) (2005b), pp. 389 - 399.

S. Caney, "Global Justice: from Theory to Practice", *Globalizations 3* (2) (2006), pp. 121 - 137.

S. Caney, "Justice, Borders and the Cosmopolitan Ideal: a Reply to two Critics", *Journal of Global Ethics 3* (2) (2007), pp. 269 - 276.

S. Caney, "Global Distributive Justice and the State", *Political Studies 56* (4) (2008), pp. 487 - 518.

S. Caney, "*Global poverty and human rights: the case for positive duties*", in T. Pogge, ed., Freedom from Poverty as a Human Right Oxford: Oxford University Press, 2009, pp. 275 - 302.

S. Caney, "Climate Change and the Duties of the Advantaged", *Critical Review of International Social and Political Philosophy 13* (1) (2010), pp. 203 - 228.

S. Caney, "Migration and Morality: a Liberal Egalitarian Perspective", in B. Barry and R. Goodin, eds., *Free Movement*, New York: Harvester

Wheatsheaf, 1992, pp. 25 – 47.

S. Caney, "Climate Change and the Future: Time, Wealth and Risk", *Journal of Social Philosophy 40* (2) (2009), pp. 163 – 186.

S. Caney, "Climate Change, Human Rights and Moral Thresholds", In Stephen Humphreys, ed., *Human Rights and Climate Change*, Cambridge UK: Cambridge University Press, 2009, pp. 69 – 90.

S. Caney, "*Cosmopolitan Justice, Responsibility and Global Climate Change*", Leiden Journal of International Law 18 (4) (2005), pp. 747 – 775.

S. Caney, "Environmental Degradation, Reparations and the Moral Significance of History", *Journal of Social Philosophy 73* (3) (2006), pp. 464 – 482.

S. Caney, "Human Rights and Global Climate Change", In Roland Pierik and Wouter Werner, eds., *Cosmopolitanism in Context: Perspectives from International Law and Political Theory*, Cambridge UK: Cambridge University Press, 2010, pp. 43 – 44.

S. Caney, "Human Rights, Climate Change and Discounting", *Environmental Politics 17* (2008), pp. 536 – 555.

S. Caney, "Justice and the Distribution of Greenhouse Gas Emissions", *Journal of Global Ethics 5* (2009), pp. 125 – 146.

S. Caney, "Cosmopolitan Justice, Responsibility, and Global Climate Change", *Leiden Journal of International Law 18* (4) (2005), pp. 747 – 775.

S. Caney, "Climate Change and the Duties of the Advantaged", *Critical Review of International Social and Political Philosophy 13* (1) (2010), pp. 203 – 228.

S. Caney, "Just Emissions", *Philosophy & Public Affairs 40* (4) (2012), pp. 255 – 300.

S. Caney, "Addressing Poverty and Climate Change: The Varieties of Social Engagement", *Ethics & International Affairs 26* (2) (2012), pp. 191 – 216.

S. Caney, "Climate Change, Intergenerational Equity, and the Social Discount Rate", *Politics, Philosophy & Economics 13* (4) (2014), pp. 320 – 342.

Eileen Claussen and Lisa McNeilly, *Equity and Global Climate Change*, Arlington, VA: Pew Center on Global Climate Change, 2000.

K. Conca, "Environmental protection, international norms, and state sovereignty: the case of the Brazilian Amazon", in G. Lyons and M. Mastanduno, eds., *Beyond Westphalia? State Sovereignty and International Intervention*, Baltimore: Johns Hopkins University Press, 1995, pp. 115 – 146.

G. A. Cohen, *Self-Ownership, Freedom, and Equality*, New York: Cambridge University Press, 1995.

K. Conca, "Beyond the Statist Frame: Environmental Politics in a Global Economy", In Fred P. Gale and R. Michael M'Gonigle, eds., *Nature, Production, Power: Towards an Ecological Political Economy*, Cheltenham, UK: Edward Elger, 2000, pp. 141 – 155.

M. Cranston, *What Are Human Rights?*, New York: Taplinger, 1973.

E. Cripps, *Climate Change and the Moral Agent: Individual Duties in an Interdependent World*, Oxford: Oxford University Press, 2013.

A. Dobson and Robyn Eckersley, *Political Theory and the Ecological Challenge*, New York: Cambridge University Press, 2006.

A. Dobson, *Fairness and Futurity: Essays on Environmental Sustainability and Social Justice*, Oxford: Oxford University Press, 1999.

A. Dobson, *Justice and the Environment: Conception of Environmental Sustainability and Theories of Distributive Justice*, Oxford: Oxford University Press, 1998.

J. Donnelly, "Human Rights and Human Dignity: an Analytic Critique of Non-Western Human Rights Conceptions", *American Political Science Review 76* (3) (1982), pp. 303 – 316.

J. Donnelly, "The Social Construction of International Human Rights", in T. Dunne and N. Wheeler, eds., *Human Rights in Global Politics*, Cambridge UK: Cambridge University Press, 1999, pp. 71 – 102.

R. Dworkin, *Sovereign Virtue: The Theory and Practice of Equality*, Cambridge, MA: Harvard University Press, 2000.

R. Dworkin, *A Matter of Principle*, Cambridge: Harvard University Press, 1985.

R. Dworkin, *Taking Rights Seriously*, Cambridge: Harvard University Press, 1977.

T. Evans, "A Human Right to Health?", *Third World Quarterly 23* (2) (2002), pp. 197 - 215.

J. Feinberg, "Collective Responsibility", *Journal of Philosophy 65* (1968), pp. 674 -688.

J. Feinberg, *Doing and Deserving*, Princeton, NJ: Princeton University Press, 1970.

J. Feinberg, "The Rights of Animals and Unborn Generations", *Rights, Justice, and the Bonds of Liberty*, Princeton, NJ: Princeton University Press, 1980.

J. Feinberg, *Social Philosophy*, Englewood Cliffs: Prentice-Hall, Inc., 1973.

S. Fine, "Freedom of Association is not the Answer", *Ethics 120* (2) (2010), pp. 338 -356.

H. Frankfurt, *The Importance of What We Care About*, Cambridge: Cambridge University Press, 1988.

K. S. Frechette, *Environmental Justice: Creating Equality, Reclaiming Democracy*. Oxford: Oxford University Press, 2005.

S. Freeman, "Distributive justice and the Law of Peoples", in R. Martin and D. Reidy, eds., *Rawls's Law of Peoples: A Realistic Utopia?*, Oxford: Blackwell, 2006, pp. 243 -260.

S. Freeman, *Rawls*, London: Routledge, 2007.

S. Gardiner, "Ethics and Global Climate Change", *Ethics 114* (April 2004), pp. 555 -600.

S. Gardiner, "The Global Warming Tragedy and the Dangerous Illusion of the Kyoto Protocol", *Ethics and International Affairs 18* (2004), pp. 23 -39.

S. Gardiner, "A Perfect Moral Storm: Climate Change, Intergenerational Ethics and the Problem of Corruption", *Environmental Values 15* (3) (2006), pp. 397 -413.

S. Gardiner, "Rawls and Climate Change: Does Rawlsian Political Philosophy

Pass the Global Test?", *Critical Review of International Social and Political Philosophy*, forthcoming.

S. Gardiner, *A Perfect Moral Storm*, New York, NY: Oxford University Press, 2011.

S. Gardiner, "Climate Change as a Challenge to our Ethical Concepts", in D. G. Arnold, ed., *The Ethics of Global Climate Change*, Cambridge: Cambridge University Press, 2012.

S. Gardiner, Simon Caney, Dale Jamieson and Henry Shue, eds., *Climate Ethics: Essential Readings*, Oxford: Oxford University Press, 2010.

D. Gauthier, *Morals by Agreement*, Oxford: Clarendon Press, 1986.

A. Ghose, "Global Inequality and International Trade", *Cambridge Journal of Economics 28* (2) (2004), pp. 229 - 252.

P. Gilabert, "The Duty to Eradicate Global Poverty: Positive or Negative?", *Ethical Theory and Moral Practice 7* (4) (2005), pp. 537 - 550.

R. Goodin, "International Ethics and the Environmental Crisis", *Ethics and International Affairs 4* (1990).

J. Grifin, *Well-being: Its Meaning, Measurement, and Moral Importance*, Oxford: Clarendon Press, 1986.

J. Grifin, *On Human Rights*, Oxford: Oxford University Press, 2008.

A. Gosseries and Lukas H. Meyer, ed., *Intergenerational Justice*, Oxford: Oxford University Press, 2009.

A. Gosseries, "Cosmopolitan Luck Egalitarianism and the Greenhouse Effect", *Canadian Journal of Philosophy 31* (2005), pp. 279 - 310.

A. Gosseries, "Historical Emissions and Free-Riding", *Ethical Perspectives 11* (2003), pp. 36 - 60.

G. Hardin, "The Tragedy of the Commons", *Science 162* (1968), pp. 1243 - 1248.

P. G. Harris, *World Ethics and Climate Change: from International to Global Justice*, Edinburgh: Edinburgh University Press Ltd., 2010.

P. G. Harris ed., *Climate Change and American Foreign Policy*, New York: St. Martin's Press, 2000.

Neil Harrison, *Science and Politics in the International Environment*, Lanham: Rowman & Littlefield Publishers, 2004.

H. L. A. Hart, "Are there Any Natural Rights", *Philosophical Review*, *64* (1955).

T. Hayward, *Constitutional Environmental Rights* , New York: Oxford University Press, 2005.

T. Hayward, "Human Rights Versus Emissions Rights: Climate Justice and the Equitable Distribution of Ecological Space", *Ethics and International Affairs 21* (4) (2007), pp. 431 – 450.

W. Hinsch, "Global Distributive Justice", *Metaphilosophy 32* (1/2) (2001), pp. 58 – 78.

A. Hurrell, "Global Inequality and International Institutions", In Thomas W. Pogge Malden, ed. , *Global Justice*, MA: Blackwell, 2004, pp. 32 – 54.

D. Jamieson, "Climate Change and Global Environmental Justice", in P. Edwards and C. Miller, eds. , *Changing the Atmosphere: Expert Knowledge and Global Environmental Governance*, Cambridge, MA: MIT Press, 2001, pp. 287 – 307.

D. Jamieson, "Adaptation, Mitigation, and Justice", In Walter Sinnott-Armstrong, and Richard Howarth, ed. , *Perspectives on Climate Change*, New York: Elsevier, 2005, pp. 221 – 253.

D. Jamieson, "Climate Change, Responsibility, and Justice", *Science and Engineering Ethics*, forthcoming.

D. Jamieson, "Duties to the Distant: Humanitarian Aid, Development Assistance, and Humanitarian Intervention", *Journal of Ethics 9* (1 – 2) (2005), pp. 151 – 170.

D. Jamieson, "Ethics and Intentional Climate Change", *Climatic Change 33* (3) (1996), pp. 323 – 336.

Dale Jamieson, "Ethics, Public Policy and Global Warming", *Science*, *Technology and Human Values 17* (2) (1992), pp. 139 – 153.

D. Jamieson, "The Epistemology of Climate Change: Some Morals for Manag-

ers", *Society and Natural Resources 4* (4) (1991), pp. 319 – 329.

D. Jamieson, "The Moral and Political Challenges of Climate Change", In Susanne C. Moser and Lisa Dilling, ed., *Creating a Climate for Change: Communicating Climate Change and Facilitating Social Change*, New York: Cambridge University Press, 2007, pp. 475 – 482.

D. Jamieson, "The Post-Kyoto Climate: A Gloomy Forecast", *Georgetown Journal of International Environmental Law 20* (4) (2008), pp. 537 – 551.

D. Jamieson, "The Rights of Animals and the Demands of Nature", *Environmental Values 17* (2) (2008), pp. 181 – 199.

D. Jamieson, *Reason in a Dark Time*, Oxford: Oxford University Press, 2014.

D. Jamieson, "Climate Change and Global Justice: New Problem, Old Paradigm?", *Global Policy 5* (1) (2014).

P. Jones, "Global Distributive Justice", in A. Valls, ed., *Ethics and International Affairs*, Totowa: Rowman & Littleield, 2000, pp. 169 – 184.

Lawrence E. Johnson, "Future Generations and Contemporary Ethics", *Environmental Values 12* (2003), pp. 471 – 487.

E. Kapstein, "Distributive Justice and International Trade", *Ethics and International Affairs 13* (1) (1999), pp. 175 – 204.

E. Kelly and L. McPherson, "Non-egalitarian Global Fairness", in A. Jaggar, ed., *Thomas Pogge and His Critics*, Cambridge UK: Polity, 2010, pp. 103 – 122.

G. Klosko, *The Principle of Fairness and Political Obligation*, Rowman & Littlefield Publishing Group, 2003.

W. Kymlikca, *Liberalism, Community and Culture*, Oxford: Clarendon Press, 1989.

W. Kymlicka, "Territorial Boundaries: a Liberal Egalitarian Perspective", in D. Miller and S. Hashmi, eds., *Boundaries and Justice: Diverse Ethical Perspectives*, Princeton University Press, 2001, pp. 249 – 275.

D. Lyons, *Forms and Limits of Utilitarianism*, Oxford: Oxford University Press, 1965.

A. Margalit and J. Raz, "*National Self-determination*", *Journal of Philosophy*

87 (9) (1990), pp. 439 - 461.

T. McPherson, *Political Obligation*, London: Routledge, 1967.

P. Meilaender, "Liberalism and Open Borders: the Argument of Joseph Carens", *International Migration Review 33* (4) (1999), pp. 1062 - 1081.

A. Meyer, *Contraction and Convergence: The Global Solution to Climate Change*, Foxhole, Devon: Green Books, 2000.

Lukas H. Meyer and Dominic Roser, "Distributive Justice and Climate Change: The Allocation of Emission Rights", *Analyse und Kritik 28* (2) (2006), pp. 223 - 249.

Lukas H. Meyer and Dominic Roser, "Climate Justice and Historical Emissions", *Critical Review of International Social and Political Philosophy 13* (1) (2010), pp. 229 - 253.

B. Milanovic, *Worlds Apart: Measuring International and Global Inequality*, Princeton University Press, 2005.

D. Miller, "Cosmopolitanism: a Critique", *Critical Review of International Social and Political Philosophy 5* (3) (2002), pp. 80 - 85.

D. Miller, "Against Global Egalitarianism", *Journal of Ethics* 9 (1) (2005), pp. 55 - 79.

D. Miller, "Immigration: the Case for Limits", in A. Cohen and C. H. Wellman, eds., *Contemporary Debates in Applied Ethics*, Oxford: Blackwell, 2005, pp. 193 - 206.

D. Miller, "Collective Responsibility and International Inequality in The Law of Peoples", in R. Martin and D. Reidy, eds., *Rawls's Law of Peoples: A Realistic Utopia?*, Oxford: Blackwell, 2006, pp. 191 - 205.

D. Miller, "Immigrants, Nations and Citizenship", *Journal of Political Philosophy 16* (4) (2008), pp. 371 - 390.

D. Miller, "Global Justice and Climate Change: how should Responsibilities be Distributed? Parts I and II", *Tanner Lectures on Human Values 28* (2009), pp. 119 - 156.

D. Miller, "Property and territory: Kant, Locke and Steiner", *Journal of Political Philosophy 19* (1) (2011), pp. 90 - 109.

D. Miller, *On Nationality*, New York: Oxford University Press, 1995.

D. Miller, "Justice and Global Inequality", In Andrew Hurrell and Ngaire Woods, eds., *Inequality, Globalization, and World Politics*, New York: Oxford University Press, 1999, pp. 187-210.

D. Miller, *Citizenship and National Identity*, Malden, MA: Polity Press, 2000.

D. Miller, "Holding Nations Responsible", *Ethics 114* (January 2004), pp. 240-268.

R. Miller, "Cosmopolitan Respect and Patriotic Concern", *Philosophy and Public Affairs 27* (3) (1998), pp. 202-224.

D. Miller, "Reasonably Partiality towards Compatriots", *Ethical Theory and Moral Practice 1-2* (1988).

D. Moellendorf, *Global Inequality Matters*, Basingstoke: Palgrave Macmillan, 2009.

D. Moellendorf, "Treaty Norms and Climate Change Mitigation", *Ethics and International Affairs 23* (3) (2009), pp. 247-265.

D. Moellendorf, "Justice and the Intergenerational Assignment of the Costs of Climate Change", *Journal of Social Philosophy 40* (2009), pp. 204-224.

D. Moellendorf, *The Moral Challenge of Dangerous Climate Change*, Cambridge: Cambridge University Press, 2014.

D. Moellendorf, *Cosmopolitan Justice*, Boulder: Westview Press, 2002.

M. Moore, "Justice within Different Borders: a Review of Caney's Global Political Theory", *Journal of Global Ethics 3* (2) (2007), pp. 255-268.

T. Mulgan, *Future People: A Moderate Consequentialist Account of Our Obligations to Future Generations*, Oxford: Oxford University Press, 2006.

T. Nagel, "Justice and Nature", *Oxford Journal of Legal Studies 17* (2) (1997), pp. 303-321.

T. Nagel, "The Problem of Global Justice", *Philosophy and Public Affairs 33* (2) (2005), pp. 113-147.

T. Nagel, *Mortal Questions*, New York: Cambridge University Press, 1979.

T. Nagel, *Equality and Partiality*, Oxford: Oxford University Press, 1991.

A. Neil, *Fairness in Adaptation to Climate Change*, MIT Press, 2006.

E. Neumayer, "In Defense of Historical Accountability for Greenhouse Gas Emissions", *Ecological Economics 33* (2000), pp. 185 - 192.

E. Neumayer, *Weak Versus Strong Sustainability: Exploring the Limits of Two Opposing Paradigms, 2nd edn.*, Cheltenham: Edward Elgar, 2003.

J. Nickel, " Poverty and Rights", *Philosophical Quarterly 55* (220) (2005), pp. 385 - 402.

J. Nolt, "Hope, Self-Transcendence and the Justification of Environmental Ethics", *Inquiry 53* (2) (2010), pp. 162 - 182.

W. Nordhaus, *A Question of Balance: Weighing the Options on Global Warming Policies*, New Haven, CT: Yale University Press, 2008.

R. Nozick, *Anarchy, State, and Utopia*, New York: Basic Books, 1974.

M. Nussbaum, "Human Functioning and Social Justice: in Defense of Aristotelian Essentialism", *Political Theory 20* (2) (1992), pp. 202 - 246.

M. Nussbaum, "Women and the Law of Peoples", *Politics, Philosophy and Economics 1* (3) (2002), pp. 283 - 306.

O. O'Neill, *Faces of Hunger*, London: Allen & Unwin, 1986.

O. O'Neill, "Lifeboat Earth", *Philosophy and Public Affairs 4* (spring 1975), pp. 273 - 292.

N. Oreskes, "Beyond the Ivory Tower: The Scientific Consensus on Climate Change", *Science 306* (5702) (2004): 1686.

E. Ostrom, *Governing the Commons*, Cambridge UK: Cambridge University Press, 1990.

J. Paavola and W. Neil Adger. "Fair Adaptation to Climate Change", *Ecological Economics 56* (2006), pp. 594 - 609.

E. Page, *Climate Change, Justice and Future Generations*, Cheltenham: Edward Elgar, 2006.

E. Page, "Give it up for Climate Change: A Defence of The Beneficiary Pays Principle", *International Theory 4* (2) (2012), pp. 300 - 330.

E. Page, "Distributing the Burdens of Climate Change", *Environmental Politics 17* (4) (2008), pp. 556 - 575.

E. Page, "Climatic Justice and the Fair Distribution of Atmospheric Burdens:

A Conjunctive Account", *The Monist 94* (3) (2011), pp. 412 - 432.

D. Parfit, *Reasons and Persons*, Oxford: Clarendon Press, 1994.

D. Parfit, "Collective Responsibility and National Responsibility", *Critical Review of International Social and Political Philosophy 11* (4) (2008), pp. 465 - 483.

G. Philander, *Is the Temperature Rising?: The Uncertain science of Global Warming*, Princeton: Princeton Press, 1998.

T. Pogge, "Cosmopolitanism and Sovereignty", *Ethics 103* (October 1992), pp. 48 - 75.

T. Pogge, "An Egalitarian Law of Peoples", *Philosophy and Public Affairs 23* (Summer 1994), pp. 195 - 224.

T. Pogge, *Realizing Rawls*, Ithaca: Cornell University Press, 1989.

T. Pogge, *World Poverty and Human Rights*, Cambridge: Polity, 2002.

T. Pogge, "*Assisting the Global Poor*", in D. Chatterjee, ed. , *The Ethics of Assistance*, Cambridge UK: Cambridge University Press, 2004, pp. 260 - 288.

T. Pogge, "Human Rights and Global Health: a Research Program", *Metaphilosophy 36* (1/2) (2005), pp. 182 - 209.

T. Pogge, "Migration and Poverty", in V. Bader, ed. , *Citizenship and Exclusion*, Basingstoke: Macmillan, 2006, pp. 12 - 27.

T. Pogge, "Why Inequality Matters", in D. Held and A. Kaya, eds. , *Global Inequality*, Cambridge: Polity, 2007, pp. 132 - 147.

T. Pogge and S. Reddy, "How not to Count the Poor", in S. Anand, P. Segal and J. Stiglitz, eds. , *Debates on the Measurement of Global Poverty*, Oxford: Oxford University Press, 2010, pp. 42 - 85.

J. Rawls, *A Theory of Justice*, Cambridge, MA: Belknap Press, 1971.

J. Rawls, *Political Liberalism*, New York: Columbia University Press, 1993.

J. Rawls, *The Law of People*, Cambridge, MA: Harvard University Press, 1999.

J. Rawls, *Justice as Fairness: A Restatement*, Cambridge, MA: Harvard University Press, 2001.

J. Rawls, *Collected Papers*, Samuel Freeman, ed. , Cambridge: Harvard University Press, 1999.

L. Raymond, "Cutting the 'Gordian Knot' in Climate Change Policy", *Energy Policy 34* (April 2006), pp. 655 – 658.

J. Raz, *The Morality of Freedom*, Oxford: Oxford University Press, 1986.

D. Reidy, "Rawls on International Justice: a Defense", *Political Theory 32* (3) (2004), pp. 291 – 319.

D. Reidy, "A just Global Economy: in Defense of Rawls", *Journal of Ethics 11* (2) (2007), pp. 193 – 236.

C. Reus-Smith, "Human Rights and the Social Construction of Sovereignty", *Review of International Studies 27* (4) (2001), pp. 519 – 538.

M. Risse, "What We Owe the Global Poor", *Journal of Ethics 9* (1) (2005), pp. 81 – 117.

M. Risse, "What to Say about the State", *Social Theory and Practice 32* (4) (2006), pp. 671 – 698.

M. Risse, "The Right to Relocation: Disappearing Island Nations and Common Ownership of the Earth", *Ethics and International Affairs 23* (3) (2009), pp. 281 – 300.

M. Risse, *On Global Justice*, Princeton and Oxford: Princeton University Press, 2012.

J. T. Roberts and Bradley C. Parks, *A Climate of Injustice: Global inequality, North-South Politics and Climate Policy*, Cambridge, MA: MIT Press, 2007.

R. L. Sandler and Philip Cafaro, eds., *Environmental Virtue Ethics*, Oxford: Rowman & Littlefield, 2005.

A. Sangiovanni, "Global Justice, Reciprocity and the State", *Philosophy and Public Affairs 35* (1) (2007), pp. 3 – 39.

T. M. Scanlon, *The Difficulty of Tolerance*, Cambridge MA: Cambridge University Press, 2003.

S. Schefler, *Boundaries and Allegiances*, Oxford: Oxford University Press, 2001.

S. Scheffler, *The Rejection of Consequentialism*, Oxford and New York: Oxford

University Press, 1982.

N. Schrijver, *Sovereignty over Natural Resources: Balancing Rights and Duties*, Cambridge: Cambridge University Press, 1997.

S. H. Schneider and Kristin Kuntz-Duriseti, "Uncertainty and Climate Change Policy", in Stephen H. Schneider, Armin Rosencranz, and John O. Niles, eds., *Climate Change Policy: A Survey*, Washington, DC: Island Press, 2002, pp. 53 - 88.

S. A. Rosencranz Schneider and J. Niles, eds., *Climate Change Policy: A Survey*, Washington DC: Island Press, 2002.

D. Schlosberg, *Environmental Justice and the New Pluralism: The Challenge of Difference for Environmentalism*, Oxford: Oxford University Press, 1999.

A. K. Sen and Bernard Williams, *Utilitarianism and Beyond*, Cambridge UK: Cambridge University Press, 1982.

A. Shachar and R. Hirschl, "Citizenship as Inherited Property", *Political Theory 35* (3) (2007), pp. 253 - 287.

G. Sher, *Beyond Neutrality: Perfectionism and Politics*, Cambridge: University Press, 1997.

H. Shue, *Basic Rights: Subsistence, Afluence and US Foreign Policy*, Princeton, NJ: Princeton University Press, 1980.

H. Shue, "Global Environment and International Inequality", *International Affairs 75* No. 3 (1999), pp. 531 - 545.

H. Shue, "Climate", In Dale Jamieson, ed., *A Companion to Environmental Philosophy*, Malden, MA: Blackwell, 2001, pp. 449 - 459.

H. Shue, "Mediating Duties", *Ethics 98* (4) (1988), pp. 687 - 704.

H. Shue, "Subsistence Emissions and Luxury Emissions", *Law & Policy 15* (1) (1993), pp. 39 - 60.

H. Shue, "Bequeathing Hazards: Security Rights and Property Rights of Future Humans", In Mohammed H. I. Dore and Timothy D. Mount ed., *Global Environmental Economics*, Malden, MA: Blackwell, 1999, pp. 40 - 42.

H. Shue, *Climate Justice: Vulnerability and Protection*, Oxford: Oxford University Press, 2014.

J. Simmons, *Moral Principles and Political Obligations*, Jiangsu People's Publishing House, 1979.

P. Singer, *One World: The Ethics of Globalization*, New Haven, CT: Yale University Press, 2002.

W. Sinnott-Armstrong and Richard B. Howarth, eds., *Perspectives on Climate Change: Science, Economics, Politics and Ethics*, Amsterdam: Elsevier, 2005.

J. J. Smart and Bernard William, *Utilitarianism: For and Against*, Cambridge: Cambridge University Press, 1973.

H. Steiner, "Territorial Justice and Global Redistribution", in G. Brock and H. Brighouse, eds., *The Political Philosophy of Cosmopolitanism*, Cambridge: Cambridge University Press, 2005, pp. 28 – 38.

H. Steiner, "Sharing Mother Nature's Gifts: a Reply to Quong and Miller", *Journal of Political Philosophy 19* (1) (2011), pp. 110 – 123.

N. Stern, *The Economics of Climate Change: The Stern Review*, Cambridge: Cambridge University Press, 2006.

L. W. Sumner, *The Moral Foundation of Rights.*, Oxford: Oxford University Press, 1987.

C. R. Sunstein, *Laws of Fear: Beyond the Precautionary Principle*, New York: Cambridge University Press, 2005.

K. -C. Tan, *Toleration, Diversity and Global Justice*, Pennsylvania: Penn State Press, 2000.

K. -C. Tan, *Justice Without Borders*, Cambridge UK: Cambridge University Press, 2004.

K. -C. Tan, "The Boundary of Justice and the Justice of Boundaries: Defending Global Egalitarianism", *Canadian Journal of Law and Jurisprudence 19* (2) (2006), pp. 319 – 344.

J. Tasioulas, "Global Justice without End?", *Metaphilosophy 36* (1/2) (2005), pp. 3 – 29.

M. Traxler, "Fair Chore Division for Climate Change", *Social Theory and Practice 28* (2002), pp. 101 – 134.

S. Vanderheiden, "Justice in the Greenhouse: Climate Change and the Idea of Fairness", *Social Philosophy Today 19* (2004), pp. 89 - 101.

S. Vanderheiden, "Knowledge, Uncertainty, and Responsibility: Responding to Climate Change", *Public Affairs Quarterly 18* (April 2004), pp. 141 - 158.

S. Vanderheiden, "Missing the Forests for the Trees: Justice and Environmental Economics", *Critical Review of International Social and Political Philosophy 8*, no. 1 (March 2005), pp. 51 - 69.

S. Vanderheiden, "Climate Change and the Challenge of Moral Responsibility", In Fred Adams, ed., *Ethics and the Life Sciences*, Journal of Philosophical Research special issue, 2007, pp. 85 - 92.

S. Vanderheiden, ed., *Political Theory and Global Climate Change*, Cambridge, MA: MIT Press, 2008.

R. Van der Veen, "Reasonable Partiality for Compatriots and the Global Responsibility Gap", *Critical Review of International Social and Political Philosophy 11* (4) (2008), pp. 413 - 432.

J. Waldron, ed., *Theories of Rights*, Oxford: Oxford University Press, 1982.

M. Walzer, *Just and Unjust Wars*, New York: Basic Books, 1977.

M. Walzer, *Spheres of Justice*, New York: Basic Books, 1983.

M. Walzer, *Thinking Politically: Essays in Political Theory*, New Haven: Yale University Press, 2007.

L. Wenar, "Why Rawls is not a Cosmopolitan Egalitarian", in R. Martin and D. Reidy, eds., *Rawls's Law of Peoples: A Realistic Utopia?* Oxford: Blackwell, 2006, pp. 95 - 113.

L. Wenar, "Property Rights and the Resource Curse", *Philosophy and Public Affairs 36* (1) (2008), pp. 2 - 32.

L. Wenar, "Human rights and equality in the work of David Miller", *Critical Review of International Social and Political Philosophy 11* (4) (2008), pp. 401 - 411.

A. Westing, ed., *Global Resources and International Conflict*, Oxford: Oxford University Press, 1986.

E. Wiegandt, "Climate Change, Equity, and International Negotiations", In

Stephen H. Schneider, Armin Rosencranz, and John O. Niles, eds. , *Climate Change Policy: A Survey*, Washington, DC: Island Press, 2002, pp. 127 – 150.

M. Wissenburg, "An Extension of the Rawlsian Savings Principle to Liberal Theories of Justice in General", in A. Dobson ed. , *Fairness and Futurity*, Oxford: Oxford University Press, 1999, pp. 173 – 198.

R. Wolfson and Stephen Schneider, "Understanding Climate Science", In Stephen H. Schneider, Armin Rosencranz, and John O. Niles, eds. , *Climate Change Policy: A Survey*, Washington, DC: Island Press, 2002, pp. 3 – 52.

J. Wolff, "Equality: the Recent History of an Idea", *Journal of Moral Philosophy 4* (1) (2007), pp. 125 – 136.

J. Wolff, "The Human Right to Health", in S. Benatar and G. Brock, eds. , *Global Health and Global Health Ethics*, Cambridge: Cambridge University Press, 2011, pp. 108 – 118.

I. M. Young, "Responsibility and Global Labor Justice", *Journal of Political Philosophy 12* (December 2004), pp. 365 – 388.

I. M. Young, *Responsibility for Justice*, Oxford: Oxford University Press, 2010.

O. R. Young, *The Institutional Dimensions of Environmental Change*, Cambridge: The MIT Press, 2002.

图书在版编目(CIP)数据

正义的排放：全球气候治理的道德基础研究 / 陈俊著. -- 北京：社会科学文献出版社，2018.10
ISBN 978 - 7 - 5201 - 3367 - 8

Ⅰ.①正… Ⅱ.①陈… Ⅲ.①气候变化 - 治理 - 国际合作 - 伦理学 - 研究 Ⅳ.①P467②B82 - 058

中国版本图书馆 CIP 数据核字（2018）第 199809 号

正义的排放

——全球气候治理的道德基础研究

著　　者 / 陈　俊

出 版 人 / 谢寿光
项目统筹 / 周　琼
责任编辑 / 周　琼　李秉羲

出　　版 / 社会科学文献出版社 · 社会政法分社（010）59367156
地址：北京市北三环中路甲 29 号院华龙大厦　邮编：100029
网址：www. ssap. com. cn
发　　行 / 市场营销中心（010）59367081　59367083
印　　装 / 天津千鹤文化传播有限公司

规　　格 / 开　本：787mm × 1092mm　1/16
印　张：17.75　字　数：281 千字
版　　次 / 2018 年 10 月第 1 版　2018 年 10 月第 1 次印刷
书　　号 / ISBN 978 - 7 - 5201 - 3367 - 8
定　　价 / 79.00 元

本书如有印装质量问题，请与读者服务中心（010 - 59367028）联系